国家科学技术学术著作出版基金资助出版

信息技术在农业节水中的应用

赵春江　郑文刚　著

科学出版社

北　京

内 容 简 介

本书较为全面系统地介绍了信息技术应用于农业节水的技术方法和应用实践,主要包括农业节水信息系统网络架构、墒情监测技术、节水灌溉自动化控制技术、农用水管理技术、水质监测技术、节水灌溉自动化工程设计与施工、典型应用案例等。

本书是作者多年研究成果的汇总,内容突出新颖性和实用性,可作为农业节水相关专业高年级本科生和研究生的参考用书,也可供从事农业节水教学、科研和管理人员参考使用。

图书在版编目(CIP)数据

信息技术在农业节水中的应用/赵春江,郑文刚著. —北京:科学出版社,2012

ISBN 978-7-03-031151-1

Ⅰ.信… Ⅱ.①赵…②郑… Ⅲ.信息技术-应用-农田灌溉-节约用水-研究 Ⅳ.S275-39

中国版本图书馆 CIP 数据核字(2011)第 094568 号

责任编辑:汤 枫 / 责任校对:张小霞
责任印制:赵 博 / 封面设计:科地亚盟

科学出版社 出版

北京东黄城根北街 16 号
邮政编码:100717
http://www.sciencep.com

北京佳信达欣艺术印刷有限公司 印刷
科学出版社发行 各地新华书店经销

*

2012年4月第 一 版 开本:787×1092 1/16
2012年4月第一次印刷 印张:14 彩插:4
字数:325 000
定价:70.00 元
(如有印装质量问题,我社负责调换)

前　言

　　农业作为国民经济的基础产业和战略产业,是任何国家和地区经济发展所依赖的基础。对于我国这样一个农业大国来说,农业生产的发展对于确保社会经济长期持续发展更是具有特别重要的意义。随着人口增长和经济社会发展,制约农业生产的因素越来越凸显,特别是作为"农业生产命脉"的水资源,其对农业制约作用越发明显,农业节水已成为很多国家农业发展的战略。农业水资源既是宝贵的自然资源又是重要的环境要素,它是经济发展的重要支撑条件,对于经济社会可持续发展具有举足轻重的作用。21世纪水资源短缺对我国农业和农村经济发展的制约作用有可能超过耕地减少的制约作用,成为制约农业和农村经济持续稳定发展、危及我国粮食安全的重要因素之一。充分利用信息技术的最新成果,发展高效节水农业将成为我国促进农业经济发展和保障粮食安全的重大技术措施。

　　国际上信息技术在农业节水中应用十分普遍,通过信息技术将工程节水、农艺节水和管理节水进行有机集成,形成了土壤墒情监测、作物水分状态诊断、节水灌溉自动化控制、用水集中管理等比较完善的灌溉控制体系。而我国目前农业节水信息技术缺乏实用技术产品,主要产品依赖进口,成本高,难以大面积推广应用。我国农业生产类型复杂、种植品种多样,各地社会经济条件差异很大,要将信息技术有效地应用于农业节水,必须根据我国农业生产实际,突破农业节水信息化关键技术,开发高性价比的实用技术产品,建立墒情监测、灌溉控制和节水管理系统,将信息技术与农业节水技术有机融合,提出适合我国国情的信息化、数字化的农业节水解决方案。

　　国家农业信息化工程技术研究中心农业节水信息技术研发团队是国内较早开展农业节水信息技术研究的团队之一。近十年来,本研究团队得到了863计划、国家科技支撑计划、农业部948计划以及北京市科技计划等多个项目的支持,主要有:863计划课题"绿地灌溉自动化节水灌溉系统集成技术的研究"、"再生水灌溉灌区水质远程监测系统研制";国家科技支撑计划课题"基于3S技术的地下水动态观测可视化平台"、"绿地自动控制与精准灌溉技术研究与示范"、"首都绿地高效用水综合技术研究与示范";农业部948计划项目"数字节水技术软硬件产品引进与开发";国家农业科技成果转化资金项目"农业节水灌溉自动监测与控制技术产品转化";北京市科技计划项目"农业节水灌溉监测与控制设备研制与开发"、"菜田用水管理和节水效果评价"、"北京市现代化农村高效用水技术研究与示范"和北京市农业科技项目"北京市农业高效用水技术研究与示范"等。在上述项目的支持下,本研究团队在农业节水信息化关键技术研究、数据积累、应用系统开发与推广应用等方面进行了深入研究和实践,在国内形成了一定的技术优势。本书是研究团队通力合作所取得科研成果的系统总结,首次提出了"农业信息节水"的概念与内涵。本书重点围绕农业高效节水和用水管理中精确灌溉控制、土壤墒情动态监测和水资源科学管理等关键问题,从关键技术、实现方法、技术方案和典型应用案例等不同层次进行了系统阐述,内容翔实、系统全面,具有较强的实用性,对于从事农业节水信息化研究的科研工作者具有较强的学术参考价值。

本书第 1 章介绍了水资源和农业节水技术现状,分析了国内外农业节水信息技术的研究进展以及共性关键技术。第 2 章为农业节水信息系统网络架构,介绍了系统网络结构、通信协议以及常用通信设备的设计与实现。第 3 章深入研究了墒情监测技术,详细介绍了土壤墒情传感器技术、墒情监测采集站以及墒情监测系统的软件设计。第 4 章为节水灌溉自动控制技术,主要介绍了灌溉控制系统的类型与组成,分析了节水灌溉监测、控制器结构与功能,以及组态化灌溉控制软件系统的开发。第 5 章介绍了用水管理技术和设备,提出了适合不同规模的村级、镇级、市级用水管理系统,详细介绍了其硬件组成与软件功能。第 6 章为水质监测与调控技术,介绍了水质监测系统的基本概念、系统组成和功能,以及不同检测指标实现原理和方法。第 7 章为节水灌溉自动化工程设计与施工,以大量的工程实践为基础,系统总结了在工程设计与安装调试过程中共同遵循的工程技术标准和规范,以提高系统设计、安装调试效率,减少因各种差错所带来的不必要损失。第 8 章为典型应用案例分析,介绍了多个实际运行的信息化节水技术系统案例,方便读者直观了解信息技术应用于农业节水的系统概貌、功能及其效果。第 9 章为总结与展望,系统总结了农业节水信息技术的作用,提出了农业节水信息化的发展趋势。

在研究团队开展农业节水信息技术研究应用的过程中,作者所指导的郭健、云洁、姜文峰、葛蕾、周学蕾、张石锐、方桃、田文君、王小珂、吴春、陈凤等多位研究生直接参与了部分研究工作,为本书提供了良好的基础素材;在本书写作过程中,科研团队成员申长军、周建军、吴文彪、闫华、张馨、单飞飞、孙刚、邢振、孟祥勇、李文龙等给予了大力支持和帮助,在此表示衷心感谢。这里还特别感谢中华人民共和国科学技术部、中华人民共和国农业部、国家自然科学基金委员会、北京市自然科学基金委员会、北京市科学技术委员会、北京市农村工作委员会和北京市农林科学院在研究经费和研究条件等方面的支持;感谢国家科学技术学术著作出版基金的资助,使本书得以出版。

由于作者水平有限,书中难免存在欠妥之处,敬请读者批评指正。

作　者

2011 年 9 月

目　　录

第1章 绪　论

农业节水是我国农业可持续发展的重要方向,信息技术是融合各种农业节水技术、充分发挥灌溉设施作用、实现农业节水效果最大化的重要技术手段。本章提出了信息节水的概念,系统总结分析了国内外信息技术在农业节水中研究应用现状。

1.1　信息技术与农业节水

我国总体上是一个干旱缺水的国家。随着工业化和城市化进程的加快,供水形势将更加严峻,水资源短缺已成为我国经济与社会持续发展的制约因素。

农业是我国的用水大户。2008年,农业用水占全国总用水的62.0%(中华人民共和国水利部,2010),其中90%以上是灌溉用水。目前,我国农业水资源浪费严重,灌溉水有效利用系数仅为世界发达国家的56%～62%。农业用水效率方面,全国平均单方灌溉水产粮是世界先进水平国家的30%～40%,单位农产品产量耗水量和万元农业产值耗水量明显高于发达国家水平,旱作农业降水利用率低,进一步提高的潜力很大。随着农产品需求的日益增长,农业用水需求不断增加,但根据我国水资源条件和用水中长期规划,今后相当长时间内农业用水不可能有较大增加。要解决农业用水日趋严重的供需矛盾,必须从根本上调整农业发展思路,转变发展方式,大力发展节水农业。

根据农业用水过程分析,农业节水技术通常可归纳为工程节水技术、农艺节水技术、生物(生理)节水技术和管理节水技术四类。世界发达国家围绕提高灌溉(降)水利用率和作物水分生产率,将信息技术应用于农业节水中,从而大幅度提高了工程节水、农艺节水、生物(生理)节水、管理节水的效果,显现出信息技术对农业节水的重要作用。这种基于信息科学技术而实现农业节水的方式,我们定义为"农业信息节水"(information-based agricultural water saving)。用于农业节水的信息技术,我们定义为"农业节水信息技术"(information technology for agricultural water saving)。"农业信息节水"是"农业节水信息技术"的应用过程或结果,"农业节水信息技术"是实现"农业信息节水"的方法手段,也是实现农业节水的重要技术途径,对促进农业节水向现代化方向发展具有重要意义。

1.1.1　农业信息节水的内涵

农业信息节水是指把先进的感知技术、数据传输技术、自动控制技术以及智能决策等现代信息技术与传统的农业节水技术相融合,用信息流调控农业用水过程,形成的一种新的农业节水技术方式。支持和实现农业信息节水的是农业节水信息技术,主要包括土壤墒情自动监测技术、节水灌溉自动控制技术和用水管理技术、水质自动监测技术等。

农业节水信息技术大幅度提升了现有节水设施的利用效率和用水管理水平,从而提高了水的利用效率和生产效率,促使农业水资源管理由单因素、单目标的静态管理,向多因素、多目标、多层次的动态管理方向发展,推动了传统灌溉管理模式向信息化、数字化、精准化管理模式发展,是对传统农业节水技术的进一步提升。农业信息节水的广度和深度决定了其丰富的内涵,主要表现为农业信息节水的基本目的、实现方法和基本作用。

农业信息节水的基本目的是针对我国农业水资源短缺以及水土资源流失等问题,利用信息技术手段,实现水资源的优化配置、合理开发、高效利用和有效保护,促进我国农业与水资源的可持续发展。农业信息节水给农业节水注入了新的活力,大力发展农业节水信息技术是进一步挖掘农业节水潜力、实现农业高效节水的重要方向。

农业信息节水是感知技术、传输技术、自动控制技术和智能决策等现代信息技术与传统农业节水有机融合的结果。感知技术是农业信息节水的“感觉器官”,主要完成对农田信息(土壤温湿度和气象信息)、水资源信息以及作物生长生理信息的采集;传输技术是农业信息节水的“神经系统”,主要完成采集信息从感知部分到智能决策终端的传送,同时负责把决策终端的命令发送到农业节水信息系统的各执行设备;自动控制和智能决策是农业信息节水的“大脑”,它负责融合各种采集信息,形成相应的智能决策和下发相应的执行命令。

信息技术与传统农业节水技术的相互融合,将使农业水资源的管理方式和开发利用方式发生重大变革,改变过去传统粗放的用水管水方式,实现集约式现代管理。通过建立农业水资源动态监测网络,可实时获取农业水资源广域、大范围的实时动态信息,进而实现农业水源的联合调度与合理优化配置,从而从全局上保证水资源安全;通过智能决策分析技术,可根据农产品市场价格和国家战略发展需求,动态调整农业用水结构,从而最大限度发挥水资源的社会经济价值;通过建立数字化、自动化的灌溉施肥控制系统,不仅可实现农业水资源的高效利用,减少水资源浪费,而且还可大幅度减少传统施肥对环境的污染,从而实现“精细灌溉”。

1. 土壤墒情自动监测技术

土壤水分条件直接关系到农业收成。土壤水分是指作物整个根区剖面的土壤含水量。一个地区气候、地貌、土质、植被及农业生产活动等因素共同决定了当地的农田土壤水分状况,其中大气降水是影响土壤水分变化的最主要因素。此外,土壤水分还受到温度、湿度和风等气候要素的影响。随着季节变化,不同的气候要素使土壤水分状况也出现明显的变化(郑建星等,2002)。掌握土壤剖面水分的长期变化规律可以有效指导农业生产过程,但获取深层含水量信息比表层含水量困难得多(张丽丽等,2007)。对土壤水分状况进行监测、预报,采集作物对缺水反应等信息,从而根据作物缺水程度进行精量灌溉是建立高效灌溉制度的基础。

土壤墒情,是指作物根系层的土壤含水量状况,与作物的生长和产量有着直接的联系。墒情监测是对作物耕作层土壤水分的增长和消退程度进行跟踪,是制定合理的灌溉制度从而进行适时适量灌水的必要前提。在世界范围内水资源日益紧缺的情况下,实施农业节水、优化配置水资源、提高灌区灌排管理水平、实现灌溉现代化,必须开展对土壤墒情监测和预报研究。国内外学者以及广大农业领域从业人员已经取得了共识,并对相关领域的研究给予了极大关注。

对田间土壤水分监测方法的研究已经进行了一个多世纪,出现了多种测定方法,包括取土烘干法、张力计法、中子仪法、γ射线仪法、时域反射仪法(time domain reflectmetry, TDR)、频域反射法(frequency domain reflectmetry, FDR)以及遥感监测法等。经过多年的研究发展,土壤墒情监测系统从原始的人工报告、手工记录发展到数据自动采集、发送和发布的自动化时代,并不断融合新的计算机、电子、自动控制等技术,体现出更高的智能化。

2. 节水灌溉自动控制技术

农业节水技术正日益走向精准化和可控化,以便满足现代农业发展对灌溉系统在灵活性、准确性、快捷性等方面的要求。精量控制灌溉是现代节水灌溉发展的前沿技术,该技术的研究与应用,不仅可以有效提高灌溉水利用率和作物产量与品质,还可以大幅度提高化肥和农药的有效利用率,减少对农田生态环境的污染。精量控制灌溉技术的核心是节水灌溉自动控制系统,该系统综合利用计算机技术、传感器技术及人工智能方法,通过对作物生长状况及环境的监测数据来科学预测灌溉时间与灌溉量,并依据对管网供水和作物需水状况的智能分析完成灌水调度工作。

大力发展和应用节水灌溉自动控制技术是提高作物产量与效益的有效途径,是实现农业节水走向信息化、数字化和精准化的必然选择。"精准灌溉依赖于自动化控制系统,自动化控制为精准灌溉提供技术支撑。"节水灌溉自动控制技术可以实现以下目标:①遵守灌溉制度,实现水利设计目标要求,保证灌溉均匀度;②提高设备运转效率和电能利用率;③根据作物不同生育期的需水规律合理分配灌水量;④灵活调整灌溉水量,使有限的水资源得到最合理的分配;⑤减轻劳动强度,提高劳动生产率,节约人力成本,完成不适宜人工劳动的工作。随着工业控制技术与相关技术产品成本的大幅度下降,节水灌溉必将逐步走向自动化控制,研制和推广节水灌溉自动控制系统是农业节水的重要发展方向。

3. 数字化用水管理技术

现代化的灌溉用水管理可以合理配置灌溉水资源以及优化调度灌溉系统,利用有限的水资源获得较大的效益,达到节水增产的目的,是实现农业高效用水的重要措施。目前,世界发达国家已将农业节水灌溉的重心由灌溉工程建设转移到加强工程管理和水资源合理优化配置上。我国的现代化用水管理起步较晚,急需加快灌溉用水管理技术与现代化信息技术相结合的研发与应用。

灌溉用水管理体系包括管理体制、管理层次和管理技术三部分。

经过多年的发展,我国已经形成了中央、流域、省市、地市、县五级的水资源行政管理体制。

管理层次可分为流域、灌区和田间管理等层次,在流域管理中,需要将流域内灌溉用水作为整体,综合考虑流域内资源、环境、经济、社会和技术等因素,优化作物种植结构,充分利用降水,实现地表水和地下水统一调度,使流域内灌溉用水获得最大的经济社会效益;在灌区管理中,将灌区内输配水系统作为整体考虑,合理分配灌区内渠道上下游用水户之间水量,在水的输配过程中最大限度地减少损失和弃水,使灌区内灌溉用水获得最大的经济效益;在田间管理中,根据农田土壤墒情、作物需水量及可供水量,采用适时预报技术,制定合理的灌溉制度,提高田间灌溉水利用率及作物生产率。

灌溉管理技术的核心是自动灌溉系统(周垂田,2004)。为实现信息采集、处理、决策、反馈和监控的一体化管理,自动控制、通信、计算机、地理信息系统和遥感等现代技术已经广泛用于不同层次的用水管理系统中。随着计算机技术和系统分析技术的发展,基于模型预测和目标优化方法的灌溉用水计算机管理系统已开始应用于灌区灌溉用水管理中,使灌区灌溉用水实现了由静态用水向动态用水的转变,为提高灌区水资源的利用率提供了技术手段。将数据库、模型库、知识库与地理信息系统(geographic information system,GIS)、遥感技术(remote sensing,RS)、全球定位系统(global position system,GPS)有机融合,建立灌区节水灌溉综合决策支持系统,可实现渠道水量、流量实时调控、渠系优化配水和田间灌水量的科学决策。近年来,发达国家基于田间作物长势和农田水肥等生产要素的空间差异性,大力发展精准灌溉技术,并与施肥有机结合,实现了 GPS 支持下的农田水分、养分的精细管理,为充分挖掘田间水肥差异性所隐含的增产潜力创造了条件,大幅度提高了水、肥资源的利用效率。

4. 水质自动监测技术

水质监测是水资源管理与保护中一项重要的基础性工作,也是政府管理与保护水资源的基本手段。近年来,由于水资源紧张,污水处理后的中水开始用于农田灌溉,水质监测显得非常重要,另外水产养殖业的发展也要求进行水质监测。我国的农业用水量占全国总用水量的 62% 左右,水资源的污染使得农业用水供需矛盾日益突出。在水资源比较丰富的浙、沪、苏地区,由于经济的快速发展和人口的增加,污染物排放量持续增加,造成"水乡缺水",这是典型的水质型缺水。水质型缺水是我国水资源危机的重要方面甚至是主要方面。为弥补水源的严重不足,利用工业废水和城市污水进行农业灌溉的现象在我国非常普遍。利用工业废水和城市污水进行农田灌溉,灌溉渠道下游最近取水点的水质必须符合农田灌溉水质标准,这一标准与污染物排放标准不是同一个标准。发达国家都规定了严格的水质控制指标和日常监测要求,如日本的水稻灌溉水的高锰酸盐指数标准为 8mg/L。我国目前选择的水质参数、水质标准和在线监测条件与发达国家相比还有较大差距。

水质信息一般要求很强的时效性,水质动态信息关系到人民的生活和各行各业的生产,也关系到社会的稳定。因此,水质预警预报要求快速、准确、实时地采集和传递监测信息。以实验室为主的检测手段已经不能满足水资源保护的多方位、高水平管理的要求,不能满足快速准确和实时测报水质信息的需要(刘晓茹等,2004)。2007 年 5 月底,江苏省无锡市因太湖蓝藻引发公共饮用水危机,一夜之间让上百万群众的生活受到严重干扰。这既说明了治理水污染的迫切性,也暴露了监测手段和能力的不足。

水质自动监测可以对水质进行自动、连续监测,数据远程自动传输,随时可以查询到所设站点的水质数据。水质自动监测工作的开展,可以解决现行的水质监测周期长、劳动强度大、数据采集和传输速度慢等问题,改变过去总在事后才向有关部门提供水质信息的被动局面,实现了在水质发生恶化时仪器自动报警或响应,对流域及下游发出水质污染的预警预报,防患于未然,具有重大的社会效益和经济效益(钱国明等,2008)。

未来物联网技术将广泛用于水质和水环境的动态监测预警,水质监测物联网包括水质感知层、信息传输层和应用决策层。目前,水质监测传感器缺乏,水质监测系统工作环境恶劣、通信不畅,导致信息采集缺乏实时性。因此,必须突破水质感知层和低成本通信技术,才能使物联网技术在水质监测中得到广泛应用。

1.1.2　农业节水信息技术现状

1. 国外农业节水信息技术现状

美国、日本和欧洲等发达国家和地区在农业节水信息技术的研究应用开展较早,在农业信息采集感知技术、传输技术、自动控制技术以及智能决策方面具备比较坚实的基础,开展了信息技术在土壤墒情自动监测预报系统、节水灌溉自动控制系统、用水管理以及水质自动监测系统中的应用研究,形成了完善的农业节水信息技术产品体系,并得到广泛应用,促进了本国节水农业和生态农业的发展。

在土壤墒情自动监测技术方面,发达国家利用时域反射法技术、频域反射法(frequency domain reflectmetry, FDR)技术和近红外线技术研发出的土壤水分传感器和测量仪已经大面积应用在土壤墒情监测系统中,开发的基于作物蒸腾过程、叶面空气温差与作物受旱胁迫状况的快速测量仪表,可用于测量植物生理生态信息。最具代表性的公司包括美国的 TRASE 公司、TRIME 公司以及澳大利亚的 Enviroscan 公司等,他们均有自己系列土壤墒情监测传感器和植物生理信息传感器,并具有一整套成熟的土壤墒情解决方案。另外,美国、澳大利亚、以色列等国在研究土壤墒情及作物生理生态理论关系的基础上,通过各种传感器,从作物水分生理出发,综合考虑作物光合、呼吸、干物质分配、水分吸收以及蒸腾等过程,监测作物水分状态,建立土壤墒情与农作物生长的动态模型,形成比较完善的土壤墒情监测与预报系统。在大面积土壤墒情、作物旱情的监测和预报中,发达国家采用大尺度的遥感技术,能够监测短、中、长期的土壤墒情、作物旱情。如美国加利福尼亚州通过建立的 162 个农业气象站,测定不同区域的基础蒸腾蒸发量,利用 3S 技术,建立加州灌溉管理信息系统,并通过互联网对外发布。

在节水自动控制技术方面,美国、澳大利亚、加拿大、日本、以色列等发达国家已经将自动控制方式从最早的水力控制、机械控制及机械电子混合协调式控制,发展到目前的计算机控制、模糊控制、神经网络、专家系统控制,形成了先进的灌溉设备与控制系统。同时,发达国家运用先进的电子技术、计算机和控制技术,开发和制造了一系列控制精度高、功能强大的数字式灌溉控制器,并得到广泛的应用,使传统的充分灌溉向现在的非充分灌溉方向发展。其中具有代表性的包括以色列的 Eldar-Shany,美国的 RainBird、Toro、Hunter 等公司,他们均有自己系列灌溉控制系统。以色列通过发展节水农业和节水灌溉工程技术,全国农业土地基本上实现了灌溉管理自动化,并且普遍推行自动控制系统。Netfim 公司生产的自动灌溉系统基本由计算机自动控制运行,可根据作物的生长及水、肥状况进行灌水和施肥,可节约大量人力,且管理及时,使作物产量和品质都有较大幅度的提高。美国 Toro 公司在先后并购澳大利亚哈迪灌溉公司和美国 DRIPIN 公司后,大大丰富了其在农业及园林灌溉控制方面产品的种类,其 JC、IBOC 系列干电池控制器,

RD、TC 系列灌溉控制器，MM4500 农业专用中央控制系统等产品能够面对不同应用提供多种解决方案。

在用水管理技术方面，发达国家的灌溉水管理技术正朝着信息化、自动化和智能化的方向发展。近年来，发达国家开始以田间水肥等生产要素的空间差异性为基础，利用 GPS、GIS、RS 和计算机控制系统，进行精准灌溉技术的研究应用，为最大限度地优化农业投入、充分挖掘田间水肥差异性所隐含的增产潜力提供了技术支撑，大大提高了灌溉系统的运行性能与效率。国外多采用基于下游控制模式的自控运行方式，利用中央自动监控（即遥测、遥信、遥调）系统对大型供水渠道进行自动化管理，开展灌区输配水系统的自控技术研究。在明渠自控系统运行软件方面，着重开展对供水系统的优化调度计划的研究，采用明渠非恒定流计算机模拟方法，结合闸门运行规律，编制系统运行的实时控制软件。

在水质监测技术方面，美国和欧洲等发达国家和地区的水质监测研究和应用开展得较早，开展了水质关键指标感知技术和多功能水质监测设备应用示范研究，实现了水质监测设备在饮用水源地、工业污水、水产养殖等多个方面的推广使用，形成了良好的产业化应用模式，形成了一批水质监测设备开发厂商，推动了相关产业的发展。如美国 YSI 公司研制的便携式电极法溶解氧测量仪和 OXYMON 氧气测量系统、瑞士 DMP 公司的 MICROXI 型的溶解氧测量仪，以及日本 FOX 5000A 光纤溶解氧传感器等，可高质量地完成实验室和野外环境下的水溶解氧监测工作。德国 WTW 仪器公司生产的 Turb355T 型便携手持式浊度检测仪、美国 EUTECH 公司的 TNl00 型便携式浊度仪、意大利哈纳公司的 H193703-11 型微电脑便携式浊度仪等，在水质浊度监测方面处于领先地位。

2. 国内农业节水信息技术现状

我国从 20 世纪 50 年代就开始进行信息技术在土壤墒情监测、灌溉、用水管理以及水质监测方面的研究应用工作。通过半个世纪的努力，农业节水信息技术取得了很大进展。但总体来说我国的墒情监测技术、智能灌溉控制技术以及水质监测技术还处于初级发展阶段，没有形成成套的系统，智能化程度较低。国内开发的土壤墒情监测系统、智能灌溉控制系统以及水质监测系统多处于研制、试用、示范阶段，功能可扩展、逻辑可编程的信息处理、运算和控制设备在节水灌溉控制系统中的应用还不多见。

在土壤墒情监测技术方面，我国也取得了一批优秀的研究成果。例如，中国农业大学王一鸣教授利用驻波原理开发的驻波比（standing wave ratio，SWR）土壤水分传感器，在性能上接近国外水平，目前已经得到了广泛的应用。国家农业信息化工程技术研究中心开发的基于热平衡的茎流传感器，可准确监测作物体内的水分和物质运输状况；开发的叶面温度、蒸腾、茎秆增长、果实膨大传感器，可有效地在线监测作物的呼吸、蒸腾及作物器官的生长速度，可用于研究作物生长与土壤墒情之间的定量关系；开发的基于传感器技术、GSM/GPRS 技术以及 GIS 技术的远程墒情监测站，能够实时采集土壤的墒情信息、气象信息以及地理位置信息，并通过互联网同步发布，方便用户查询墒情信息。此外，高迎娟在理论分析计算的基础上，开发了主要作物各发育阶段土壤墒情跟踪分析及预测的应用软件。

在节水自动控制技术方面,我国也取得了很大进步。江苏大学开发的基于模糊决策理论的冬小麦精量灌溉智能系统,在考虑土壤-作物-大气连续体(soil-plant-atmosphere continum, SPAC)的基础上,通过气候环境参数来预测作物腾发量,再根据土壤湿度、作物腾发量以及作物的生长阶段来模糊决策作物的灌水量。与依据单一参数预测作物灌水量的预测结果相比,该系统更准确。天津工程师范学院将传感器网络系统、RFID 与软测量等技术相结合,并融合田间水势实时信息、作物生长需水(耗水)模型、农业专家知识、区域气象数据、遥感解读数据和人机交互信息,构建了田间水势智能决策控制模型和智能决策支持系统。国家农业信息化工程技术研究中心和北京市水利科学研究所联合研制出"节水灌溉自动控制系统",能够控制水泵、变频器和田间阀门,根据设定的灌溉程序自动运行,也可以根据检测到的土壤水分状况进行控制,该系统在全国 10 多个省市示范应用,节水、节能效果较好。

在用水管理方面,我国农业节水管理中信息技术应用水平低,节水管理信息采集、传输的可靠性差。有关调查资料显示,大型灌区平均 0.37 万亩有一个水位、流量观测点,单位测点控制渠道长度 94km。靠如此稀少的观测设施,根本无法对用水户的用水量进行实时监控。其他如水质、地下水、作物长势等观测项目更少。同时,观测手段也相对落后,现在灌区大部分仍是采用简单的、经验的方法进行观测,测量精度较低。由于不能及时准确地获取水流的各项特征指标和灌区节水管理所需的其他信息,用水调度大多依靠经验进行,大多数灌区不能动态制定用水计划,无法适应水情、作物种植结构等的变化情况,造成水资源的浪费。虽然我国部分灌区也尝试进行信息化方面的建设,但由于灌区管理人员信息化技术水平低,信息化系统使用难、管理维护更难,无法充分发挥已有系统的作用,不仅没有减轻反而加重了灌区工作人员的负担。随着已建立系统逐渐老化、落后,人们也对信息化产生了怀疑,系统无法得到更新改造,逐渐淘汰,管区管理又恢复到原来的状况。

在水质监测技术方面,我国起步较晚,与发达国家相比差距较大,许多技术还都处于研究试验阶段,能够大规模推广应用的技术产品很少。现有的自主研发类传感器尚停留在电化学传感器阶段。虽然一些传统的水质传感器,如 pH、水温、电导率等传感器已有商业化产品,但相对复杂的传感器,如溶解氧、叶绿素、微量元素的传感器和监测仪表长期依赖进口。随着我国国民经济多年来的高速发展,现代农业发展的需求日益加大,给国内水质监测行业带来了黄金般的市场机会,水质监测行业迎来了快速发展的机遇期。

1.2 农业信息节水关键支撑技术

1.2.1 传感器技术

作为信息采集系统的前端,传感器是一种能把特定的信息(物理、化学、生物)按一定规律转换成某种可用信号输出的器件和装置。国家标准 GB 7665—87 对传感器的定义如下:能够感受规定的被测量并按照一定的规律转换成可用输出信号的器件或装置,通常由敏感元件和转换元件组成。传统传感器一般由三个部分组成:敏感元件、转换元件和转换电路。其中敏感元件是直接感受被测量并输出与被测量形成确定关系的元件;转换元件是将敏感元件感受或响应的被探测量转换成电路参数量的元件;转换电路是将上述电路参数接入并转换为电量输出,信号调理转换电路将相关电信号转换为通用的电流或电压信号,方便与相关采集器连接。

近年来,传感器正处于传统型向新型传感器转型的发展阶段。新型传感器的特点是微型化、数字化、智能化、多功能化、网络化。微型化是建立在微电子机械系统(microelectromechanical systems,MEMS)技术基础上的,目前已成功应用在硅器件上形成硅压力传感器(如 EJX 变送器)。微电子机械加工技术,包括微机械加工技术、表面微机械加工技术、LIGA 技术(lithographie,galanoformunga,abformung,即 X 射线深层光刻、微电铸和微复制技术)、激光微加工技术和微型封装技术等。MEMS 的发展,将传感器的微型化、智能化、多功能化和可靠性水平提升到了新的高度。检测仪表和传感器是一种专用的数字化、智能化测量系统,是在电子技术和微电子技术的基础上,采用集成运算放大器、A/D、D/A、存储器等相关集成电路的方式封装设计而成的。具体的网络构建方法,目前主要采用多种现场总线或以太网(互联网),根据具体的需求,选择其中的一种或多种,近年流行的方法有基金会现场总线(foundation field bus,FF)、过程现场总线(process field bus,Profibus)、控制器局域网络(controller area network,CAN)、LonWorks、传感器/执行器接口(actuator-sensor-interface,AS-I)、Interbus、TCP/IP 等。新型传感器的发展还有赖于新型敏感材料、敏感元件和纳米技术,如新一代光纤传感器、超导传感器、焦平面陈列红外探测器、生物传感器、纳米传感器、新型量子传感器、微型陀螺、网络化传感器、智能传感器、模糊传感器、多功能传感器等。

智能传感器是指含有微处理器,将传感器监测信息的功能与微处理器的信息处理功能有机地融合在一起,具有一定人工智能的传感器,是 21 世纪具有代表性的一项高新科技成果。从使用角度来看,智能传感器能够满足准确度、稳定性和可靠性的要求。智能传感器系统本身是数字式的,国际上有关标准化研究机构正在积极推出国际规格的数字标准(IEEE 1451、现场总线等)。

无线传感器网络(wireless sensor networks,WSN)能够通过各类传感器协作地实时监测、感知和采集网络分布区的环境或监测对象的信息,并通过无线的方式接收发送信息,以自组织多跳路由的网络方式传送到用户终端,同时还具有简单的数据处理和控制功能。无线传感器网络为农业各领域的信息采集与处理提供了新的思路和有力手段,能够弥补以往传统数据监控的缺点,已经成为农业科技工作者的研究热点。无线传感器网络技术能够实时提供用户/农民地面信息(空气温湿度、光照参数、CO_2 浓度、风速风向、降雨量)、土壤信息(土壤温湿度、张力、墒情)、营养信息(pH、EC 值、离子浓度)、有害物监测与报警(动物疾病、植物病虫害、农业环境污染)、生长信息(植物生理生态信息、动物健康监测)等,帮助用户调整相关策略、及时发现问题并准确地确定发生问题的位置,使农业从以人为中心、依赖于孤立机械的生产模式转向以信息和软件为中心的生产模式,大量的各种自动化、智能化、网络化生产设备被集成使用,真正实现无处不在的数字农业。

具有简单控制功能的无线传感器网络节点采用电池供电,通过相关的电源处理可以控制不同中小功率的直流电磁阀(电动水动电磁阀、减压阀、调压阀、安全阀及流量控制阀等)。节点软硬件的节能策略能够将网络的工作时间延长到一年以上,同时太阳能等新能源的应用能够很好地解决灌溉过程中耗电大等问题。由于传感器网络具有多跳路由、自组网络及网络时间同步等特点,灌区面积、节点数量不会受到限制,可以灵活增减轮灌组。传感器节点具有水利信息、土壤、气象等信息测量功能,通信网关具有 Internet 与 GPS 技术相结合的动态信息采集分析功能,结合作物需水信息采集与精量控制灌溉功能、专家系统功能等,可构建高效、低能耗、低投入、多功能的农业节水灌溉平台。

传感器网络在温室、庭院花园绿地、高速公路中央隔离带、农田井用灌溉区等不同场合得到应用,实现了农业节水技术的定量化、规范化、模式化、集成化,促进了节水农业快速健康发展。

1.2.2 数据传输技术

数据传输技术是包括数据源与数据宿之间通过一个或多个数据信道或链路、共同遵循一个通信协议而进行数据传输的技术方法和设备。典型的数据传输系统由主计算机或数据终端设备、数据电路终端设备及数据传输信道组成。数据的传输过程是数据终端(data terminal equipment,DTE)把人们要传送的文字、图像或语言信息经机电转换、光电转换或声电转换的人机接口变成设备内的电信号,再通过数据通信设备(data communication equipment,DCE)变成适合信道传输的信号送到数据传输信道。接收端的数据通信设备(DCE)将线终信号还原后输入计算机,最后还原成文字、图像或语言信息。

数据传输网络是一种网络数据传输系统,一般由数据采集终端、数据交换设备、数据传输设备和接口电路组成。数据在网络中的传输必须遵循某一共同的通信协议。网络的功能是保证网络内各终端设备之间数据的正确传输和交换。典型的数据传输网络包括有线网络和无线网络。有线网络包括:①由专线组成的专用网络;②公共通信网,主要指公众电话交换网(public switched telephone network,PSTN)和公众数据网(public data network,PDN);③RS485 有线网络等。无线网络最近几年发展十分迅速,主要包括:GPRS、蓝牙网络、无线电台以及以太网等。

数据传输网络具有不同分类形式:按传输距离可分为局部网和广域网;按拓扑形式可分总线网、星形网、环形网、树状网和网状网;按交换方式可分信息交换、电路交换和分组交换。

通信协议是网络涉及的各通信设备在通信传输中必须共同遵循的一种规程,它的功能是保证数据在传输前最佳路由的选择、信道或链路的建立、建立后信道的同步和维持,以及数据在转移过程中格式和顺序的正确、流量的控制、差错的检出和纠正等。不同的通信网络均有各自不同的通信协议,在计算机通信中不同型号的计算机也采用各自的通信协议。同步串行链路协议有美国 IBM 的二进制同步通信(binary symmetric communication,BSC)和同步数据链路控制(synchronous data link control,SDLC)、DEC 的数字数据通信电文协议(digital data communication message protocol,DDCMP)、UNIVAC 公司数据链路控制(universal data link control,UDLC)、BURROUGH 公司数据链路控制(byte data link controller,BDLC)、美国国家标准 ANSI 的先进数据通信控制协议(advanced data communication control protocol,ADCCP)等。异步方式主要用在终端与计算机或终端与终端之间的通信,同步方式则用在计算机与计算机之间的通信。目前国际上常用的同步协议有国际标准化组织(International Organization for Standardization, ISO)的开放系统互联(open system interconnect, OSI)、高级数据链路控制(high-level data link control, HDLC)和国际电报电话咨询委员会(International Telephone and Telegraph Consultative Committee, CCITT)的 CCITTX.25 协议等。

目前,被广泛应用于农业节水的数据传输技术主要是采用无线传输技术,包括: GPRS 技术、蓝牙技术、Wi-Fi 技术以及 ZigBee 技术。

GPRS 技术是通用分组无线业务的英文简称,是在现有 GSM(global system of mobile communication)系统上发展出来的一种新的承载业务,目的是为 GSM 用户提供分组形式的数据业务。GPRS 采用与 GSM 同样的无线调制标准、同样的频带、同样的突发结构、同样的跳频规则以及同样的 TDMA(time division multiple access)帧结构。这种新的分组数据信道与当前的电路交换的话音业务信道极其相似,因此现有的基站子系统 BSS (basic service set)从一开始就可提供全面的 GPRS 覆盖。GPRS 允许用户在端到端分组转移模式下发送和接收数据,而不需要利用电路交换模式的网络资源,从而提供了一种高效、低成本的无线分组数据业务,特别适用于间断的、突发性的和频繁的、少量的数据传输,也适用于偶尔的大数据量传输。

蓝牙技术是一种无线数据与语音通信的开放性全球规范,其实质内容是为固定设备或移动设备之间的通信环境建立通用的近距无线接口,将通信技术与计算机技术进一步结合起来,使各种设备在没有电线或电缆相互连接的情况下,能在近距离范围内实现相互通信或操作。其传输频段为全球公众通用的 2.4GHz ISM 频段,提供 1Mbit/s 的传输速率和 10m 的传输距离。

Wi-Fi 的全称是 wireless fidelity,无线保真技术。与蓝牙技术一样,同属于短距离无线技术。该技术使用的是 2.4GHz 附近的频段,该频段目前尚属没用许可的无线频段。其目前可使用的标准有两个,分别是 IEEE 802.11a 和 IEEE 802.11b。它的最大优点就是传输速率较高,可以达到 11Mbit/s,另外它的有效距离也很长,同时也与已有的各种 802.11 DSSS 设备兼容。

ZigBee 无线通信技术比蓝牙、Wi-Fi 技术更简单实用。它使用 2.4GHz 波段,采用跳频技术。它的基本速率是 250kbit/s,当降低到 28kbit/s 时,传输范围可扩大到 200m,并获得更高的可靠性,同时,它可与 254 个节点联网,组成庞大的物联网系统。与蓝牙相比, ZigBee 更简单、速率更慢、功率及费用也更低。

1.2.3　自动控制技术

自动控制技术是在无人直接参与的情况下,利用附加设备使生产过程中的某个执行环节自动按照某种规律运行,使被控对象的工作状态、参数或加工工艺按照预定要求变化的技术。自动控制技术包含自动控制理论和方法(决策分析和博弈、分散控制、鲁棒性、支持决策系统、系统建模、图像处理与模式识别等)、自动控制系统(分布式控制系统、可编程控制系统、现场总线控制系统、数据采集和监控系统等)、控制软件技术(控制、模糊控制、人工神经网络、专家系统、组态软件等)、自动控制设备(嵌入式工业电脑、工控机、分布式I/O、人机界面、视频监控、工业通信等)、安全可靠性技术(故障诊断、冗余等)。随着自动控制技术的不断发展,获得系统动态最佳性能的方法不断完善,使得自动控制技术广泛应用于农业节水成为可能。

传统控制理论包括经典控制理论和现代控制理论,经典控制理论和现代控制理论都是建立在控制对象精确模型之上的控制理论。通过建立被控对象的数学模型并进行分析,进而设计出合适的控制器。经典控制理论在解决简单的控制系统方面是很有效的。现代控制理论主要研究多输入、多输出、时变参数、高精度复杂系统的分析和设计(刘丁,2006)。然而,农业作为一个复杂的生命系统,传统控制理论在实际应用中遇到了很大的困难,具体体现在无法获得精确数学模型、自控系统提出的假设不实用、复杂系统无法建模等方面,直接导致控制系统很复杂,增加系统成本及维护费用并降低可靠性(孙亮等,1999;陶永华,2002)。

经典控制理论、现代控制理论和人工智能、模糊数学等学科的结合形成了智能控制科学。智能控制是指驱动智能机器自主地实现其目标的过程。智能控制是人工智能、控制论、运筹学和信息论等学科的交叉,其特点是模仿人的智能来研究解决复杂控制问题。智能控制系统在分析和设计时,重点集中于智能机模型上。在一些复杂系统中,非数学模型的描述、模式识别、知识库和推理机的设计成为智能控制研究的重点。神经网络控制、模糊控制、专家系统、遗传算法等已成为主要的智能控制算法,并得到很多成功应用。将智能控制科学与传统控制理论相结合已经成为当前研究的热点领域。

1.2.4　智能决策支持系统

智能决策支持系统(intelligence decision support system,IDSS)是在决策支持系统(decision support system,DSS)的基础上集成专家系统(expert system,ES)而形成的。决策支持系统主要是由问题处理与人机交互系统(语言系统和问题处理系统)、模型库系统(模型库管理系统和模型库)、数据库系统(数据库管理系统和数据库)等组成。决策支持系统主要解决计算机自动组织和协调多模型运行的问题,对大量数据库中数据进行存取和处理,达到更高层次的辅助决策能力。决策支持系统的新特点是增加了模型库和模型库管理系统,把众多的模型(数学模型和数据处理模型以及更广泛的模型)有效地组织和存储起来,建立模型库和数据库。

专家系统是一个智能计算机程序系统,通过对人类专家对问题求解能力的建模,采用人工智能中知识表示和知识推理技术,来模拟通常由专家才能解决的复杂问题的过程,达到具有与专家同等解决问题能力的水平(史忠植等,2007)。其主要包括六个部分:知识库、推理机、综合数据库、人机接口、解释程序以及知识获取程序。

知识库存放问题求解所需要的专业领域知识,包括基本事实、规则和其他有关信息。知识的表示形式具有很多种,包括框架表示、规则表示、语义网络等。知识库是专家系统的核心组成部分。一般来说,专家系统中的知识库与专家系统程序是相互独立的,用户可以通过改变、完善知识库中的知识内容来提高专家系统的性能。

推理机是实施问题求解的核心执行机构,它实际上是对知识进行解释的程序,根据知识的语义,对按一定策略找到的知识进行解释执行,并把结果记录到动态库的适当空间中。推理机的程序与知识库的具体内容无关,即推理机和知识库是分离的,是专家系统的重要特征。推理机可以采用正向推理、逆向推理、混合推理及双向推理等策略。

知识获取负责建立、修改和扩充知识库,还可以对知识库的一致性、完整性进行维护,是专家系统中把问题求解的各种专门知识从人类专家的头脑中或其他知识源那里转换到知识库中的一个重要环节。知识获取机构可以通过手动、半自动或者通过机器学习等智能手段实现自动获取知识,完成知识库的修改和完善,使系统能够更有效地求解问题。

人机接口是系统与专家、计算机工程师以及用户之间信息交换的界面。通过该界面,用户输入基本信息、回答系统提出的相关问题,并输出推理结果及相关的解释。

解释器用于对求解过程作出说明、解释推理结论的正确性,并回答用户的提问。解释机制涉及程序的透明性,它让用户理解程序正在做什么和为什么这样做,向用户提供了关于系统的一个认识窗口。在很多情况下,解释机制是非常重要的。为了回答“为什么”得到某个结论的询问,系统通常需要反向跟踪动态库中保存的推理路径,并把它翻译成用户能接受的自然语言表达方式。

数据库是依照某种数据模型组织起来并存放二级存储器中的数据集合。这种数据集合具有如下特点:尽可能不重复,以最优方式为某个特定组织的多种应用服务,其数据结构独立于使用它的应用程序,对数据的增、删、改和检索由统一软件进行管理和控制。从发展的历史看,数据库是数据管理的高级阶段,它是由文件管理系统发展起来的。数据库的基本结构分三个层次:第一层是物理存储设备上实际数据的集合,称为物理数据层;第二层是数据库整体逻辑表示,数据库的中间一层,称为概念数据层;第三层是用户所看到和使用的数据库,表示一个或一些特定用户使用的数据集合,称为逻辑数据层。

1.3　本章小结

本章从我国农业节水灌溉实际需求出发,分析了信息技术在农业节水中的地位和作用,提出了“信息节水”的概念与内涵,总结分析了国内外目前农业节水信息技术研究应用现状及存在的主要问题。针对我国农业节水灌溉中监测技术落后、智能化程度低、综合调控能力差、管理技术落后的现状,围绕节水灌溉自动化控制中墒情监测预报、灌溉自动化控制、用水管理和水质监测四个方面,提出从传感技术、信息采集、信息传输、信息处理、管理决策和工程控制六大环节入手,开展多学科交叉综合研究,综合运用传感器、电子、计算机、网络、自动控制、模型、人工智能等学科领域的技术方法,开展智能控制与智能管理方面自主知识产权的关键技术产品研发与创新。将土壤墒情监测传感技术产品、信息采集技术产品、传输技术产品、控制技术等硬件产品集成,墒情监测预报技术、灌溉控制模型技术、用水调度技术、水质监测技术等软件模型集成,建立农业节水信息技术综合应用系统平台,实现农田土壤墒情远程监测预报、农业灌溉控制和水质实时监测的信息化、自动化。

第2章 农业节水信息系统网络架构

随着农业耕作规模的扩大和耕作精度的提高,农业生产需要监测的信息规模不断扩大、控制设备数量不断增加,农业节水信息监控网络规模和复杂度也在持续扩大,传统简单的集中式监控系统已经无法满足生产的实际需求。大量先进的通信技术应用于农业节水信息系统中,从而推动了农业节水信息系统从简单的单机监控向多层、互联的网络化监控方向发展,形成功能强大、性能稳定的节水信息监控网络。

本章介绍农业节水信息系统的主要网络结构,以及农业节水信息系统中常用的通信方式和通信协议,并给出农业节水信息系统中三种常用通信设备的实现方法。

2.1 系统网络结构

农业节水信息系统包括灌溉自动控制、水资源计量调度、墒情监测以及水质监测等多个方面,根据监控的区域和目的不同,衍生了多种系统结构。按网络结构可分为集中式监控系统、基于串行总线的分布式系统、基于以太网的网络监控系统、基于无线传感器网络的监控系统和多层远程监控系统,以下分别介绍这几种系统的结构和特点。

2.1.1 集中式监控系统

集中式监控系统由一台主控设备(中央灌溉控制器、数据采集器等)连接若干个传感器和阀门、电动机等执行设备组成。主控设备可以独立工作,也可以通过串行总线与主控服务器连接,其结构如图 2-1-1 所示。

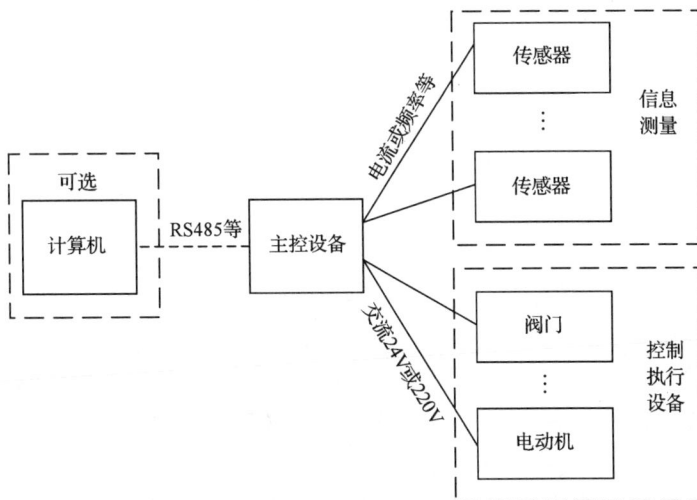

图 2-1-1 集中式监控系统

集中式监控系统呈星形结构,结构简单,性能稳定,适合在传感器和阀门等设备分布相对集中的监控区域内使用,由于长距离传输信号衰减及电压下降的影响,其一般控制有效区域不超过500m(根据传感器输出方式和执行设备功率不同有差异)。主控设备可以通过RS485、无线电台、以太网或GPRS等方式与远程的监控中心的计算机连接,完成信息采集和控制命令执行。

在这种网络结构中,主控设备与传感器及执行设备呈星形连接,因此,系统需要大量的连接电缆,在主控设备上的接线比较多,施工的成本较高;而且集中式监控系统冗余性较差,当监控主机出现故障时,监控系统所有测量和控制功能都无法运行。

2.1.2 基于串行总线的分布式系统

串行总线分布式系统是一种比较常见的监控网络结构,大量应用于设施农业园区中,其通过串行总线连接分散在较大区域内的远程终端单元(remote terminal unit,RTU),由RTU完成对现场信息的采集和设备的控制,由主控计算机完成数据存储和控制策略制定等。常见的通信形式有四线制、两线制、无线等几种。

1. 四线制分布式系统

四线制是最常见的一种分布式系统,由主控计算机(或可编程控制器)、RTU、传感器、执行设备及通信电缆组成。其结构如图2-1-2所示。

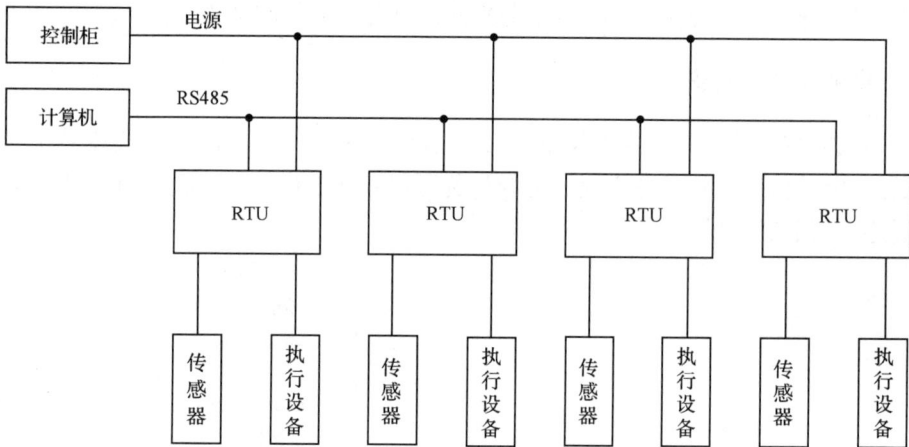

图 2-1-2 四线制分布式系统

该系统从中控室引出包括2条供电电源线和2条通信信号线在内的4条电缆依次串行连接现场的每个RTU。RTU是安装在远程现场的电子设备,用来实现远程传感器数据采集及设备控制,它将测得的状态或信号转换成可在通信线路上发送的数据格式,并将从中央计算机发送来的数据转换成命令,实现对设备的功能控制。

1) 基于RS485的四线制分布式系统

RS485是一种典型的通信标准,它的全称是TIA/EIA-485串行通信标准。它的数据信号采用差分传输方式,也称为平衡传输。RS485输出电压为$-7\sim+12$V,其中$+2\sim$

＋6V表示"0"，－6～－2V表示"1"。RS485有两线制和四线制两种接线，四线制只能实现点对点的通信方式，现在很少采用。现在多采用的是两线制接线方式，两线制可实现真正的多点双向通信，这种接线方式为总线式拓扑结构。在同一总线上一般来说最多可以挂接 32 个节点，部分芯片节点数可以增加到 256 个。

在 RS485 通信网络中一般采用的是主从通信方式，即一个主机带多个从机。实现 RS485 的连接很简单，在一般场合采用普通的双绞线就可以。在要求比较高的环境下可以采用带屏蔽层的同轴电缆。在使用 RS485 接口时，对于特定的传输线路，从 RS485 接口到负载其数据信号传输所允许的最大电缆长度与信号传输的波特率成反比，这个长度数据主要是受信号失真及噪声等因素所影响。理论上 RS485 的最长传输距离可达 1200m，最大传输速率为 10Mbit/s，但在实际应用中传输的距离要比 1200m 短，具体能够传输多远视周围环境而定。在传输过程中可以采用增加中继的方法对信号进行放大，最多可以加 8 个中继，这样也就是说理论上 RS485 的最长传输距离可以达到 9.6km。如果需要长距离传输，可以采用光纤为传播介质，收发两端各加一个光电转换器，多模光纤的传输距离为 5～10km，而采用单模光纤可达 50km 的传输距离。

在基于 RS485 的通信网络中，Modbus 协议是一种使用较为广泛的通信协议。Modbus 协议是一种应用层协议，位于 OSI 参考模型的第七层。该协议可以使各种控制设备通过 RS485、以太网等网络进行通信。Modbus 协议是一个主从通信协议，通信网络中有一个主控设备和多个从设备，通信由主控设备发起，从设备接收消息后根据协议中的地址决定是否需要应答。Modbus 有 RTU（十六进制）和 ASCII（字符）方式两种信息格式，协议在此基础上规定了消息、数据的结构、命令和应答的方式。

（1）ASCII 模式。

ASCII 模式中，消息以字符"："开始，以回车换行符结束（ASCII 码 0DH、0AH）。帧格式如图 2-1-3 所示。

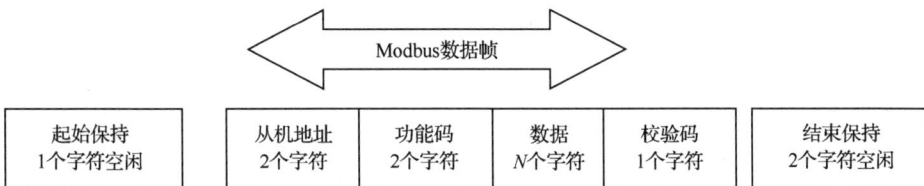

Modbus数据帧				
起始保持 1个字符空闲	从机地址 2个字符	功能码 2个字符	数据 N个字符	校验码 1个字符	结束保持 2个字符空闲

图 2-1-3　ASCII 数据帧格式

（2）RTU 模式。

RTU 模式是一个十六进制传输协议，没有固定的开始和结束字符。因此，RTU 协议使用大于 3.5 个字符时间的停顿作为数据帧的起始标志。网络中的设备不断接收总线上的数据，当检测到合适的起始条件后，开始接收数据，RTU 模式的第一个字节为目标设备地址，设备接收该字符并判断该消息是否是发给自己的，如果是，则设备继续接收数据并根据命令进行相应的应答。在 RTU 模式下，消息传送结束后，应该至少保留 3.5 个字符的空闲时间再启动下一次数据传输，否则将导致一个错误。RTU 帧格式如图 2-1-4 所示。

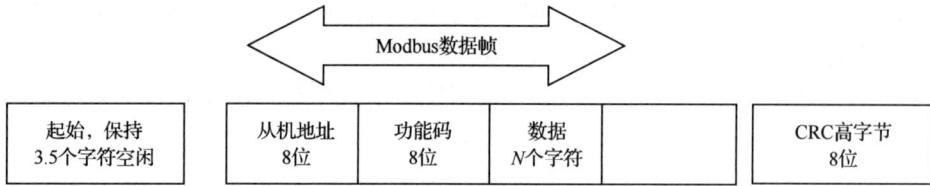

图 2-1-4　RTU 数据帧格式

2) 基于现场总线的四线制分布式系统

现场总线是用于过程自动化、制造自动化等领域的现场智能设备互联通信网络。目前已形成国际标准的现场总线有 CAN、Profibus 等 12 种。将现场总线通信网络应用于节水灌溉设备,沟通了生产过程现场与控制设备之间及其与更高控制管理层次之间的联系。其具有互操作性和互用性强、对现场环境具有较高的适应性等技术优势,成为自动化技术发展的热点。现场总线设备的工作环境处于过程设备的底层,作为设备级基础通信网络,现场总线具有协议简单、容错能力强、安全性好、成本低的特点;同时具有一定的时间确定性和较高的实时性要求、网络负载稳定、多数为短帧传送、信息交换频繁等特点。基于以上优点,现场总线已成为当前灌溉自动化设备通信研究的热点。

伍伟杰等(2006)针对在农田灌溉中自控系统工作在野外开阔区域的特点(范围大、距离远、系统节点分散、天气多变、野外干扰多、工程量大等),在传统通信方式不能满足要求的基础上,从可靠性、通信距离、开发难易程度、价格等方面进行对比选择,提出了一种基于 CAN 总线节水灌溉自控系统。

2. 两线制分布式系统

为进一步节约电缆和降低安装施工成本,众多机构开始研究两线制分布式系统,即将通信信号叠加到供电线路上,使用编解码器来实现对信号的采样和解码。其结构如图 2-1-5 所示。

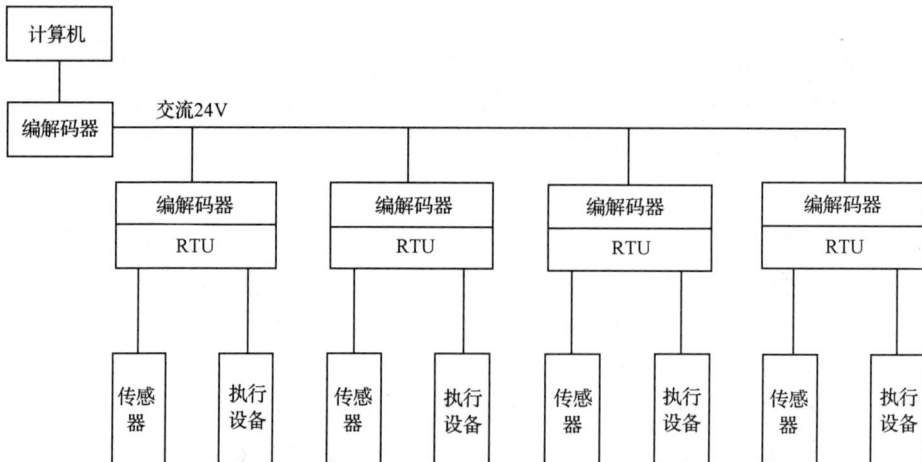

图 2-1-5　两线制分布式系统

两线制分布式系统的核心技术是一种在低压电力线上进行数据传输的技术,称为低压电力线载波通信。该技术由于可以利用已有的或铺设的电源线路来实现数据的远距离高速传输,从而降低了系统的复杂度,减少了施工难度,降低了工程成本,因而在信息节水领域有着广阔的发展前景(陈凤,2010)。农业中通常以交流 24V 电源线作为数据传输媒介进行通信,能够实现两种设备间的单向或双向通信,通信速率可以达到 9.6kbit/s,通信距离可以达到 1000m。

针对农业领域节水灌溉的特点,为进一步降低系统复杂度和可靠性,国外在此基础上提出两线制编码解码的方法和设备。如图 2-1-6 所示,该系统通过对连接电磁阀供电电线编码解码来实现两根线对多区域和多电磁阀的控制管理,省去了原系统中的 RTU,进一步降低了系统成本。美国雨鸟公司于 1990 年应用该项技术,研制了 LDI、SDI 解码控制,FD 系列田间解码器系列,SD 传感器解码器等产品,并在全球市场进行推广。美国 Hunter、Toro、Underhill 公司,以色列耐特费姆及欧洲部分公司都有类似独立解码系统,部分已经取得成熟应用。

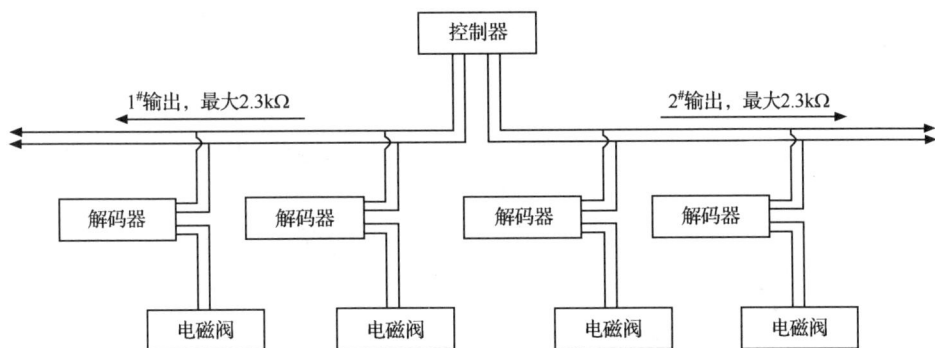

图 2-1-6　两线制灌溉系统

3. 基于无线技术的分布式网络

农业灌溉,特别是大田和果园自动灌溉系统中,土壤水分测量点和阀门控制点比较分散且与控制中心距离较远,同时由于需要进行机械作业,田间布线条件不好,为了防水和防止意外破坏,需要增加穿线管,因此田间布线成本较高。根据这一特点,出现了基于无线通信技术的分布式网络系统。这种系统将计算机与 RTU 间的通信方式改为无线方式,RTU 单元采用太阳能供电,并使用直流电磁阀作为控制机构,构成无须布线的现场采集控制节点,其结构如图 2-1-7 所示。

系统中计算机通过串口与无线通信模块连接,其发送的指令经无线通信模块编码调制后发送,现场 RTU 站点的无线通信模块接收到命令后传送给 RTU,后者判断数据中的地址域,决定是否执行命令和应答。因此,从根本上说,这种监控系统结构与四线制通信系统是相同的,只是在数据传输的介质上发生了改变,其无线数据传输可以采用任意的透明传输模块完成,包括 229MHz 的无线电台、433MHz 无线通信模块和 2.4GHz 的高速频段等,其通信距离由使用的发送功率和频段决定,不过增加发送功率将加大系统功

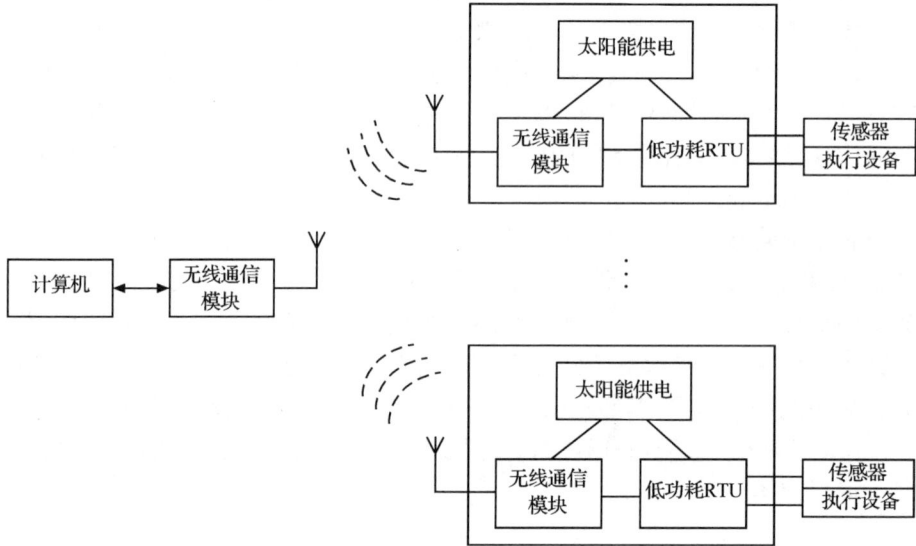

图 2-1-7　无线分布式系统

耗,从而导致太阳能供电功率增加,也就增加了系统成本,因此,无线通信模块的功率应根据实际需要合理选择。

综上所述,基于总线的分布式监控系统具有施工维护方便、安装简单、控制面积大等优点,可以满足现代农业不断扩大规模的需求。

2.1.3　基于工业以太网的网络监控系统

进入 21 世纪以来,随着全球性的网络化、信息化进程加快,工业以太网成为颇具活力的高科技领域,将网络通信技术应用于节水灌溉成为一种趋势。农业节水信息系统在采用原现场总线的基础上,应用工业以太网的控制网络,并且把所有的现场设备、控制器件和个人计算机工作站集成为一个高度可靠、低能耗和实时的控制系统。系统最大限度使用了数字化通信和分布式计算技术。

工业以太网技术应用于农业节水信息系统中,其优点有:①系统布线简单而且易于扩展。总线只需要一根无源的双绞线或同轴电缆,具有良好的扩展性。②控制系统通过节点连接控制模块,这样可以实现大面积的数据采集和设备控制。③系统容错性能好。当系统某一模块发生故障后可以自动与总线脱离,不影响其他模块的正常工作,从而提高了整套系统的容错性。④与集散控制系统和分布式控制系统相比,降低了监控系统的成本,尤其适用于大规模农业节水信息系统的控制。

基于工业以太网的农业节水信息系统包括计算机、交换机、以太网 RTU 和现场测量执行设备等,结构如图 2-1-8 所示。RTU 可以使用具有以太网功能的模块,也可以使用串口以太网转换器和通用 RTU 配合实现。数据传输的实现具有多种方式,包括 TCP、UDP、HTTP 协议。

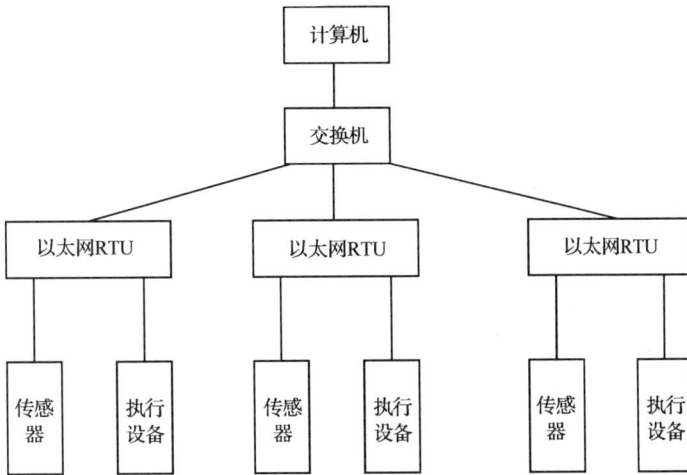

图 2-1-8　基于工业以太网的网络监控系统

工业以太网的基础通信协议是传输控制协议/互联网络协议（transmission control protocol/Internet protocol，TCP/IP），由网络、传输、应用层组成。在 TCP/IP 中没有定义数据链路层和物理层，它只要求主机必须使用某种协议与网络连接，以便能在其上传播分组数据。网络层使主机可以把分组发送到任何网络，并使分组独立地传向目的地。这些分组到达的顺序和发送的顺序可能不同，因此需要上层协议对数据进行重新组合和排序。该层定义的标准的分组格式和协议即为 IP 协议。网络层的功能就是把分组数据发送到应该到的地方。传输层位于网络层之上，它使源主机和目标主机上的对等实体可以进行会话。该层定义了两个协议：第一个是传输控制协议（TCP）。TCP 是一个面向连接的协议，具有流量和差错等控制，它允许从一台机器发出的字节流无差错地发送到互联网上的其他主机上。TCP 在发送时把输入的字节流分解为报文传给网络层，接收时把报文重新组装成数据帧并交给应用层。第二个协议是用户数据报协议（user datagram protocol，UDP）。它是一个不可靠的无连接协议，用于不需要排序和流量控制的应用。传输层之上的应用层有很多协议，比如常用的文件传输协议（file transfer protocol，FTP）、超文本传输协议（hypertext transfer protocol，HTTP）、简单邮件传输协议（simple mail transfer protocol，SMTP）等。在农业节水信息系统中，经常使用基于 TCP 协议的应用层协议。

1. 计算机工作于 TCP 服务器模式

此模式下，RTU 模块工作于 TCP 客户模式，模块启动后主动连接计算机，当建立连接后，RTU 即开始向服务器传送监控数据，计算机也可以发送命令到 RTU 模块。此时，RTU 模块与计算机保持为常连接状态。此模式适合计算机作为服务器长期运行的监控系统。

2. RTU 工作于 TCP 服务器模式

计算机工作于客户模式，存储每个 RTU 模块的 IP 地址，当计算机要与某个 RTU 通信时,计算机发起连接请求,连接后进行数据通信。如果 RTU 模块支持 HTTP 协议,则计算机可以通过浏览器直接查看 RTU 的测量数据,并可进行参数设置等。此模式适合 RTU 模块长期运行测量,计算机按需查看或下载数据的模式。基于 TCP 的 Modbus 协议也要求 RTU 工作于服务器模式。

2.1.4　基于无线传感器网络的监控系统

大面积的农田墒情监测和灌溉自动监控一直受到设备安装和供电困难的制约,传统使用的有线和星形无线方式都面临着以下问题。

(1) 传统有线方式缺陷:首先由于农田面积很大,铺设电缆需要的施工和材料成本都很高;其次电缆可能会影响农田的机械化作业。

(2) 传统无线方式缺陷:首先星形通信方式的覆盖区域为一个以控制中心为圆心的圆形,而实际监控区域很难如此理想;其次节点间距离较远,需要较大的太阳能供电系统,在监测和控制节点增加时会导致成本大量增加。

随着现代信息技术的发展,具有动态路由功能和低功耗、低成本的无线传感器网络为大面积农田墒情监测和灌溉自动控制网络搭建提供了有效的解决方案。无线传感器网络是一种无中心节点的全分布式系统。在该系统中,众多传感器节点被密集部署于监控区域,各传感器节点集成有传感器模块、控制器模块、通信模块和电源模块等,它们以无线通信方式,通过分层的网络通信协议和分布式算法,可自组织地快速构建网络系统,传感器节点间具有良好的协作能力;通过集成的不同功能的传感器,节点可探测包括温度、湿度、噪声、光强度、压力、水质状况、土壤成分、移动物体的大小、速度和方向等诸多人们感兴趣的物理量;通过网关,WSN 可以接入 Internet/Intranet,从而将采集到的信息回传给远程的终端用户。由此可见,WSN 为解决大面积农田精准灌溉及信息采集提供了一个全新的技术手段,由于具有动态路由功能,基于 WSN 的监控点分布可以更灵活,节点需要的发射功率更小,因而功耗和成本都更低。因此,网络中的传感器和监控节点可以使用内置锂电池供电,体积更小更适合农田应用。

图 2-1-9 为一个典型的基于 WSN 的农业精准灌溉系统的结构图。在这样一个网络中,传感器节点和控制节点互相协同实现监测区域内的数据采集和控制,最后汇聚的信息

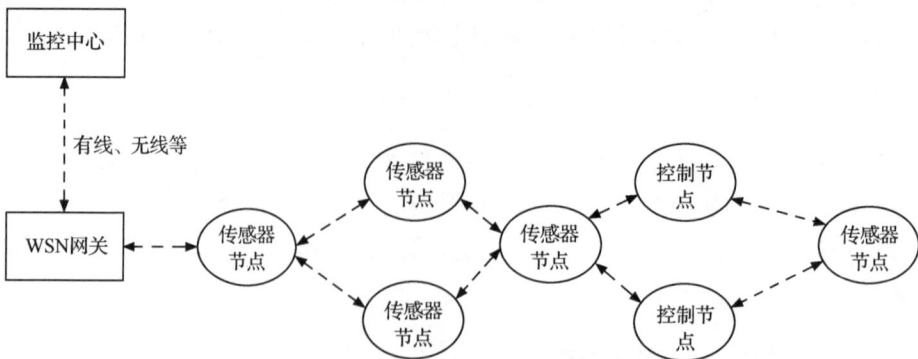

图 2-1-9　基于 WSN 的精准灌溉系统结构图

通过 WSN 网络发送至监控中心。WSN 网关与监控中心可以通过有线、无线方式通信，包括 RS485、无线电台、GPRS 等。

无线传感器网络有多个协议标准，其中 ZigBee 获得了广泛认可和大量应用。ZigBee 是基于 IEEE 802.15.4 标准的一套无线自组织通信技术标准，其协议栈分成两个部分，IEEE 802.15.4 处理低级 MAC 层和物理层协议，而 ZigBee 联盟对其网络层和 API 进行标准化。图 2-1-10 为 ZigBee 协议栈架构各层之间通过服务接入点（SAP）来实现层与层之间的数据通信与协议栈管理。一般来说，层与层之间有两个服务接入点，一个提供数据传输服务，另一个实现管理。

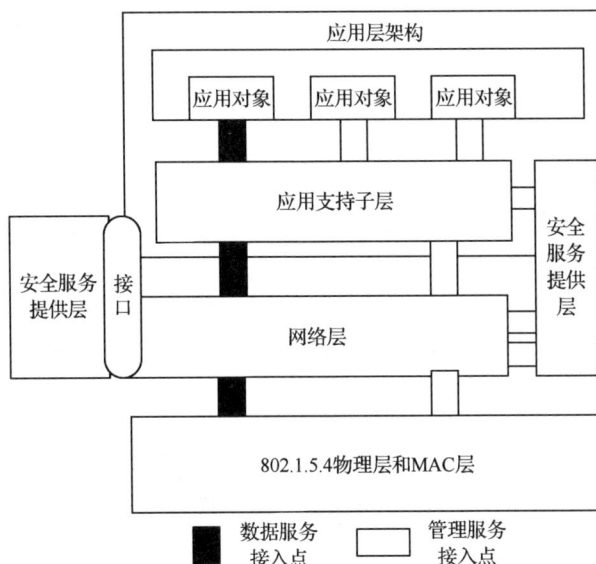

图 2 1 10　ZigBee 协议栈

ZigBee 技术使用免费的 2.4GHz、915MHz 和 868MHz 频段，传输速率为 20～250kbit/s，具有双向通信功能。ZigBee 定义了两种物理设备类型：全功能设备（full functional device，FFD）和精简功能设备（reduced functional device，RFD）。其中 FFD 实现了全部功能，而 RFD 只是实现了部分功能。RFD 只能和 FFD 设备通信，却不能与其他 RFD 设备通信。从网络配置上来讲，在 ZigBee 网络中有三种类型的设备：ZigBee 协调器、ZigBee 路由器和 ZigBee 终端设备。ZigBee 协调器必须是 FFD，并且一个 ZigBee 网络有且只有一个协调器；路由器是中继节点，也是 FFD，可以选择路由转发数据；终端设备功能比较单一，往往只是发送和接收简单信息。

每个 ZigBee 网络都有一个标识符，用来和其他 ZigBee 网络进行区分，该标识符是由 ZigBee 协调器在建立网络时确定的。当节点加入网络时会分配一个 16 位的网络地址，以后该节点就用这个网络地址和其他节点通信。ZigBee 网络可以实现下面三种网络拓扑结构：星形网、树形网、网状网。

在星状拓扑中，网络由唯一的协调器，即中心节点控制，它初始化并保持其他在网络中的设备。其他设备都是末端设备，直接与协调器进行通信。星形拓扑最大的优点是结构简单、管理方便,但需要将末端节点都放在中心节点的通信范围之内,这无疑会限制无线网络的覆盖范围。树形拓扑是多个星状拓扑的集合,保持了星状拓扑的简单性,对存储器需求不高,上层路由信息少,因此成本相对于网状拓扑较低。它具有信息多级传输的能力,也解决了低功耗 RF 收发器所带来的覆盖范围通常不能超过百米的问题。网状拓扑中的每个节点都是一个小的路由器,都具有重新路由选择的能力,以确保网络最大限度的可靠性。它通过一系列广播、路由查询和维护命令来动态地升级整个网络的路由信息。发起消息的节点通过查询邻近节点来建立一条适当的路径。这个查询广播式地发送请求,直到找到目标节点并得到应答。

2.1.5　多层远程监控系统

以上介绍的监控系统都是分布于监控现场和单一监控中心的系统,随着网络技术的不断发展和人们对远程、移动监控功能的需求增加,具有多层远程监控功能的监控系统开始出现。多层远程监控系统具有如下特点:①监测区域现场具有一个监控中心;②在远程的办公区域也可以远程进行监控;③具有 Web 发布功能,可在任何地方通过互联网进行监控;④可通过手机等移动设备进行监控。

图 2-1-11 为某园区温室灌溉控制系统结构图。系统中,每个温室内使用平板电脑作为温室内监控网络中心,其内部网络结构可以是上面介绍的网络结构中的一种。各温室

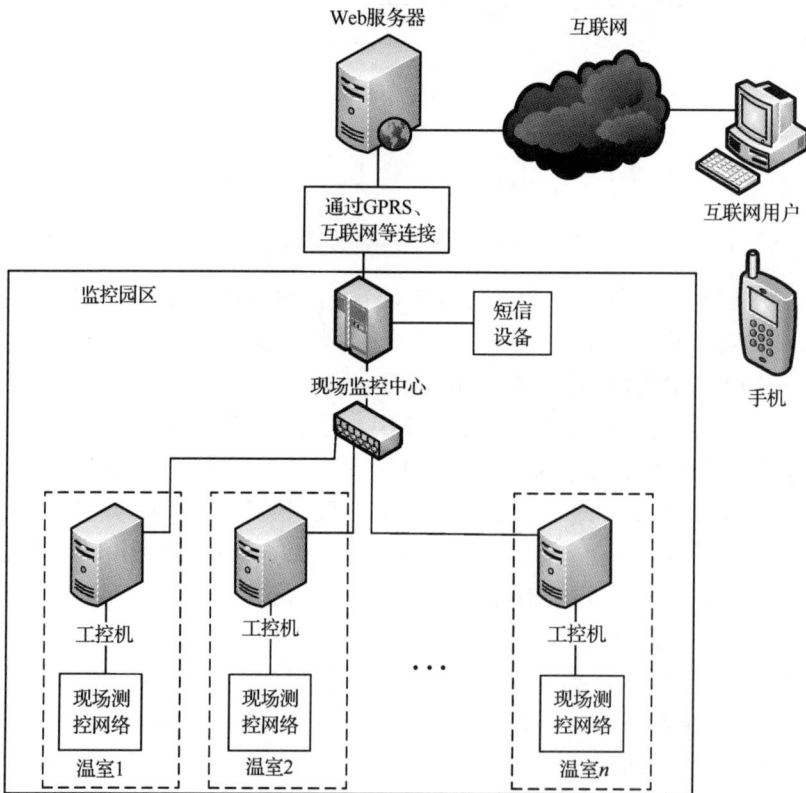

图 2-1-11　温室灌溉控制系统结构图

通过以太网与园区内的现场监控计算机连接,现场监控计算机可以实时监控每个温室内的灌溉状态和环境参数。现场监控中心安装有短信收发设备,可以接收和发送短信,可以实现短信报警、短信遥控等功能。现场监控计算机通过 ADSL 或 GPRS 等无线网络设备进入互联网与远程的中心服务器连接,从而实现在互联网上的 Web 数据发布。

GSM/GPRS 作为一种公众通信网络在农业节水信息系统中得到了广泛应用,可以为系统提供遥控、远程监控等。它具有诸多优点:①标准化程度高,接口开放,联网能力强;②能提供准 ISDN 业务;③支持点到点双向的短消息业务;④保密、安全性能好,具有鉴别、加密功能;⑤价格便宜。在我国 GSM 公用数字移动通信网是覆盖面积最大、系统可靠性最高、话机持有量最大的数字移动蜂窝通信系统(范磐亚等,2006)。

郭建等(2005)开发了基于 SMS(short messaging service)的高速公路绿化带灌溉监控系统,利用流量、压力等传感器实时测量、分析灌溉设备的灌溉参数,通过 SMS 传送给中心控制计算机,当分析发现数据异常时,自动报警系统将启动应急处理通过 GSM 发送警报信息给管理员,并自动关闭水泵和电磁阀。系统结构如图 2-1-12 所示。

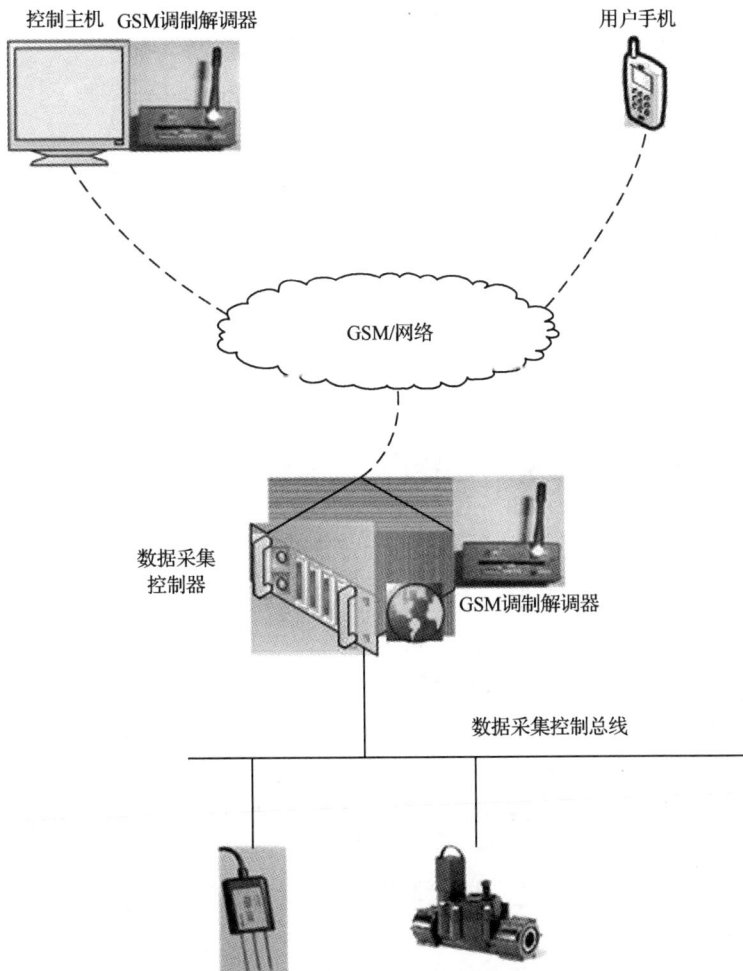

图 2-1-12 GSM 通信方式在高速公路绿化带灌溉中应用结构图

　　GPRS 系统利用 GSM 系统的全部基础设施(李平均等,2006),覆盖 GSM 的全部功能并提供分组服务。GPRS 提供与数据分组交换网的接口,可通过维护协议和 X125 协议与其他数据网相连。GPRS 系统可灵活运用时隙来提供多种速率。GPRS 系统的出现,给用户和运营公司都带来了一定的好处。从用户的角度来看,GPRS 系统可为用户提供更快的接入时间和更高的数据速率;GPRS 是按通信量的大小来计算,从而使得收费合理化。图 2-1-13 为 GPRS 用于节水灌溉的整体结构图。

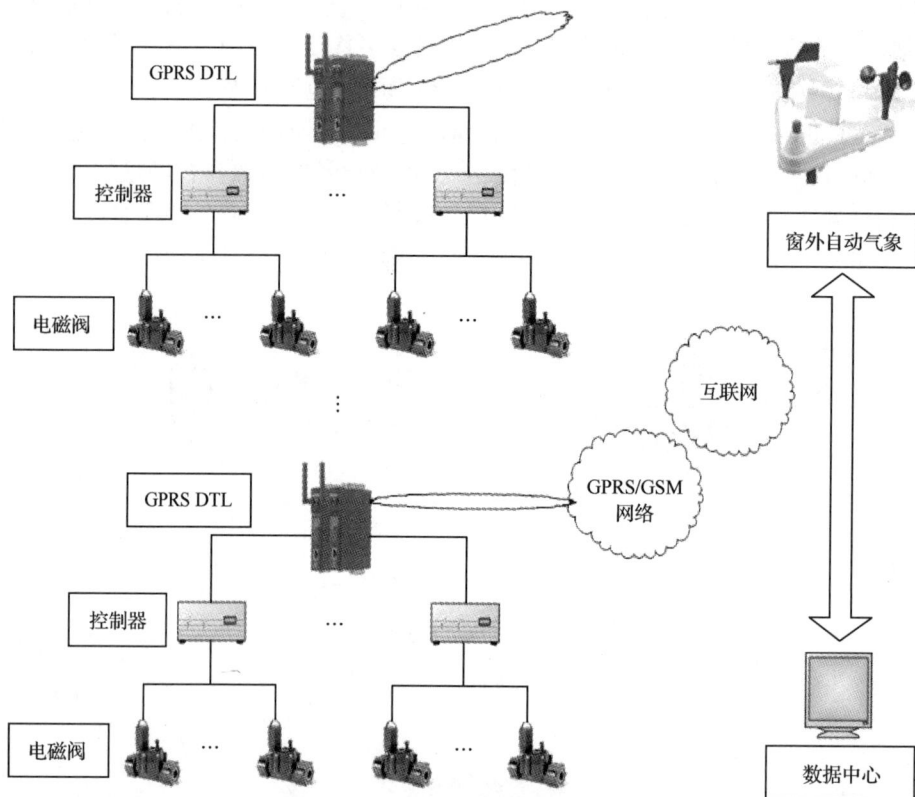

图 2-1-13　GPRS 用于节水灌溉的整体结构图

　　以上灌溉自控系统主要由中心主控系统(主计算机、控制柜)、电磁阀、田间湿度传感器(可测土壤湿度绝对值)、气象观测站(可测量气温、风向、风速)等设备组成。系统由多个控制单元组成,每个控制单元管理一片区域。利用 GPRS/GSM 网络,由中央计算机统一管理。室外的空气温湿度传感器把结果送入计算机,进行灌溉参数设置及对灌溉情况进行统计,并可通过专用软件在计算机上存储,显示数据和图表。同时可以人工进行特殊操作。通过互联网获取天气信息,有预见性地实施灌溉(上海步特电气有限公司,2000)。

2.2　常用通信设备

　　以上介绍了农业节水信息系统网络的结构和常用的通信协议,本节以三个实际产品为例,介绍农业节水信息系统中常用的 Modbus、GPRS、以太网等通信设备的实现方法。

2.2.1 支持 Modbus 的 RTU 模块

基于 RS485 总线的通信系统是应用最多的一种结构,基本上所有 RTU 模块、控制器均支持 RS485 接口。本节以一个具有 RS485 接口的支持 Modbus 协议的 RTU 为例介绍 RS485 接口实现的关键技术。

1. RTU 模块总体结构

如图 2-2-1 所示为一个 RTU 模块的总体结构,包括电源电路、采集电路、控制电路和通信接口电路。在此只讨论电源和通信接口电路。

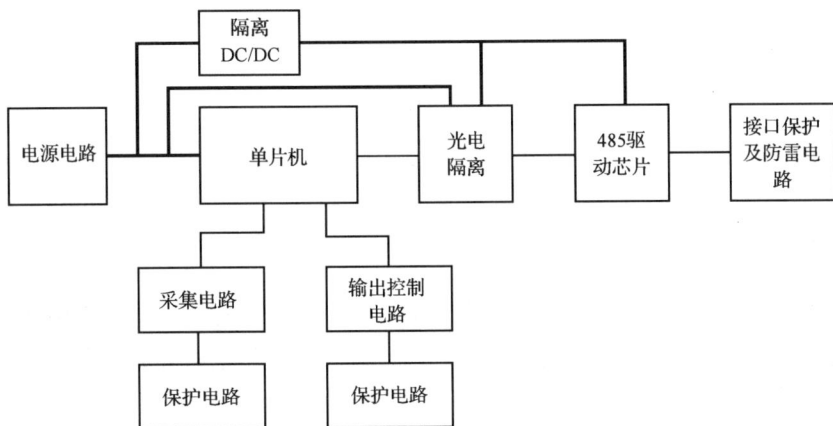

图 2-2-1 RTU 模块硬件结构

RTU 模块在测控的现场使用,其通信和供电线路一般比较长,因此,模块干扰抑制和内核保护是保证模块稳定可靠工作的关键。常用的技术有接口隔离、共模信号抑制和感应雷抑制。

2. 电源电路

电源电路包括两个部分:一个是输入电源的降压和隔离;另一个是输入电源的保护。因为 RS485 通信接口采用光电隔离的方式,所以必须提供与主芯片隔离的电源给 RS485 驱动器供电。此部分典型的电路结构为:输入电源经过开关电源电路后降低为 5V,然后使用隔离 DC/DC 电源模块提供隔离的 5V 输出电源作为 RS485 驱动芯片的电源;同时,5V 的输出经线性稳压电源(LDO)后产生 3.3V 电压给 RTU 主芯片等电路供电。

电源供电线路通常是类似双绞线的导线,其干扰产生通常为共模模式,因此,首先采用共模线圈进行共模干扰抑制,然后在其后端增加两级防雷和瞬时脉冲干扰抑制电路,如图 2-2-2 所示。其中 G100 和 G101 进行一级保护,经过自恢复保险丝后,使用压敏电阻 VR100 和双向瞬态电压抑制二极管 D101 进行差模保护,同时使用 D100 和 D102 进行共模保护,此两级保护电路可以很好地防护感应雷信号进入电路板内,然后使用共模电感

T100 来抑制大多数的高频共模干扰信号。

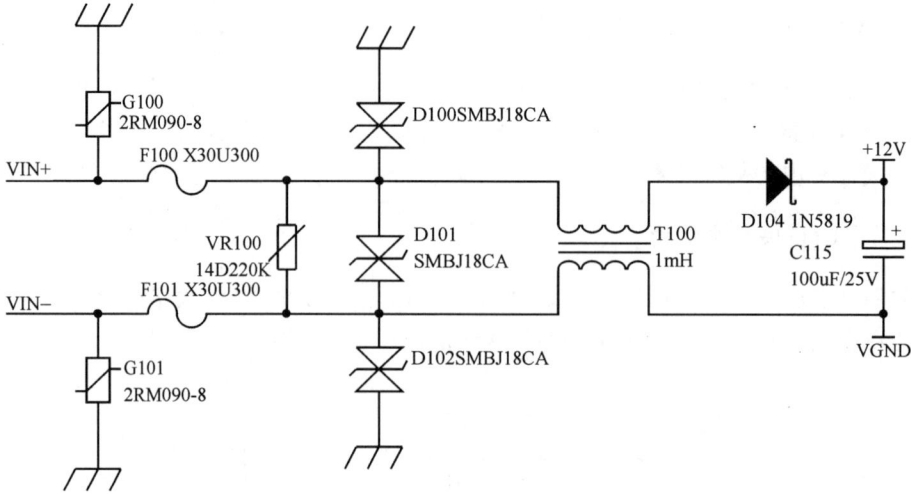

图 2-2-2　RTU 模块电源保护电路

3. 通信接口电路

RS485 通信采用光电隔离的方式,驱动芯片共有三条信号与 MCU 连接,分别是接收数据、发送数据和方向控制信号,如图 2-2-3 所示。为支持高速 485 通信,本设计中使用了高速光电隔离芯片 TLP113。当然,在多数应用中低速光电隔离芯片即可满足需要。单片机 UART 接口信号 RX、TX 和方向控制信号经过 TLP113 光电隔离后与驱动芯片 U109 连接,后者驱动通信线路。在 U109 的后端,设计中使用了共模电感 T101 进行共模干扰抑制和 TVS 与放电管共同组成的两级保护电路。其中特别需要注意的是,R103 和 R104 组成的上拉和下拉电路对模块的抗干扰性和稳定性具有重要作用。

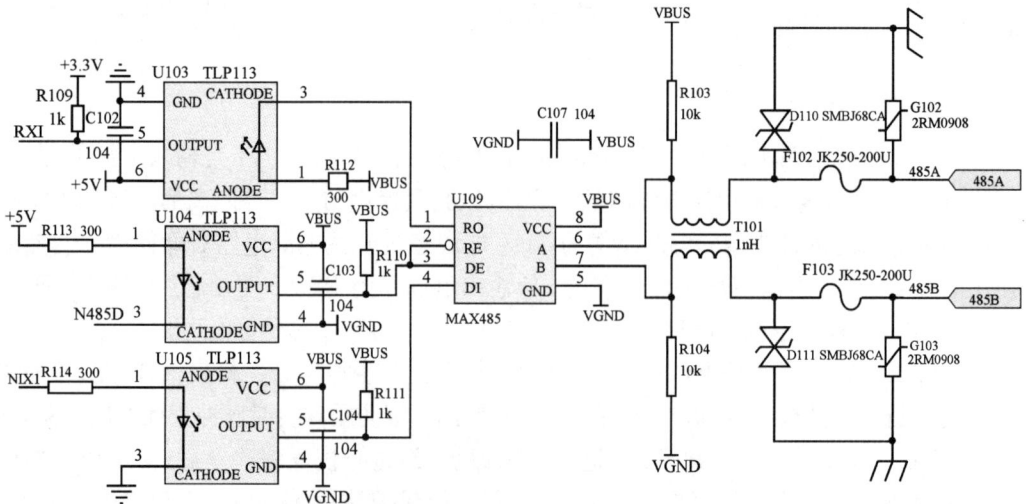

图 2-2-3　RTU 模块通信接口电路

2.2.2 GPRS 透明传输模块

　　基于 GPRS 的远程监控是近年来流行的一种技术,它具有通信范围广泛、通信费用相对较低、安装方便等特点,而这些特性很好地满足了农业野外监测控制的需求,因此,在信息化节水系统中得到了广泛使用。本节介绍一种 GPRS 透明传输模块的实现方法,其外形如图 2-2-4 所示。

图 2-2-4　绿水牌 GPRS 透明传输模块

1. 模块总体结构

　　模块以 ARM7 内核的 LPC2132 为控制核心,由支持 GPRS 的 MC39i 手机模块作为网络接入设备,以及电源电路和接口电路组成。系统结构如图 2-2-5 所示。

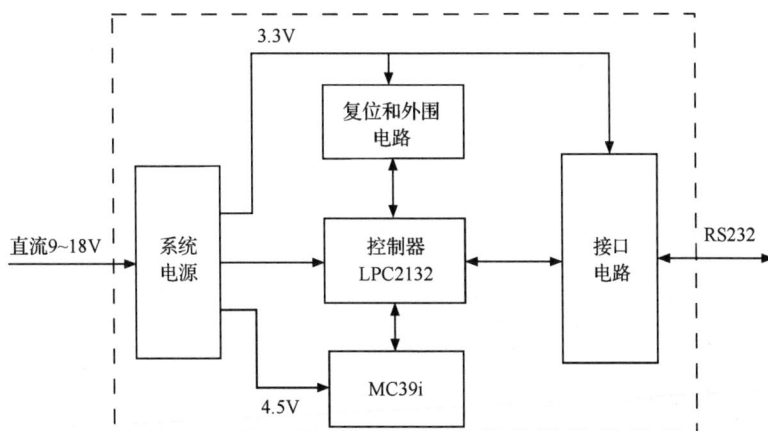

图 2-2-5　GPRS 透明传输模块

　　目前市场上支持 GPRS 的模块有很多种,综合考虑后采用西门子的 MC39i 模块,该模块在支持 GSM 的基础上增加了对 GPRS 的支持,上传波特率可达 21.4kbit/s,下传波特率最大为 85.6kbit/s,并支持 CS-1、CS-2、CS-3、CS-4 四种编码方案,是一个具有较高稳定性的工业级模块。MC39i 的工作电压范围为 3.3～4.8V,传输功率在 GSM 1800 时为 1W,休眠电流为 3mA。MC39i 提供一个 40 引脚的外部控制接口,其中包括控制、数据传输、SIM 卡、声音以及电源接口。MC39i 接口采用 AT 指令集,并支持部分西门子的扩展 AT 指令。

2. 硬件电路

1) 电源电路

MC39i 的电源采用单个 3.3～4.8V 的电源,MC39i 在进行数据传输或通话过程中峰值电流可能达到 2A,所以电源必须能够提供足够的电流以保证在大电流时电源电压不低于 3.3V。如果在工作过程中电源电压下降到低于 3.3V 或电压下降幅度超过 400mV 时,MC39i 将会自动关闭。例如,在峰值电流 2A 时,在线路上的电压损耗必须考虑,如果线路电阻为 50mΩ,那么电压损耗为 100mV,因此在布线时必须考虑这些问题。在 MC39i 的接口上,1～5 的引脚为电源引脚,6～10 为地线,另外还有一个 VDDLP 引脚用于模块掉电时实时时钟的供电,该引脚在模块工作时提供输出电压,其最大电压为电源电压,在模块关闭时由外部提供电压,电压范围为 2.0～5.5V。图 2-2-6 为 GPRS 模块供电电路。

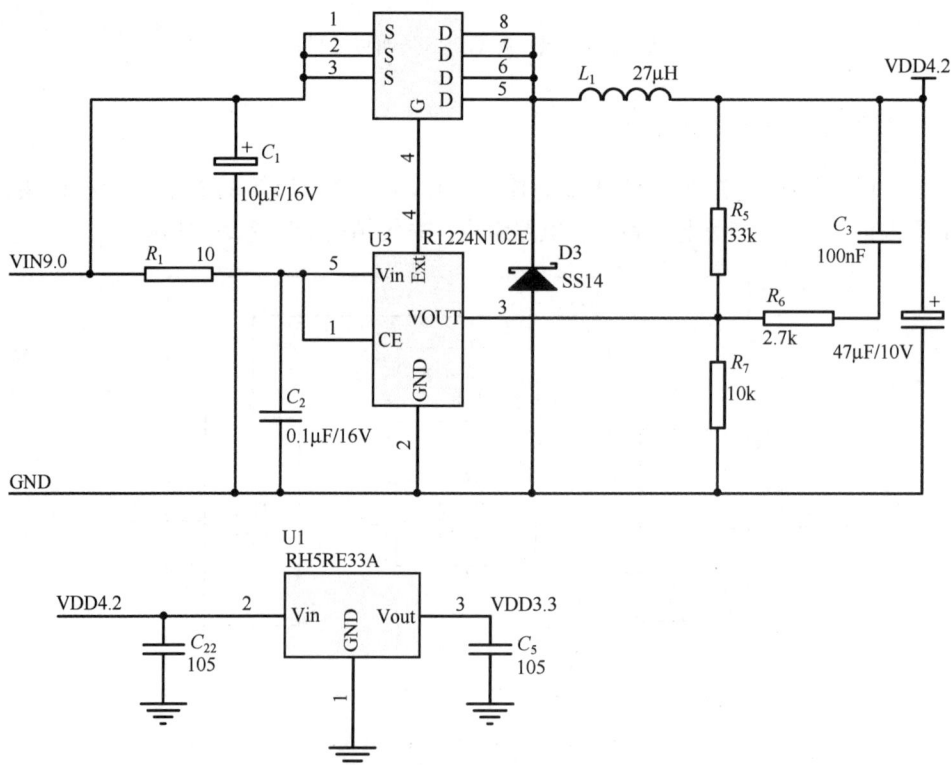

图 2-2-6　系统电源电路

系统主电源是以 R1224N102 为核心的一个开关电源,其输出电压可调。输出参考电压为 1V,开关频率为 500kHz,转换效率在 90％ 以上,待机功耗 0μA。电路中,CEM9435A 为 PMOS,必须选用开关频率在 500kHz 以上并具有大电流通过能力的芯片。二极管 D3 必须选用电流在 1.5A 以上的肖特级二极管。电路输出电压由电阻 R_5、R_7 决定,计算公式:$V = (R_5 + R_7) \times 1/R_7$,电路实际输出电压为 4.3V 左右。

由于 LPC2132 是 3.3V 系统,控制器的供电使用了 RH5RE33A 这个 LDO 稳压芯片,输出的 3.3V 给电路板上的数字部分供电,而 MC39i 则由 4.3V 直接供电。

2）串行接口

MC39i 提供了一个 8 线、不平衡、异步串行接口,其串行口使用 8 位数据位、无奇偶校验和 1 位停止位的串行通信格式,通信波特率支持 300～230400bit/s,其中可以支持以下波特率的自动识别:4800bit/s、9600bit/s、19200bit/s、38400bit/s、57600bit/s、115200bit/s 和 230400bit/s。另外还包括状态线 RTS0 和 CTS0 以及硬件握手线 RTS 和 CTS,当然通过 AT 指令也可以设置使用硬件流量控制还是软件流量控制 XON/XOFF。

3）控制信号接口

MC39i 中的控制信号分为两类,即输入和输出信号。输入信号是 MC39i 的启动和关闭信号,输出信号是 MC39i 工作状态的指示。

（1）输入信号。

输入信号包括启动引脚/IGT 和紧急关闭信号/EMERG-OFF。在启动 MC39i 时,将/IGT 引脚设置为低电平超过 100ms 来启动模块,在/IGT 设置为低电平期间,BATT＋电源引脚的电压不能低于 3V。一般使用 AT 指令 AT^SMSO 来关闭模块。但是,如果出现异常,需要紧急关闭模块,则使用/EMERG-OFF 引脚来关闭 MC39i,将该引脚设置为低电平超过 3.2s 将关闭模块,但是这样关闭模块有可能丢失设置信息。

（2）输出信号。

MC39i 接口中有一个 SYNC 引脚提供 MC39i 工作状态的指示。通过 AT 指令 AT^SSYNC=<mode>可以将该引脚配置为两个不同的工作模式:mode＝0 时该引脚用来指示 MC39i 消耗功率的增加,即在数据传输状态模块电流增加时 SYNC 引脚输出高电平,工作模式为低电平。该引脚在电流增加前 300μs 输出高电平指示,在增加电流结束前大约 6μs 恢复为低电平。mode＝1 时该引脚用来配置控制一个 LED 来指示 MC39i 登录网络的状态。可以使用 SYNC 控制一个 LED 来显示 MC39i 的工作状态,由于 SYNC 输出电流能力有限,不应该用该引脚直接驱动 LED,而要使用一个三极管来控制。

3. 软件实现

1）软件流程

图 2-2-7 为程序主循环结构流程。系统有两大任务,即通信和参数设置。系统中将这两个任务分配到两个不同的主循环中,分别位于两个不同文件中。主程序启动后,首先检测是否要进入设置状态,如果在 5s 内没有接收到该命令就进入通信状态。

2）网络通信过程

通信过程包括拨号、建立 TCP 连接、数据传输三个阶段,其中拨号阶段为一个基于点对点协议（point to point protocol，PPP）的连接建立过程,为了在一个点对点链路上建立

```
setstate.c              main.c                          gprs.c
```

```
                   ┌──────────────┐
                   │ main_InitPort│                    初始化端口
                   └──────────────┘
                          │
                   ┌──────────────┐
                   │main_InitVariable│                 初始化全局变量
                   └──────────────┘
                          │                            初始化系统模块
                   ┌──────────────┐                    定时器
                   │ main_InitSys │                    串口
                   └──────────────┘                    中断
                          │
```

有命令　　　　　◇ main_ReadWorkMode ◇　　　　无命令
　　　　　　　　　　　　　　　　　　　　　　　　　　等待进入设置状态命令

```
┌──────────┐                          ┌──────────┐
│ set_Init │   设置状态初始化          │ PPP_Init │      初始化PPP协议
└──────────┘                          └──────────┘
     │                                      │
┌──────────┐                          ┌──────────────┐
│ 设置状态  │   设置状态消息循环        │protocol_Init │   初始化所有协议缓冲区
│ 消息循环  │                          └──────────────┘
└──────────┘                                │
                                      ┌──────────────┐
                                      │main_InitMC39i│   启动并初始化MC39i
                                      └──────────────┘
                                            │
                                      ┌───────────────┐  启动GPRS连接
                                      │gprs_GprsStartup│  启动拨号
                                      └───────────────┘
                                            │
                                      ┌──────────────┐   检测通信协议状态
                                      │ GPRS消息循环  │   处理系统消息
                                      └──────────────┘
```

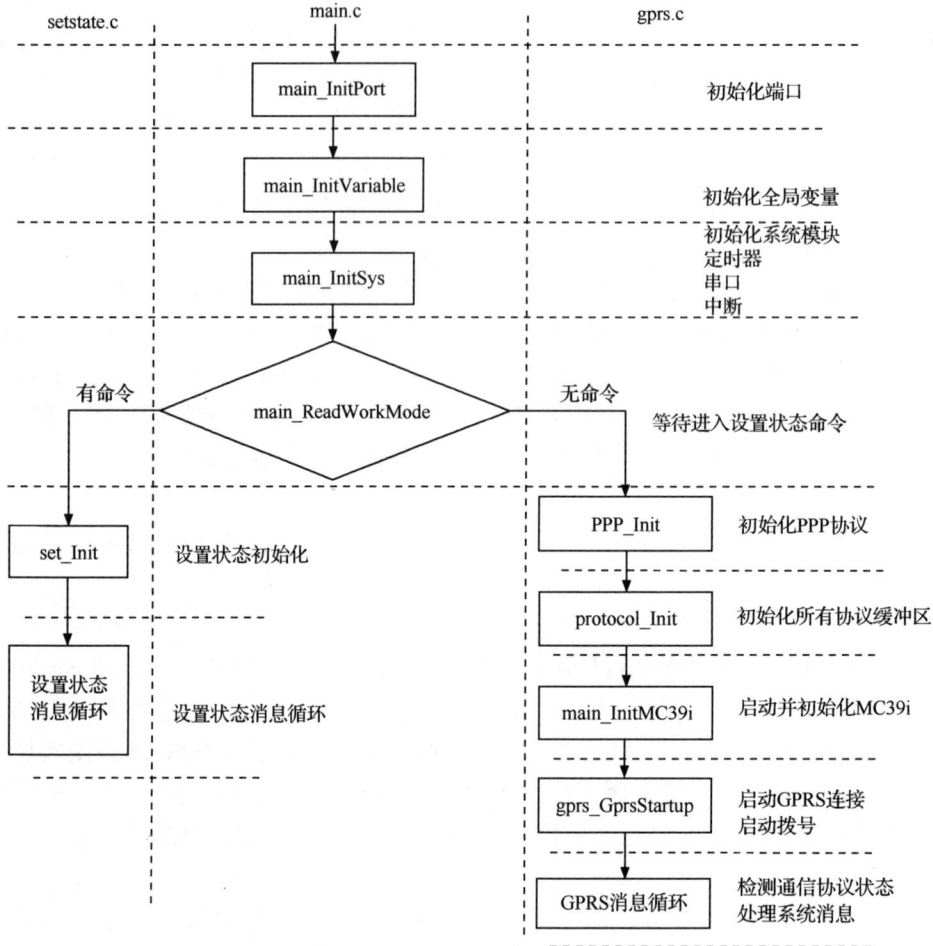

图 2-2-7　GPRS 透明传输模块程序流程图

通信,通信双方必须发送链路控制协议数据包来配置和测试链路。当链路建立后,通信的一方可能需要进行鉴权,然后使用网络核心协议(network core protocol,NCP)数据包来选择和配置网络层使用的协议。这个链路将一直存在,直到通信的一方发送链路控制协议(link control protocol,LCP)、NCP 数据包关闭链路或发生其他意外事故。建立连接后,GPRS 透明传输模块即开始进行 TCP 连接,发送 TCP 请求数据包,与设定的服务端口进行连接,建立连接后即可传输用户数据。

2.2.3　嵌入式以太网模块

互联网应用的日益普及促使嵌入式以太网技术快速发展并被应用到众多领域,其中就包括农业节水信息系统,而在该系统中,RTU 通常由单片机系统实现,因此,基于以太网的网络系统中通常使用的是基于单片机设计的嵌入式网络 RTU 或控制器。目前,嵌入式设备网络化的实现方案包括以下三类:

(1) 使用网络转换设备实现。在测控系统中增加一个网络服务器,现有测控设备通过 RS232 或 RS485 连接到网络服务器上,网络服务器再通过以太网络连接到远程计算机或其他主控设备上。目前这类以太网串口服务器比较多,这种应用模式也比较普遍。

(2) 使用通用网关设备连接。嵌入式系统本身具有基本的 TCP/IP 网络通信功能,系统通过以太网络与网关连接,由网关连接到远程控制计算机或设备上。

(3) 嵌入式设备实现 Web 服务器功能。嵌入式设备设计时就具有 Web 服务功能,每个设备可以直接接入以太网,远程用户可以直接通过网络登录到设备的监控网页上进行设备控制和参数设置,这种方案是未来嵌入式系统发展的主要方向。

嵌入式设备实现 Web 服务器功能是目前比较流行的方式。一般情况下,采用单片机配合以太网控制芯片来实现。以太网控制芯片目前使用较多的有:

(1) 使用传统的 PC 使用的控制芯片,如 RTL8019 等,这些芯片由于不是针对嵌入式系统设计,其体积和芯片引脚很多,一般都是 32 位数据总线接口,在嵌入式系统中使用不是很合适。

(2) 使用专门为嵌入式系统设计的以太网芯片,有 8 位并行接口或串行外设接口(serial peripheral interface,SPI)等串行接口的芯片,这类芯片比较典型的有 Silicon Lab 公司的 CP2200 系列和 Microchip 公司的 ENC28J60 芯片,前者是符合 8051 系列单片机接口的并行接口,后者为串行 SPI 接口。在软件方面,前者提供了包含完整协议库的动态库文件,但不提供源文件;后者则提供了 TCP/IP 协议的源程序。

(3) 使用具有以太网功能的核心模块,比较典型的是 Z-World 公司的 RCM2200 系列核心模块。这类模块提供了良好的硬件和软件支持,使用比较方便,只是成本较高。

基于以上分析,下文给出一个基于 CP2201 芯片的嵌入式以太网数据采集器的设计方法。

1. 总体结构

设计采用 C8051F020 单片机,RAM 外扩为 32KB,使用以太网控制芯片 CP2201,具有 8 路 12 位 A/D 采集和 12 路输出控制功能。结构如图 2-2-8 所示。

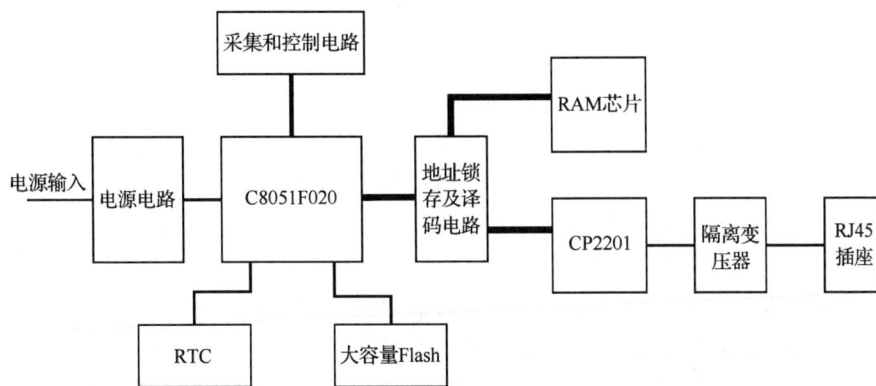

图 2-2-8　基于 CP2201 的以太网数据采集器结构

由于 CP2201 是并行接口,按照 51 单片机并行口扩展方法,给其分配合适的外部地址即可。设计中使用 74HC573 作低位地址锁存,使用 74HC137 作地址高位译码来实现芯片片选和地址段分配。另外,如果要使用芯片厂商提供的协议库,则 CP2201 输出的中断信号需要占用单片机的外部中断 INT0。以太网部分电路如图 2-2-9 所示。

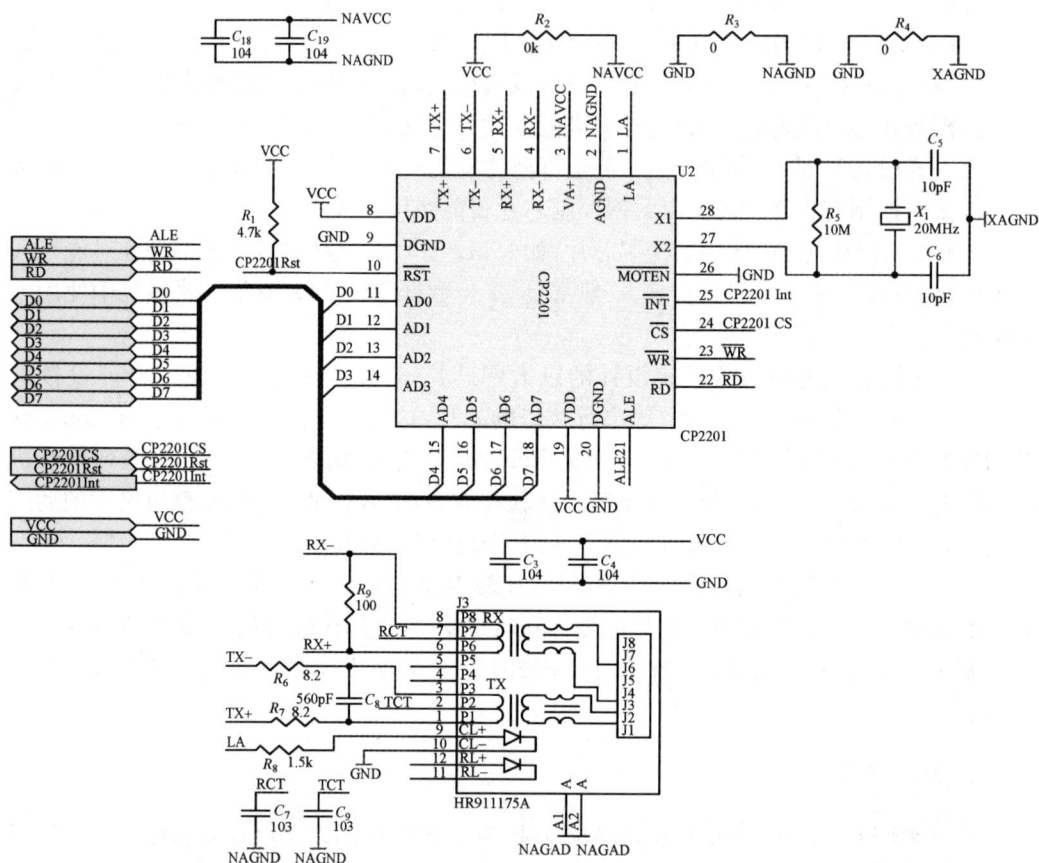

图 2-2-9　以太网的采集控制器网络接口电路图

2. 软件设计

嵌入式系统中实现 Web 服务器的主要困难在于 TCP/IP、HTTP 等协议的实现,对于 8 位或 16 位的嵌入式系统来说,很难提供足够的硬件资源来实现完整的 TCP/IP 协议。针对这个问题,CP2201 的生产厂商提供了一个基于向导的 TCP/IP 协议程序库,可以支持 TCP、UDP、HTTP、Telnet 等众多标准协议,在很大程度上降低了用户开发的难度。利用免费的 TCP/IP 库,基于开发向导,用户可以实现基于 TCP 的用户自定义通信、基于 TCP 的 Modbus 协议、基于 UDP 的数据传输、嵌入式 HTTP 服务器、嵌入式 SMTP 协议、收发 E-mail、嵌入式 FTP 客户和服务器、嵌入式 Telnet 服务器。其开发流程如图 2-2-10 所示。有关各个开发过程中的详细细节,可以参考芯片的相关文档。

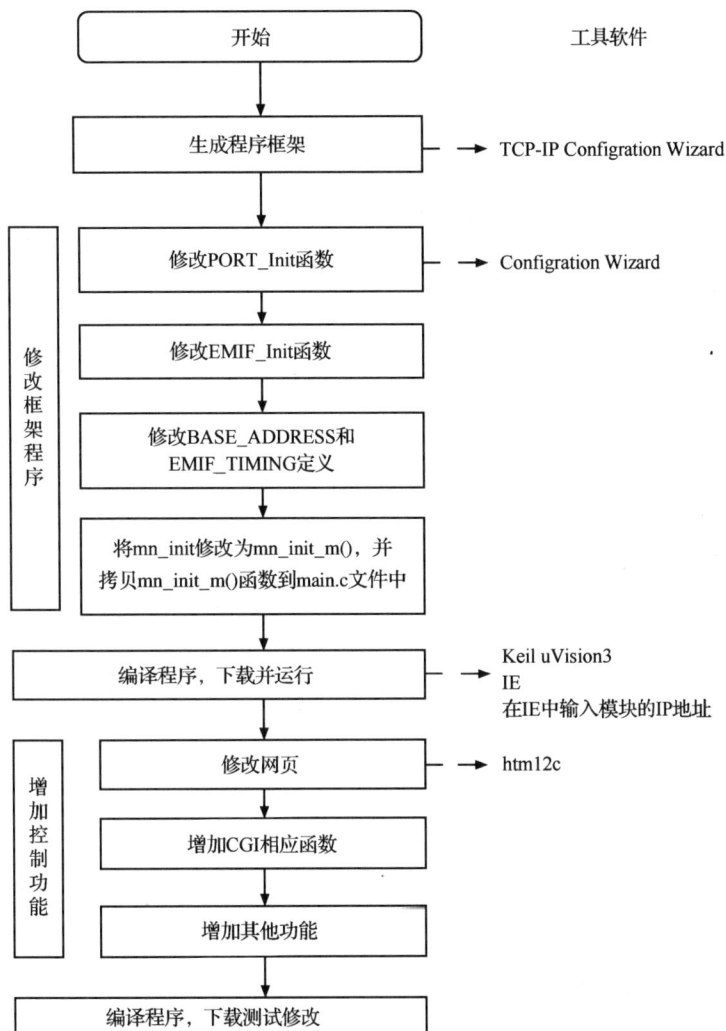

图 2-2-10　基于 CP2201 的以太网开发流程

　　农业节水信息系统是信息化技术在农业节水中应用的基础载体,它融合了多种学科和多种技术,是一个随着电子和通信技术不断发展而发展的应用系统。本章针对不同形式的农业生产现场,分析总结了国内外最新的节水信息系统的结构和组成,重点介绍了集中式、分布式、多层网络结构的信息监控系统,讨论了不同结构的系统主要适用的场合、优缺点等,并给出 Modbus RTU 模块、GPRS 透明传输模块和嵌入式以太网模块的设计和实现方法,可以为相关设备开发人员、工程设计人员提供一定的参考。

第3章 土壤墒情监测技术

水资源紧缺问题已经成为限制农业发展的首要因素,发展节水农业、建立高效节水灌溉制度是实现农业可持续发展的必然选择。农田墒情信息化监测网络是建立现代高效农业、优化配置水资源、提高灌区灌排管理水平的一项重要内容,是实现农业生产、灌溉现代化的基础性工作,是农业抗旱救灾的重要数据支撑平台。网络化墒情监测平台的建立,可为各级政府管理部门及时了解土壤墒情状况及趋势,采取有效的防、抗旱措施,科学地指挥农业生产提供有力的技术支撑;同时,积累的长期和连续的土壤墒情基础数据,可为全国灌溉运行管理、科学研究、农业生产布局等方面提供宝贵的基础资料。从长远来看,开展墒情监测与分析,对提高粮食生产能力、发展节水灌溉、提高水资源利用率意义重大。

国家农业信息化工程技术研究中心农业节水信息技术研发团队开发的全国土壤墒情监测管理系统,实现了全国土壤墒情数据的网上申报和管理。研制了土壤水分、土壤温度、空气温湿度、光照等传感器和远程墒情监测采集装置,其系统集成性、产品多样性、软硬件配套、软件智能化程度,达到了国际同类产品水平,成果已在全国20多个省市应用。

本章将对墒情监测的意义、现状和结构进行介绍,阐述土壤水分测量、墒情采集与传输等设备和软件系统的开发技术,重点讨论土壤水分传感器、剖面土壤水分传感器、远程墒情采集站的设计和实现方法以及墒情监测系统软件的开发技术。

3.1 概　　述

3.1.1 土壤墒情监测意义

土壤水分是植物所需要水分的主要来源,是植物生存和发展的先决条件,是植物制造有机物质的原料,也是植物体的主要部分。一般植物体的含水量为其鲜重的80%～90%,蔬菜、瓜果甚至在90%以上。水是碳水化合物中氢的来源,既参加能量储藏,又起着植物体内养料和有机物质的输送作用。植物蒸腾作用、光合作用、呼吸作用,细胞体内一系列的生物化学变化都离不开水。所以水分条件适宜与否,对作物的生长发育、产量的高低、品质的优劣,都有重要的影响。另外,水也是肥料(特别是氮肥)被作物有效利用的重要前提,如果土壤过分缺水,将导致肥料无法被作物充分利用,造成土壤的盐碱化;如果土壤水分含量过高,肥料将随水分渗漏到地下水中,不仅造成肥料的浪费,而且会造成地下水的污染。研究表明,由于过量灌溉或雨量过多使氮肥渗漏到地下水中已成为地下水被污染的主要原因(钱正英等,2001)。

土壤墒情是最重要和最常用的土壤信息。农田土壤水分分布状况受气候、地貌、土质、植被以及农业生产等多个因素影响,在这些因素中,降雨和农业灌溉是土壤水分变化的最基本因素,日照、温度、湿度和风等气候条件又直接决定土壤水分的耗散速度。因此,了解土壤墒情的基本信息是作出科学灌溉决策的基础。当前,由于农田表面平整状况差和灌溉管理粗放等问题,造成渗透、积水、跑水等而浪费近 1/3 农田地面灌溉水,显著地影响了灌溉水利用率。据统计,全国农业灌溉水利用率平均约为 45%,而部分发达国家的农业灌溉水利用率达到 70%甚至 80%(许一飞,2002)。

目前我国测墒工作形势比较严峻,自 1999 年以来,我国北方地区每年都发生旱情,抗旱救灾成为每年政府工作重头戏。2000 年,全国因旱灾损失粮食 594 亿公斤,经济作物损失 506 亿元,成灾面积、绝收面积和因旱灾造成粮食损失均为新中国成立 51 年来最大值,旱灾波及全国 20 余个省区、直辖市。2009 年,一场历史罕见的特大旱灾发生在河南、安徽、山东、河北、山西、陕西、甘肃等 7 个小麦主产省份,波及逾 3 亿亩良田。持续时间之长、受旱范围之广、受旱程度之重历史少见,据测算经济损失高达 500 亿元。2010 年,云南全省遭遇了 60 年一遇的严重旱灾,大部分地区处于特旱等级,云南省作物受旱面积已达 3148 万亩,其中重旱 1153 万亩,干枯 616 万亩。597 万人、359 万头牲畜因旱灾出现临时饮水困难,干旱已造成该省农业直接经济损失超 100 亿元。

面对如此严峻的形势,2005 年国家发展和改革委员会等五部委联合发布的《中国节水技术政策大纲》中有关农业用水优化配置技术中讲到“发展土壤墒情、旱情监测预测技术。加强大尺度土壤水分时空变异规律研究和土壤墒情与旱情指标体系研究;积极研究和开发土壤墒情、旱情监测仪器设备”。这充分表明,我国的抗旱工作要由单一的抗旱向全面防旱转变,因此,需要通过现代信息化手段,全面、准确、及时地掌握旱情发生和发展过程。

开展土壤墒情监测预报工作不仅能实现监测点位的墒情动态获取,而且能较好地掌握大范围农田墒情和旱情严重程度及其在面上的分布规律,从而为农民适时适量灌溉和政府部门及时制定抗旱减灾对策提供科学依据。通过墒情监测系统,建立高效的农田节水灌溉制度,可以防止由于过量灌溉和施肥造成的水肥浪费和土壤污染;结合灌溉工程,通过墒情监测,可以在作物需要水分时候适时适量地灌溉,从而对作物根系生长进行调控,提高作物产量;墒情监测预报系统可以为科研单位、高等院校等相关专业进行土壤水分、作物耗水规律研究提供方便。这是应对日趋严重的缺水形势,建立节水型社会,发展节水农业,高效用水的必然要求。2006 年 2 月 9 日国务院发布的《国家中长期科学和技术发展规划纲要(2006—2020)》中将“水资源优化配置与综合开发利用”和“综合节水”作为未来 15 年优先资助研究领域,进一步凸显了土壤墒情监测的重要性。

3.1.2　土壤墒情监测技术现状

土壤墒情监测技术主要包括外界环境感知、信息获取、数据传输和数据处理等关键技术。土壤墒情监测系统是利用墒情监测关键技术构成的从土壤含水量、水质、气象等数据的采集、传输、存储到采集数据的集中管理、统计分析、预测以及发布的一套完整墒情监测方案,它通常由监测中心、数据传输通道和采集终端三部分组成。

在美国,政府高度重视对农业墒情信息(气候、土壤和水)的采集和发布工作,已形成了墒情信息采集—信息传输处理—信息发布的分层体系结构。例如,在俄克拉何马州,由俄克拉何马大学和俄克拉何马州立大学设计和维护的俄克拉何马州立气象网是一个功能非常完善的农业环境监测网站,它由 110 多个自动监测站点组成,每个站点能够同时监测海平面压力、太阳辐射、地下水、大气温度、大气湿度、降雨量、风速、土壤温湿度等信息,每5min 就能够更新一次数据并发送到处理中心,然后,俄克拉何马气候调查局进行信息分析处理,把数据提供给俄克拉何马州立气象网,农民可以随时从网上了解到自己所在地区的环境信息,指导农业生产。加利福尼亚州从 1982 年开始建立了 162 个农业气象站,通过这些气象站,测定不同区域的基础蒸腾蒸发量,利用"3S"系统,建立加州灌溉管理信息系统,并通过互联网对外发布,农民随时可以从网上了解到自己所在地区的基础 ET 值并得到如何实施农田灌溉的建议,图 3-1-1 所示为美国俄克拉何马州气象网界面图。据了解,加州灌溉管理信息系统的运转经费 85 万美元,全加州有 14.75 万 hm² 农用地使用该系统,其年产出效益 0.65 亿美元,每年农业节水 1.3 亿 m³。

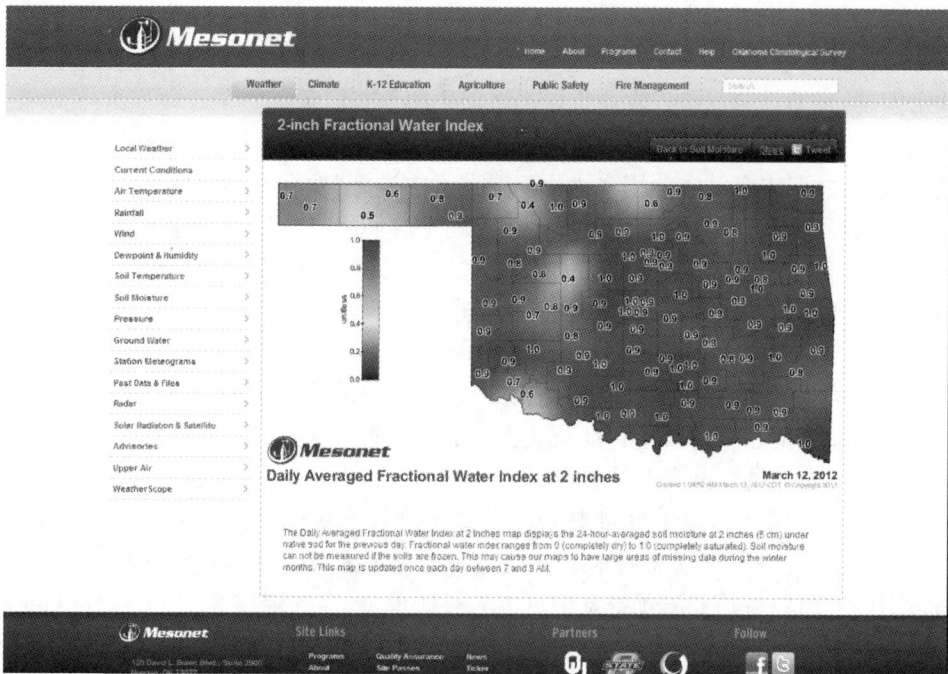

图 3-1-1　美国俄克拉何马州气象网

目前我国多个省市建立了墒情监测系统,这些系统依靠传感器技术,在一定程度上实现墒情自动采集,根据文献资料,贵州、辽宁、黑龙江、河南等地均建立了使用传感器技术的墒情监测网络。国内目前的墒情监测预测系统多采用在线 TDR、FDR 传感器测量,使用本地存储数据、数据远程发送等方式进行数据传递,通过具有数据处理功能的计算机软件进行数据分析处理和预报。现在国内多个气象站和水文站建立了墒情监测系统,如隋东等(2005)研制的沈阳地区土壤墒情监测与预测系统能够实现土壤墒情信息的统计、检索、列表显示、图形分析显示和预测等功能,并且可对土壤墒情变化规律进行实时监测;何新林等(2007)在绿洲农业区开发应用了土壤墒情自动测报系统,并且对土壤墒情自动测报及灌溉决策系统的信息传输、结构及功能作了详细论述;杨绍辉等(2007)以组件式 GIS 软件为开发平台,建立了北京地区土壤墒情监测与预测预报系统;高迎娟(2005)在理论分析与计算的基础上,开发了具有作物各生育阶段土壤墒情跟踪分析及预测系统的应用软件;邹春辉等(2005)将遥感与 GIS 集成,建立了运行于 Windows 平台的土壤墒情监测服务系统。

综上所述,目前墒情监测系统基本都是采用数据库系统开发的封闭结构的管理系统,其中有部分系统集成了 GIS 组件功能,但到目前为止,国内墒情监测预报平台还比较缺乏,各地墒情数据均使用独立分散的系统,具有很大的局限性。

3.1.3　土壤墒情监测系统构成与核心技术

国家农业信息化工程技术研究中心农业节水信息技术研发团队采用先进的通信、电子和计算机技术,突破墒情监测信息化中的关键技术,建立了开放式墒情监测平台,通过研究剖面多层次土壤水分测量技术、区域墒情多点采集技术、低功耗墒情气象采集技术、监测点定位和数据远程传输技术、基于 GIS 的开放式架构的墒情监测技术等,解决了墒情采集数据不准确、数据上报缓慢、监测网络封闭且分散独立等瓶颈问题,提出以统一设计、统一设备、统一方法、统一要求和统一管理方法建设墒情监测标准站,逐步实现规范化和标准化,为构建全国农业墒情动态监测、预报和服务系统提供坚实的技术支撑。

该系统由 1 个监控中心、GPRS 传输网络和若干监测站点共同构成,实现了土壤墒情、气象等信息的采集。系统主要特征是以移动通信技术为基础,实现远程数据采集,具有覆盖范围广、连接简单、费用低廉和实现方便等优点。整套系统可以安全、高效、准确地对土壤墒情信息进行实时采集,实现多点分布式墒情信息的监测和发布。

整套系统主要由三部分组成,即野外墒情数据监测站、GPRS 传输系统和监控中心软件系统,其结构图如图 3-1-2 所示。土壤墒情信息实时监测系统采用高精度传感技术、

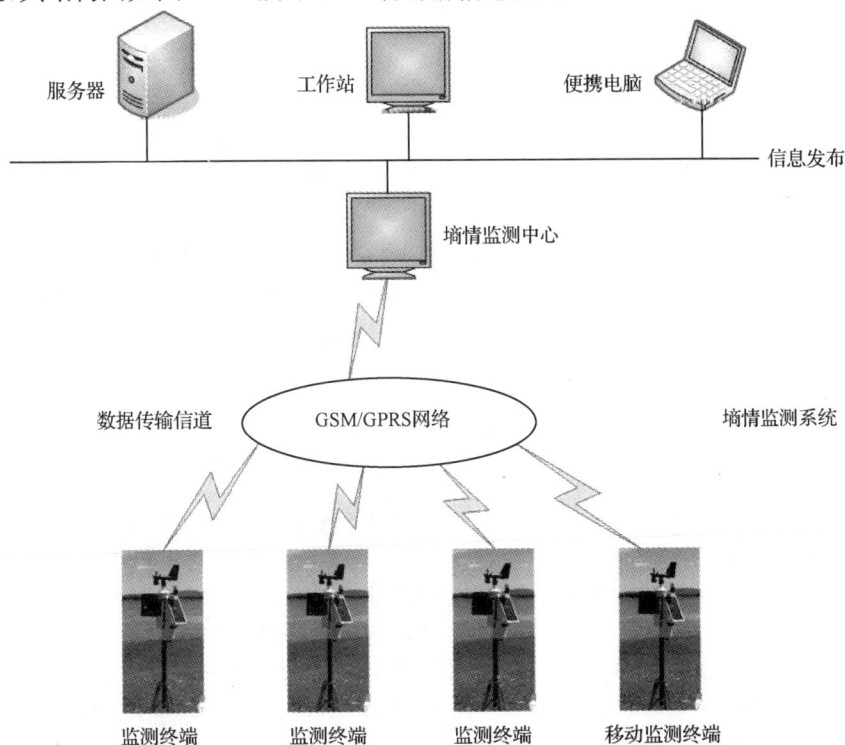

图 3-1-2　实时墒情信息采集系统结构图

GPRS 无线通信技术、数据库存储和处理等先进关键技术,系统实时采集土壤墒情等数据,通过 GPRS 网络传输到监控中心,然后经过校验处理后存储于数据库中,可通过网络浏览器进行查询显示。

(1)墒情监测中心:全国所有监测终端在全部时段内所测墒情监测数据的存储、统计、分析和显示中心。主要功能:远程查询监测终端属性数据;设置监测终端运行模式;巡测监测终端采集的墒情数据;所有监测终端属性数据和监测数据的数据库存储、查询和界面显示。

(2)监测终端:主要包括固定墒情监测站、移动墒情监测站,它们直接负责采集各个墒情监测站的墒情数据。主要功能:接收、解析并响应墒情监测中心下达的指令;编制并向墒情监测中心发送采集到的土壤含水量数据及气象数据;显示监测终端各设备模块的工作状态;显示监测终端的工作模式和传感器参数。

(3)数据传输信道:采用 GSM 或 GPRS 网络作为墒情监测站与监测中心的数据传输信道。

(4)信息发布:墒情监测网站可以发布各个墒情监测站的墒情数据,不同用户具有不同权限对数据进行浏览、查看和管理。

3.2　墒情监测传感器

墒情监测关键在于传感器,从狭义方面来说,墒情监测传感器只包括土壤水分和土壤温度传感器;广义上讲还包括气象传感器,如空气温湿度、光照、降雨、辐射和日照时数等传感器。

3.2.1　土壤水分传感器

目前,土壤水分测量方法大致可以分为以下几种:第一种是直接测量土壤的重量含水量或容积含水量,如取样称重烘干法、中子仪法、SWR 法、TDR 法、FDR 法等;第二种是测量土壤的基质势,如张力计法、电阻块法、干湿计法等;第三种是非接触式的间接测量方法,如远红外遥测法、地面热辐射测量法、卫星遥感法等。目前,土壤水分的测量方法很多,土壤水分传感器的种类也较多,因此,选择合适的传感器对于土壤水分的监测具有重要的作用。表 3-2-1 列举了一些常用测量方法的优缺点和适用范围,以便用户参考选择。

表 3-2-1　土壤水分测量方法及传感器

测量方法	测量原理	优点	缺点	典型代表
烘干法	通过测量土壤烘干前后的质量,计算土壤含水量	测量设备要求低,测量准确	测量费时费力,不能实时监测土壤墒情	恒温烘箱烘干法
张力计法	利用水的吸力,测量土壤的基质势	在土壤比较湿润时,测量准确,能够监测土壤水分胁迫	实时性较差,干燥土壤测量误差大	张力计
射线法	射线穿过土壤的时候能量会衰减,衰减量是土壤含水量的函数,校准后得出土壤含水量	测量简单,实时性好,长期定位测定,可达根区土壤任何深度	需要田间校准,仪器设备昂贵;污染环境	中子仪、近红外线湿度传感器

测量方法	测量原理	优点	缺点	典型代表
电阻法	利用多孔渗水介质制成的电阻块,把电阻块放入土壤中,当电阻块中的水势与土壤水势平衡后,测量电阻块的电阻,求出土壤水分	成本较低,可重复测量,连续实时监测	测量滞后,灵敏度低,电极腐蚀较快,使用寿命较短	石膏块
介电特性法	通过测量土壤表观介电常数间接得到土壤容积含水量;包括 TDR 和 FDR	能够连续、快速测量土壤水分,分辨率较高,测量范围广,操作简便	需要针对土壤质地校正传感器,容易受到安装方式的影响	FDS100 SWR-2 ECH2O
遥感法	利用土壤水分对不同频率的光吸收强弱的不同	航空遥感、卫星遥感等,不仅能指导灌溉,还可以为区域水量平衡和水分调配提供重要依据	不适合小面积和实时监测	卫星遥感

1. 低功耗单点土壤水分传感器

1) 产品概述

　　土壤水分是植物所需水分的主要来源,水是植物生存和发展的先决条件,是植物制造有机物质的原料,也是植物体的主要部分,因此,土壤水分的实时测量在高效用水和精确灌溉的自动灌溉控制系统中占据着重要的地位。作者研发团队在研究高频电磁波和阻抗变换原理的基础上,研究开发了基于高频电磁波原理的土壤水分传感器,其实物图如图 3-2-1 所示。

图 3-2-1　土壤水分传感器外形图

性能指标如表 3-2-2 所示。

表 3-2-2　土壤水分传感器的性能指标

参数名称	性能指标/规格
单　　位	%(m³/m³)
量　　程	0～60%(m³/m³)
测量精度	3%～5%(m³/m³)
测量区域	90%的影响在围绕中央探针直径为 5cm、长度 6cm 的圆柱体内
稳定时间	通电后约 3s
响应时间	响应在 1s 内进入稳态过程
工作电压	8～15V(DC),典型值 12V(DC)
工作电流	16～20mA,典型值 18mA
密封材料	ABS 工程塑料
探头材料	不锈钢
探针长度	一般提供的探针长度为 6cm
电缆长度	标准长度为 2m

2) 总体结构

土壤水分传感器包括高频信号部分、信号处理部分、传感器探头和电源部分。高频振荡电路产生的高频电磁波通过阻抗变换电路到达传感器探头,会有部分电磁波被反射回来,与输入高频电磁波产生叠加。变换电路 1 和 2 会把高频信号转换成直流电压信号,然后通过差分放大电路输出标准的电压信号。电源为高频振荡电路、变换电路和差分放大电路提供工作电源。土壤水分传感器总体结构图如图 3-2-2 所示。

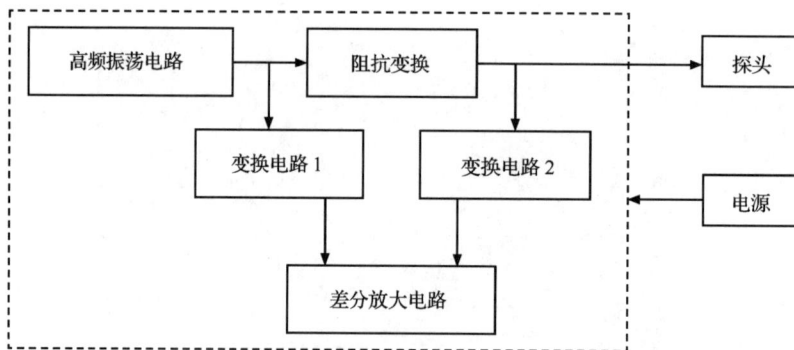

图 3-2-2　土壤水分传感器总体结构图

3) 关键技术

(1) 同轴传输线技术。

由传输线理论可知,同轴传输线的特性阻抗 Z_0 取决于其几何尺寸和绝缘材料的介电常数 ε,即

$$Z_0 = \frac{60}{\sqrt{\varepsilon}}\ln\frac{r}{R}$$

式中，r 和 R 分别为信号线与屏蔽层的半径。

如图 3-2-3 所示，假设我们把被测量的一段土壤看做是同轴传输线 L_s，其介电常数为 ε_s（不同的含水量，其值不同），与已知介电常数为 ε 的同轴线 L_0 串接在一起，则在连接面处会产生高频信号的反射，其反射系数 ρ 为

$$\rho = \frac{Z_s - Z_0}{Z_s + Z_0}$$

式中，Z_s 为 L_s 的特性阻抗；Z_0 为 L_0 的特性阻抗。

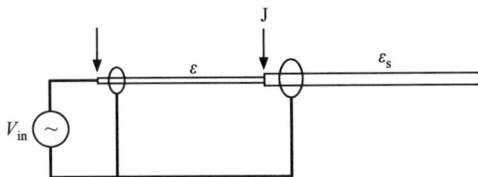

图 3-2-3　同轴传输线在不同分界面传输图

在 L_0 的输入端加高频电压信号，L_0 中产生驻波。假设 L_0 的长度为四分之一波长，则输入点的电压峰值为

$$V_i = V_a(1 - \rho)$$

连接面 J 处的电压峰值为

$$V_j = V_a(1 + \rho)$$

因此，可以得到 $\sqrt{\varepsilon}$ 与 $(V_j - V_i)$ 的关系如下：

$$\sqrt{\varepsilon} = \frac{b}{Z_0} \frac{1 - \rho}{1 + \rho} = \alpha \frac{1 - (V_j - V_i)/(2V_a)}{1 + (V_j - V_i)/(2V_a)}$$

式中，α 为已知介电常数材料的结构常数。

(2) 峰值检波技术。

变换电路采用低漂移峰值检波电路，它的作用是把高频电磁波信号转换成直流信号，以便于后续电路对其放大和差分处理。由于信号的频率比较高，一般集成放大器的性能不能满足要求，本电路采用了 TI 公司生产的工作频率高达 400MHz 的高速集成芯片；同时，为了提高转换精度，本电路采用了正、负双电源供电。如图 3-2-4 所示，低漂移峰值检波电路中采用高频二极管 2AP30E，通过对电容 C_2 的充放电达到峰值检波的目的。

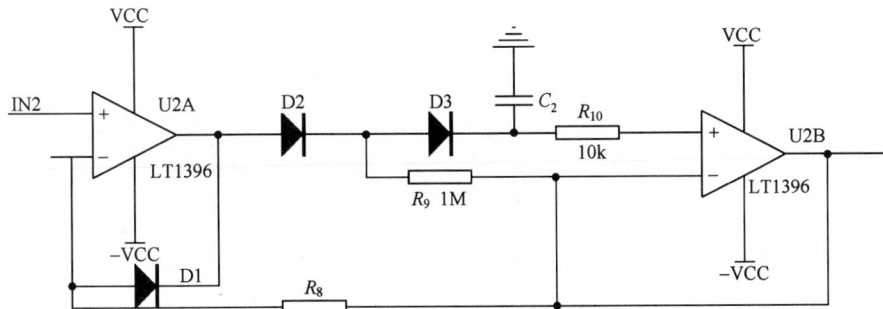

图 3-2-4　低漂移峰值检波原理图

（3）传感器标定结果。

为了能够准确测量土壤水分含量，必须对土壤水分传感器进行标定。采用实验室土壤烘干法对传感器进行标定，得到的标定曲线如图 3-2-5 所示。从图中曲线可以看出，土壤的含水量与传感器输出电压并不成线性关系。但是在土壤体积含水量低于 60%时，随着土壤含水量的增加，传感器的输出电压值缓慢增加；当土壤水分含量大于 60%时，此时土壤已经达到饱和，土壤含水量的值对传感器输出电压的影响不大。标定结果表明，此传感器当测量土壤低含水量时精度较高。

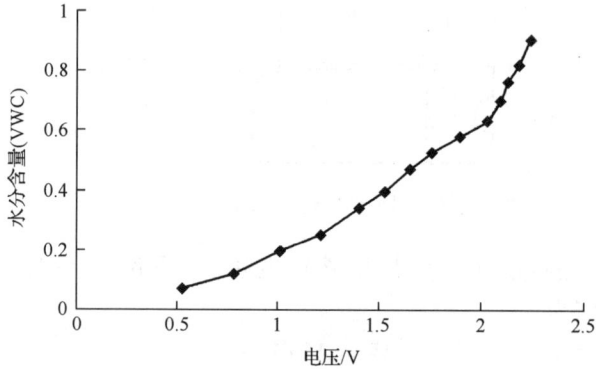

图 3-2-5　土壤水分含量与输出电压的关系曲线

2. 多剖面土壤水分传感器

目前，应用最为广泛的水分传感器探头多为探针式结构，探针长度通常在 10cm 以内，主要应用于单层土壤含水率的测量。对于深层的多层次土壤含水率测量，这种结构有很大的局限性。例如，为了研究降雨在农田环境下的运移过程，实时测量不同深度下土壤水入渗的梯度变化时就相当困难。如果采用针式结构的土壤水分传感器，一般采取的办法是在同一剖面、不同深度布置多个传感器，这样不仅给施工带来很大的麻烦，也会破坏土壤的结构；同时由于传感器存在一定的差异性，也会给测量带来一定的误差，而且后期维护更换探头比较麻烦。剖面式土壤水分传感器解决了单点传感器田间布置困难、不同传感器差异性问题。图 3-2-6 为剖面水分传感器示意图。

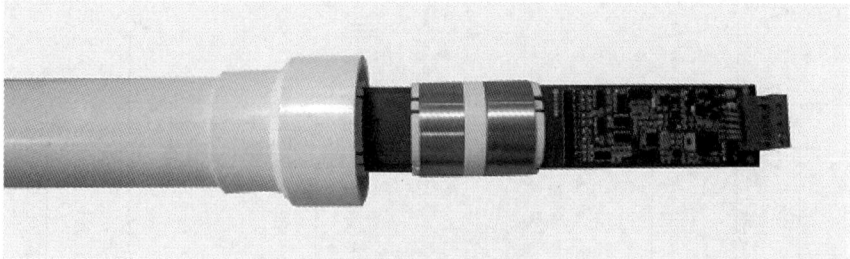

图 3-2-6　剖面水分传感器示意图

剖面式土壤水分传感器是基于高频边缘场效应原理开发的。传感器内部是一单杆多节式传感器,它是由母板和多个传感器节点组成,传感器节点的外部为 PVC 材质制成的套管,可防止水或其他流体进入 PVC 管内干扰内部的电子元器件,影响土壤含水量测量精度。传感器节点剖面图如图 3-2-7 所示,它是由测量电路板、PVC 套管以及与其内壁紧密接触的两个铜环构成;传感器节点测量电路由高频振荡电路、整形电路和分频电路组成,高频振荡电路采用的是 LC 振荡电路,当电感(L)与电容(C)变化时,会引起振荡频率的变化。每一个传感器节点都采用固定电感值,两个铜环充当电路电容的两极,土壤充当电容极板间的介质,因此,振荡电路频率的变化取决于电容的改变,而电容值的变化受两铜环之间、套管及套管外的土壤介电常数影响。若选定两铜环间距和 PVC 套管时,此时两铜环电极电容值的改变主要取决于土壤水分含量的不同引起的土壤介电常数的不同。因此,可以通过测量传感器节点的输出频率,通过标定,间接地计算出土壤水分含量。

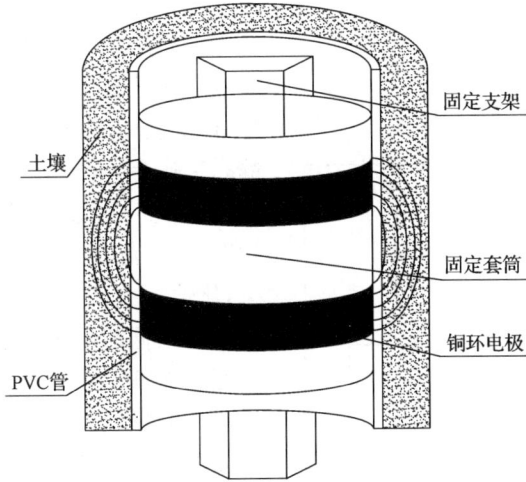

图 3-2-7　传感器节点部分剖面图

剖面式土壤水分传感器检测电路总体结构如图 3-2-8 所示,它由母板和 n 个传感器节点组成,n 的最大值为 16。母板主要包括电源模块、主控制器模块、通信模块、节点选择

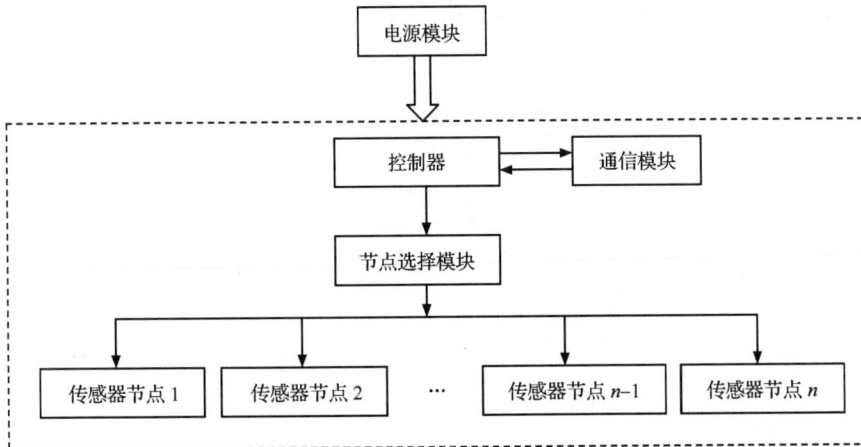

图 3-2-8　剖面式土壤水分传感器总体结构

模块等。电源模块为母板和传感器节点供电,控制器可以根据需要,通过节点选择模块选择相应的传感器节点,传感器节点输出的频率值被控制器采集和处理,计算出土壤的水分含量。主控制器可以根据实际需要采用多种通信方式与外界进行通信。

　　传感器节点设计是剖面土壤水分传感器设计的关键。传感器节点结构影响测量频率,是精确测量土壤水分含量的关键。其中铜环电极间距的设计相当重要,如果电极间隙太小,出现的高密度磁场会相互影响,引起"肌肤效应",导致含水量的测量出现错误的结果,如果间隙太大,磁场的衰减比较大,达到土壤层的信号就比较弱,测量的灵敏度就会降低,因此,应选择合适的铜环电极间距,以达到降低"肌肤效应"和获得合适的灵敏度,通过大量试验,确定的铜环电极间隙大约为1cm。另外,传感器节点外部的PVC套管厚度应该控制在0.5cm以内,如果太厚会影响传感器的灵敏度。

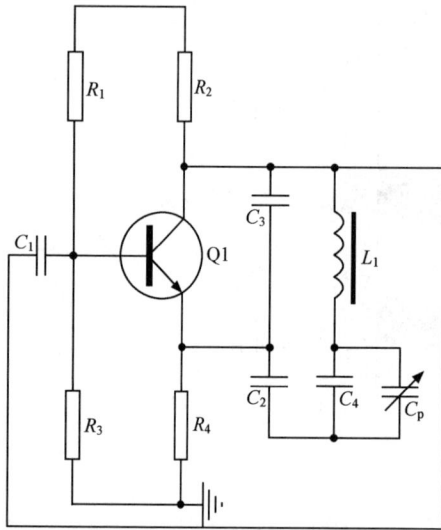

图 3-2-9　高频振荡电路

测量电路由振荡电路、放大整形电路和分频电路组成。高频振荡电路采用的是经典的克拉泼振荡电路,如图 3-2-9 所示。电阻 R_1、R_2、R_3 和 R_4 为振荡电路提供稳定的静态工作点,电容 C_2 和 C_3 确定 LC 振荡电路的正反馈系数,正反馈系数的比值应在 $1/8\sim1/2$ 范围内;比值太小,电路不易起振,比值太大,电路不能够稳定地工作。

高频振荡电路产生的频率信号比较弱,不能够被整形电路进行波形变换,因此,需要对高频微弱信号进行放大。图 3-2-10 为高频微弱信号放大电路图。整个放大电路由两级放大电路组成。第一级放大电路由 MOS管、R_6 和 R_7 组成,二极管 D1、D2 对放大电路起到温度补偿作用,放大后的高频信号通过 C_7 和 C_8 进行直流隔离进入第二级放大电路进行放大,通过调节电阻 R_8、R_9 和 R_{10} 的阻值,得到合适的放大倍数。

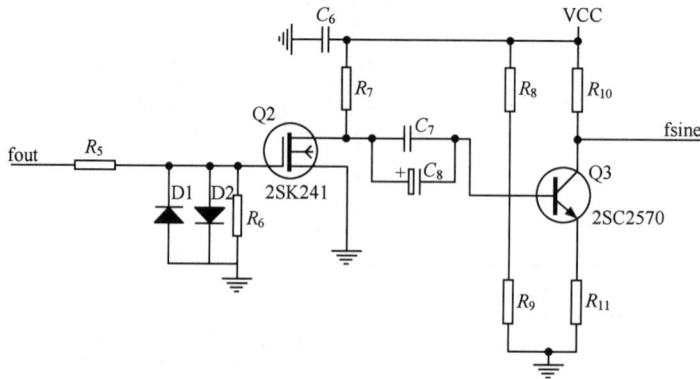

图 3-2-10　高频微弱信号放大电路

剖面水分传感器的母板主要负责传感器节点测量模式的选择、传感器节点测量数据的采集处理、测量时间和时间间隔的设定、数据的存储和发送以及功耗的控制等。以下主要介绍实时时钟模块设计和节点选择电路设计。

实时时钟模块设计采用 PCF8563 时钟芯片,它是一款低功耗的 CMOS 实时时钟/日历芯片,提供一个可编程时钟输出、一个中断输出和掉电检测器,所有的地址和数据通过 I^2C 总线接口串行传递。

PCF8563 的引脚描述如表 3-2-3 所示。其工作电流典型值为 $0.25\mu A$,工作电压范围为 $1.0\sim5.5V$,最大总线速率为 400kbit/s,每次读写数据后,内嵌的字地址寄存器会自动产生增量。它的可编程时钟输出频率为 32.768kHz、1024Hz、32Hz、1Hz。具有报警和定时器以及掉电检测器,内部集成振荡器电容和片内电源复位功能。主要应用于移动电话、便携仪器、传真机以及电池电源产品等。

表 3-2-3　PCF8563 引脚描述

符号	管脚号	描述
OSCI	1	振荡器输入
OSCO	2	振荡器输出
/INT	3	中断输出(开漏;低电平有效)
Vss	4	接地
SDA	5	串行数据 I/O
SCL	6	串行时钟输入
CLKOUT	7	时钟输出(开漏)
VDD	8	正电源

PCF8563 的硬件连接电路图如图 3-2-11 所示,采用纽扣电池 CR2032 供电,SDA、SCL、INTI 通过上拉电阻与 C8051F930 单片机的 I^2C 通信端口相连。PCF8563 为系统提供了时间基准,可以根据设置值采集数据定时存入数据存储器,同时也能唤醒微控制器进行自动采集。

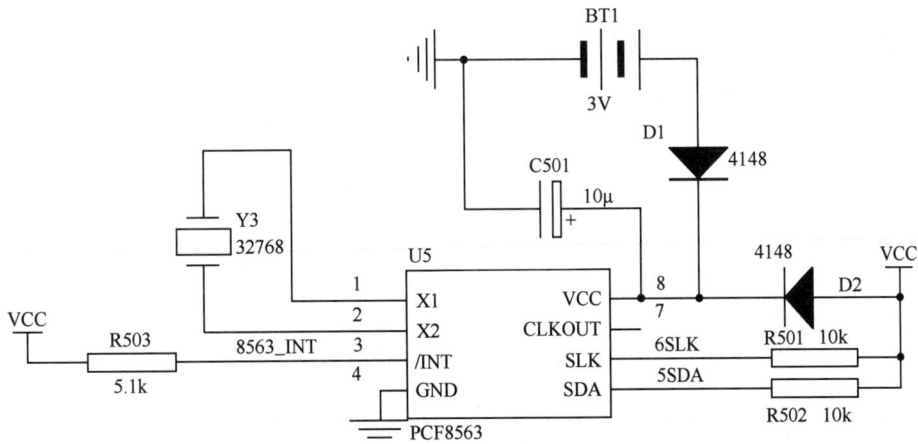

图 3-2-11　PCF8563 的硬件连接图

传感器节点选择电路设计的目的是为了节约控制器的资源,采用两路串行移位寄存器进行级联,控制 16 个传感器节点的电源,图 3-2-12 为两个传感器节点选择电路图。

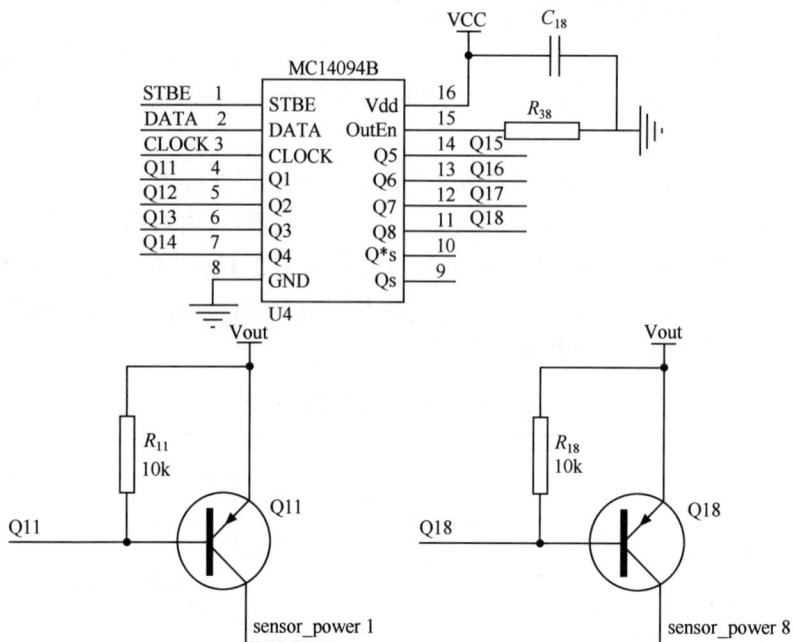

图 3-2-12　传感器节点部分电路图

当控制器接收到需要对某一个特定传感器节点进行控制的命令时,控制器产生串行控制信号,通过移位存储寄存器的 CLOCK、DATA、STBE 引脚把串行的控制信号转换成并行信号。一位信号控制一个传感器节点的工作状态,当此位电平为高电平时,三极管截止,传感器节点电源断开,传感器节点不工作;而当位电平为低电平时,三极管导通,传感器节点电源导通,传感器节点处于工作状态。为了降低整个传感器的功耗和控制器的负担,采用每次只有一个传感器工作,多个传感器轮询的策略。

传感器的性能指标如表 3-2-4 所示。

表 3-2-4　剖面式土壤水分传感器性能指标

测量参数	性能指标
测量原理	高频电容
单　　位	%（m³/m³）
量　　程	0～100%（m³/m³）
测量精度	校准后的相关系数为 0.98
测量区域	90% 是从管子外部 10cm 范围内
响应时间	读取每个传感器的时间为 1.2s 左右
传感器个数	可以根据实际情况进行定制,最多 16 个
工作温度	-20～75℃

续表

测量参数	性能指标
输出方式	RS485 方式,支持 Modbus RTU 协议和自定义协议
存储容量	1 万条记录
节点工作方式	一般采用轮询工作方式,可设置
工作电压	8~24V(DC),典型值 12V(DC)
工作电流	静态 500μA,连续采集时 70mA 左右

3.2.2　土壤温度传感器

土壤温度不仅会影响作物播种和出苗时间,而且会影响根的生殖、根增长速率及侧根生成速率,影响根对水分和矿物营养的吸收、运转和储存,影响土壤微生物活动和有机物质的分解,是作物生存的一个重要环境因素。当作物处于发芽阶段,低温湿润的土壤条件容易造成烂种、烂芽或种子失去发芽能力等现象,土壤温度过高,发芽太快,呼吸消耗过多,幼苗不壮;当作物处于分蘖阶段,土壤温度过低,作物分蘖节受冻害,甚至导致植株死亡。因此,需要对土壤温度传感器进行研究和开发,以实现土壤温度的实时监测。

目前,比较常用的土壤温度测量仪器主要有利用红外光谱的非接触式测温仪,利用PN 结的电流、电压特性与温度的关系测量温度,利用热敏电阻测温仪。利用红外测量精度高但成本较高,PN 结测量与热敏电阻测量使用前需要对系统参数进行标定,所以,设计中采用 DS18B20 作为感应部件,采用不锈钢封装,感应部件位于杆头部。可用来精确测量土壤温度,传感器的精度和稳定性依赖于测温芯片 DS18B20 的特性及精度级别。通过地温数字信号接入自动气象站测量地表、浅层或者深层地温。

土壤温度传感器的原理图如图 3-2-13 所示,包括电源模块、高精度数字测温芯片DS18B20、单片机、存储模块、RS485 网络通信接口电路、脉宽调制(PWM)/电压转换驱动电路和电压/电流转换电路等。单片机是本传感器的核心,它读入测温芯片 DS18B20 的测量值,经多种转换运算后得出精确的最终测量结果,然后经内置的 PWM 电路以及PWM/电压转换电路分别以标准 0~5V 电压形式输出温度的测量值,也可通过内置的串行通信口经 RS485 网络转换电路将测量结果送到 RS485 测量总线上供数字式测试设备读取。其中采用了补偿及线性化技术提高测量精度、抗干扰能力,保证传感器的长期稳定性。

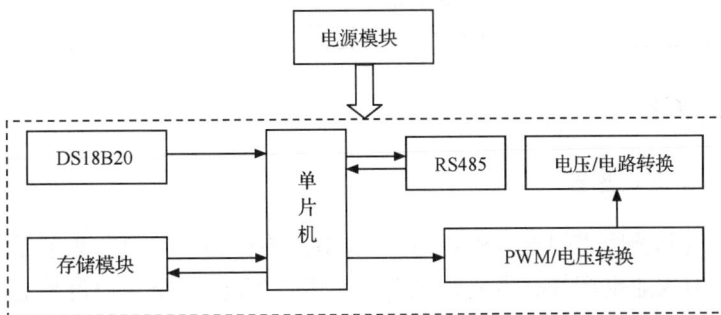

图 3-2-13　土壤温度传感器电路图

为了扩大土壤温度传感器的应用范围,设计的传感器具有多种输出接口:RS485 输出、0～5V 电压输出或者 4～20mA 电流输出。单片机本身具有 2 路 10 位 PWM 输出,所以采用 LM324 四运放构成 PWM/电压输出电路,将其转换为模拟电压信号输出,如图 3-2-14所示。本电路利用运算放大器的高输入阻抗特性并设计成低通滤波器的形式,既可确保输出电压的稳定,还可提高驱动负载的能力,增强其对外围数据采集电路适应能力。

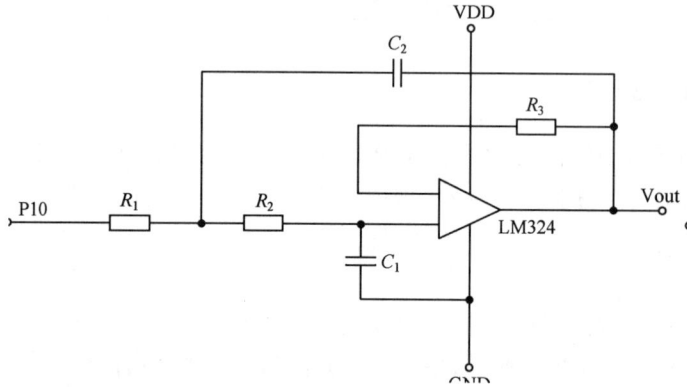

图 3-2-14　PWM/电压转换电路

土壤温度传感器的性能参数如表 3-2-5 所示,表 3-2-6 为土壤温度传感器的优点列表。

表 3-2-5　土壤温度传感器的性能参数

输出方式	工作电压	存储温度	工作温度	测量范围	测量精度	分辨率	响应时间	输出电压	封装
模拟电压	6～18V (DC)	−40～85℃	−20～100℃	−20～70℃	±0.2℃	0.1℃	1s	0～5V	不锈钢 防水
模拟电流	6～18V (DC)	−40～85℃	−20～100℃	−20～70℃	±0.2℃	0.1℃	1s	4～20mA	

表 3-2-6　土壤温度传感器优点列表

主要优点	技术说明
通用性强	多种输出方式,可与多数测试仪表及采集器直接相连
测量分辨度高	分辨率为 0.1℃
测量精度高	测量精度可达±0.2℃

3.2.3　气象传感器

1. 空气温湿度传感器

空气的温度和湿度之间有着密切的关系,是影响作物生长最为重要的因素,因此,监测空气温湿度对农业生产具有重要的意义。大多数情况下,空气温度传感器和空气湿度传感器是分别独立开发的,会带来很大的测量误差,这是因为湿度传感器本身受环境温度的影响较大,环境温度的变化会直接造成湿敏元件输出值的变化。基于上述原因,作者研发团队开发了一种智能温湿度自补偿传感器。

　　智能温湿度自补偿传感器的系统结构如图 3-2-15 所示,包括高精度数字式温度传感器、耐高湿湿敏电容、电容/频率变换电路及测量周期生成电路、单片机、EEPROM 存储器、RS485 网络通信接口电路、PWM/电压转换驱动电路、电缆插座、ABS 塑料传感器盒和印刷电路板。

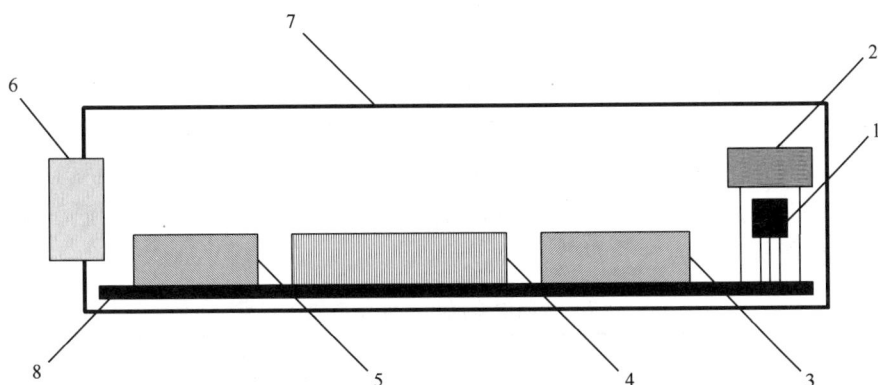

图 3-2-15　实物结构示意图

1. 高精度数字式温度传感器；2. 耐高湿湿敏电容；3. 电容/频率变换电路及测量周期生成电路；4. 单片机；
5. PWM/电压转换驱动电路；6. 电缆插座；7. ABS 塑料传感器盒；8. 印刷电路板

　　智能温湿度自补偿传感器工作原理图如图 3-2-16 所示。温度传感器选用高精度数字式传感器,其测量值可直接由单片机读出;湿度传感器选用耐高湿的湿敏电容,其电容值随着环境湿度的变化而改变,经"电容/频率转换电路"转换为频率值供单片机读入;"测量周期生成"电路产生一个固定的测量时间间隔,单片机在此时间间隔内对湿度测量频率信号进行计数,所得结果经转换后即可作为湿度测量值;单片机是本系统的核心,它读入温度和湿度传感器的测量值,经多种转换运算后得出精确的最终测量结果,然后经 2 路内置的 PWM 电路以及 PWM/电压转换电路分别以标准的 0～5V 电压形式输出温度和湿度的测量值,也可通过内置的串行口经 RS485 网络转换电路将测量结果送到 RS485 测量总线上供数字式测试设备读取。

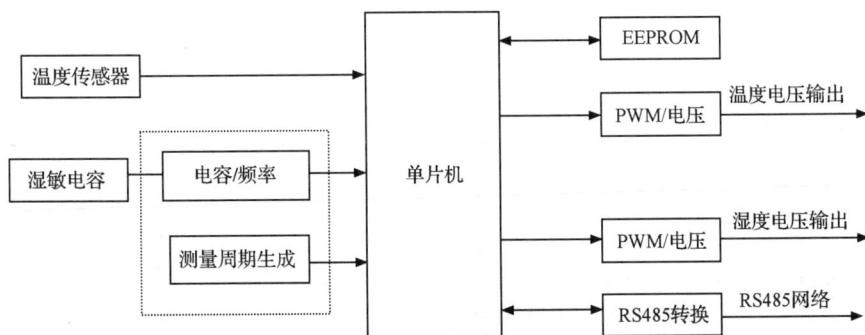

图 3-2-16　系统工作原理图

　　由于单片机本身可以同时读入温度和湿度的测量值并具备运算和存储功能,通过内部运算即可对测量结果进行软件线性化处理,同时还可以根据当时的温度测量值对易受温度影响的湿度测量值进行有效的补偿,利用单片机自带的 2 路 10 位 PWM 输出,采用 LM324 四运放构成"PWM/电压输出电路"将其转换为模拟电压信号输出。利用运算放大器的高输入阻抗特性并设计成低通滤波器的形式,既可确保输出电压的稳定,还可提高驱动负载的能力,增强其对外围数据采集电路适应能力。

　　由于湿敏电容在非常潮湿和相对干燥的环境中电容值随工作时间发生变化的程度不同,通常情况下,潮湿环境造成的年漂移量远远大于相对干燥环境的年漂移量。通过软件自动判断并记录传感器在两种环境中的工作时间长度并将其存入 EEPROM 中以防止掉电后的数据丢失,并据此及相应的算法对湿度测量值进行补偿以保证其长期稳定性。

　　表 3-2-7 列出了智能温湿度自补偿传感器的优点,表 3-2-8 列出了智能温湿度自补偿传感器的性能指标。

表 3-2-7　智能温湿度自补偿传感器的优点

主要优点	技术说明
测量精度高	温度测量精度为±0.5℃,分辨率±0.1℃;湿度测量精度为±2%RH,分辨率±0.1%RH
稳定性好	可在高温高湿等恶劣环境中长期稳定地工作
适应性强	即具有 2 路普通的 0～5V 模拟电压输出,分别输出温度和湿度的测量值以便与传统的测试设备接口;同时还具备先进的网络通信接口,可以方便地同微机控制系统接口

表 3-2-8　智能温湿度自补偿传感器的性能指标

测量参数	性能指标	
工作电压	5～24V(DC)	
存储温度	−40～85℃	
工作温度	−20～70℃	
测量参数	湿度	温度
测量范围	0～100%	−20～70℃
测量精度	±2%	±0.3℃
分辨率	0.03%	0.01℃
响应时间	4s	10s
输出	RS485	
封装	塑料外壳	

2. 光照传感器

　　光照强度直接影响到作物的光合作用、蒸腾作用等生理发育过程,因此高精度检测农业生产环境中的光照强度成为该领域的基础研究内容。目前,国内外已经对光照强度传感器作了大量研究,也有一些传感器得到了应用,但也存在一些缺陷,例如,传感器的量程固定问题,当生产环境的光照强度较低时,较宽的量程无法保证测量的准确性,如果将测量量程缩小,却无法满足传感器应用现场光照强度跨度较大的要求。针对上述问题,作者研发团队研发了数字式宽量程光照传感器。

数字式宽量程光照传感器主要包括电源处理模块、低温漂参考电源、处理器模块、12位 D/A 转换模块、光照探头(光敏元件 TSL230)、V/I 转换模块、数字接口和量程设置等。其原理框图如图 3-2-17 所示。

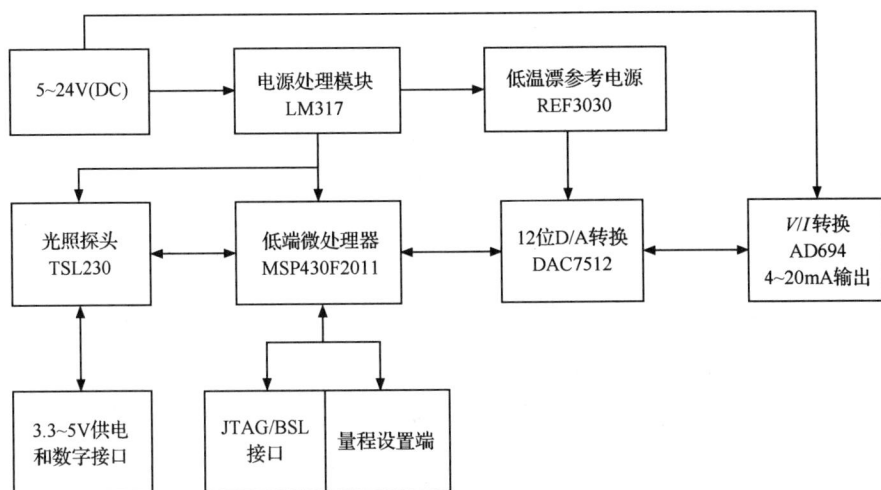

图 3-2-17 数字式宽量程光照传感器的原理框图

光照探头可以将可见光的光信号转换为频率信号,通过内部的光电二极管和电流/频率集成转换器将波长为 300~700nm 范围的可见光频率信号转换为标准电流信号 4~20mA 输出。微处理器采用具有低功耗、内部看门狗和多个定时器的 MSP430F2011,通过 JTAG/BSL 进行编程和调试。低温漂参考电源为外部 12 位 D/A 转换模块提供标准的参考电压,提高了 D/A 转换的精度。V/I 转换模块能够将 D/A 转换模块输出的 0~2V 电压转换成标准的 4~20mA 电流信号,提高了输出信号的抗干扰性和传输距离。通过拨码盘,可以进行量程设置,设置范围为 0~4klx(室内应用)、0~100klx(温室用)、0~200klx(室外专用)。

表 3-2-9 列出了数字式宽量程光照传感器的优点,表 3-2-10 列出了数字式宽量程光照传感器的性能指标。

表 3-2-9 数字式宽量程光照传感器的优点

主要优点	技术说明
通用性强	电流输出 4~20mA,能够进行长达 1500m 的远距离通信传输
稳定性好	传感器接口电路采用电流环进行数据传输,光敏元件将光强转换成相应的脉冲频率,内部含有滤波补偿电路,不受外围环境及器件干扰
测量精度高	非线性典型误差为 0.2%,温度稳定系数为 $100\times10^{-6}/℃$,提供 1lx~200klx 不同量程的光照传感器,满足高精度和不同量程的测量要求

表 3-2-10　数字式宽量程光照传感器的性能指标

测量参数	性能指标
单　　位	lx
量　　程	0~200klx
测量精度	±5%（校准后可达±3%以内）
输出信号	4~20mA
工作电压	9~30V
电缆长度	标准为5m
密封材料	内部电路作防水处理，传感器正面完全密封，分为室内和室外两款
工作环境	温度-30~65℃，湿度0~90%RH

3. 风速风向传感器

在气象预报、墒情监测以及风力发电场所评估风力发电时，都需要测量风速风向。现在市面上销售的风速风向传感器种类很多，就其原理有以下几种：①旋转式风速计是利用测速发电机原理，通过测速发电机的输出电压与转速成线性关系原理得到风速；②压力风速计又称达因风速计，根据气流对物体的压力和风速的平方成正比的原理制成；③热线风速仪是利用散热速率和风速的平方成线性关系的原理制成。另外还有超声波风速计、激光多普勒风速计、单摆式风速计、压差式风速计等（陈攀等，2010）。

目前，应用最为广泛的风速风向传感器为DAVIS生产的WC-1风杯，其采用碳纤维材料，强度高，启动好。风速感应元件是三风杯组件，由三个碳纤维风杯和杯架组成，转换器采用多齿转杯和狭缝光耦组成，变换器由数码盘和光电组件组成。当传感器风杯受到水平风力作用时，多齿转杯在狭缝光耦中转动，输出频率信号。风标随风向变化转动时，数码盘在旋转轴的带动下在光电组件缝隙中转动，产生的光电信号以格雷码的形式输出。其技术参数如表3-2-11所示。

表 3-2-11　风速风向传感器的技术参数

项　目	风速传感器	风向传感器
测量范围	0~70m/s	0~360°
精度	0.3m/s	±6°（±3°）
最大回转半径	90mm	365mm
分 辨 率	0.1m/s	5.6°（2.8°）
启动风速	≤0.5m/s	≤0.5m/s
输出形式	方波	6位（7位）码（或电压）
工作电压	5~12V	5~12V
工作电流	10mA	20mA（或2~3mA）
工作环境	温度-60~50℃，湿度≤100%RH	温度-60~50℃，湿度≤100%RH

4. 雨量传感器

在气象预报、墒情监测以及对降雨方面的研究,都需要对降雨量进行测量。目前,雨量传感器的种类虽然很多,但应用最为广泛的是翻斗式雨量传感器。

翻斗式雨量传感器的工作原理是:承雨口采集到雨水,经漏斗进入上翻斗,上翻斗承积一定水量(小于 0.1mm)时,发生翻转倾倒,经汇集漏斗和节流管注入计量翻斗,把不同强度的自然降水调节为比较均匀的中等强度降水。计量翻斗承积到相当 0.1mm 降水时,计量翻斗翻倒。计量翻斗每翻倒一次,计数翻斗跟随翻倒一次,通过安装在计数翻斗的磁钢对固定在机架上的干簧管扫描,使干簧管接点因磁化而瞬间闭合一次,通过二芯电缆送出一个电路导通信号,传输到数据采集器中的计数器进行计数(杨茂水等,2002)。其具体技术参数如表 3-2-12 所示。

表 3-2-12 雨量传感器的技术参数

项 目	雨量传感器
测量范围	0~1600mm
测量时间间隔	20mm
分 辨 率	0.5s
存储方式	EEPROM 内存,掉电不丢失
存储容量	8000 个数据
工作电压	12~18V
工作环境	温度−20~70℃

3.3 远程墒情采集站

WS1000 远程墒情采集站是一款具有自动采集、存储和远程传输土壤温湿度、气象信息的远程自动墒情采集设备。其采用短信、GPRS 和无线数据传输等多种通信方式,配合USB 数据导出功能,使用户可以很灵活、方便地获取墒情数据信息。WS1000 可以采集 4 路土壤温度、4 路土壤湿度信息以及空气温度、湿度、风速、风向、降雨、辐射、日照时数等气象信息,用户可以根据需要选择通信方式、设置数据存储和发送时间间隔。同时,系统采用太阳能供电,并能够通过设置合理的工作模式,降低系统的功耗。图 3-3-1 为WS1000 远程墒情采集站实物图。

WS1000 远程墒情采集站采用模块化设计,主要包括中央处理器、LCD 显示模块、键盘接口、存储模块、USB 接口、手机通信模块、标准传感器接口以及 RS485 接口等。WS1000 实现的主要功能有:①4 路土壤水分传感器采集接口;②4 路土壤温度传感器接口;③气象传感器采集接口,包括空气温湿度、紫外线强度、辐射强度、风速风向和降雨量的采集;④具有远程修改存储数据的时间间隔和发送数据的时间间隔;⑤采用标准的GSM 网路,通过短信获取数据;⑥具有 RS485 接口,符合 Modbus RTU 协议,支持串口无线数传;⑦具有 USB 数据导出功能。图 3-3-2 为 WS1000 远程墒情采集站结构简图。

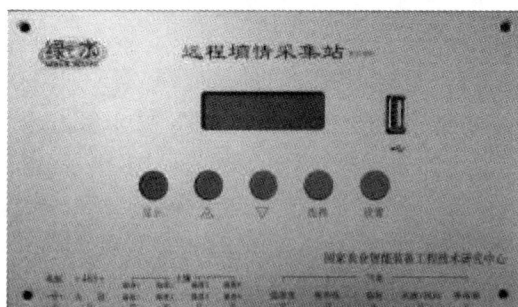

(a)

(b)

图 3-3-1　WS1000 远程墒情采集站实物图

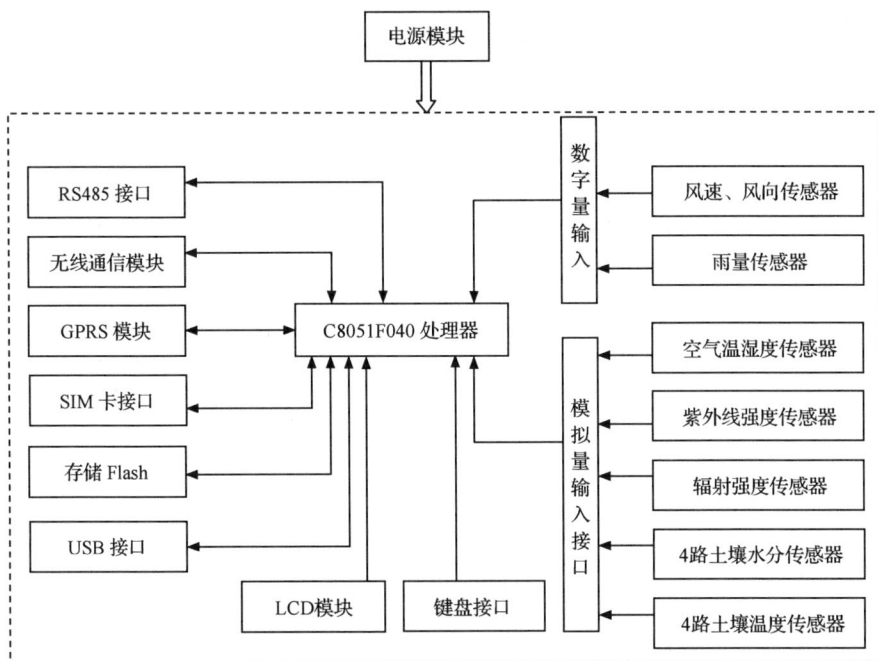

图 3-3-2　WS1000 远程墒情采集站结构简图

　　WS1000 远程墒情采集站以 C8051F040 处理器为核心,通过键盘、LCD 模块或者 GPRS 模块对系统参数进行手动设置或远程设置,具有良好的人机交互界面。用户可以通过 5 个按键,结合液晶显示,方便地对系统参数进行设置,包括设置存储时间间隔、发送时间周期、GSM 状态、手机号码设置、通信方式设置、节电方式和数据导出方式设置等。

　　WS1000 远程墒情采集站采用太阳能供电,长期工作在野外,在设计中采用大容量的太阳能蓄电池和蓄电池控制器,防止太阳能蓄电池的过充或过放,延长蓄电池的使用寿命;另外,在内部供电方面,采用了两级防雷、防浪涌保护电路,如图 3-3-3 所示。图中防雷管 G200、G201 组成了第一级防护电路,这两个放电管组成了差模和共模保护电路,用于泄放防雷产生的大电流,将大部分雷电能量加以旁路吸收;第二级保护包括 TVS 二极管 D200、D201、D202 和进行过压保护的压敏电阻 VR200,用于实施对经过第一级抑制后的剩余过电压进行钳位,将其限制在后续电源电路可以耐受的电压水平;介于第一级与第二级保护元件之间的是压敏电阻 F200 和 F201,用于过流和过压保护,当过大的电流流过压敏电阻或 TVS 时,PTC 内阻快速增大,从而切断外部信号与内部电路的连接,保护内部电路不受损坏。由于通信模块、采集模块和内核电压需要的电压不同,系统通过 MAX694 和 TSP79730 两种电源芯片,为整套系统提供 3 种工作电压,满足通信模块、采集模块和内核的电压要求,保证了各模块稳定工作。

　　信息传输模块采用支持 GPRS 模式的 MC39i 模块,其工作电压范围为 3.3～4.8V,传输功率在 GSM 1800 时为 1W,休眠电流为 3mA,上传波特率可达 21.4kbit/s,下传波特率最大为 85.6kbit/s,支持 CS-1、CS-2、CS-3、CS-4 四种编码方案。它具有较高稳定性,可以快速、安全、可靠地实现系统方案中的数据、语音传输,短消息服务和传真。模块提供

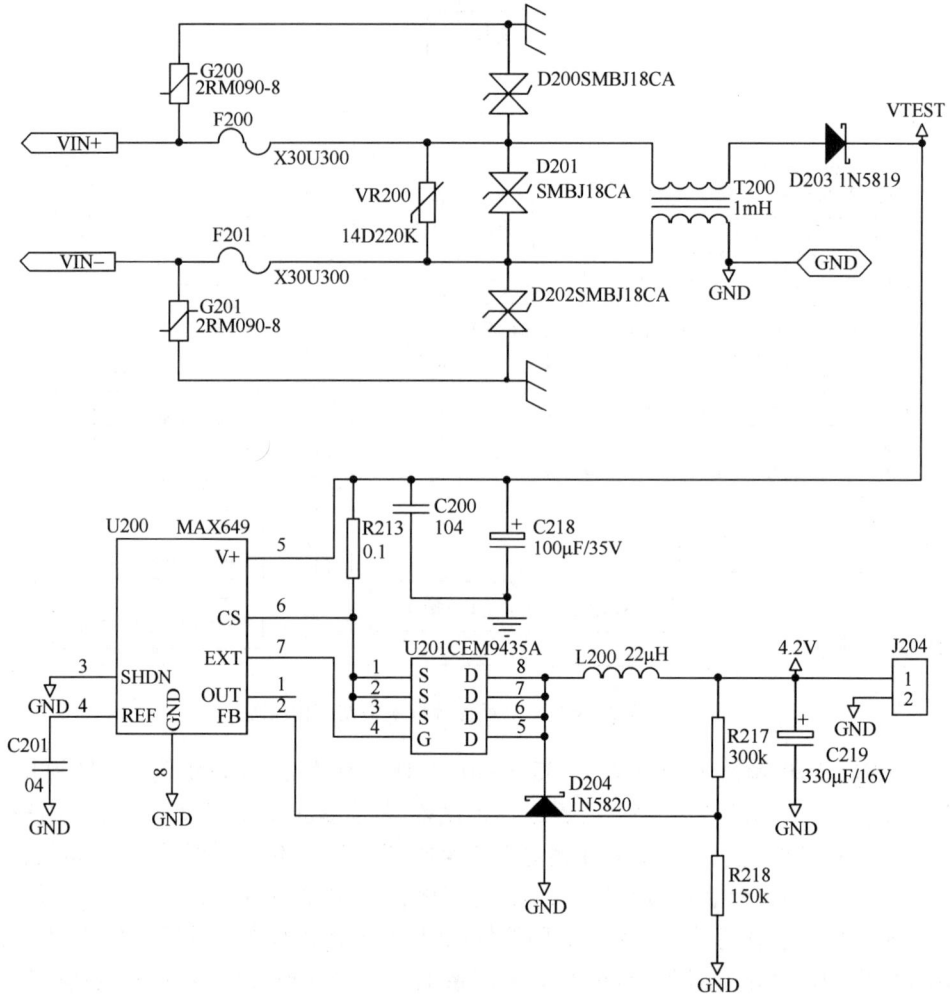

图 3-3-3 WS1000 远程墒情采集站电源模块部分原理图

一个 40 引脚的外部控制接口,包括控制、数据传输、SIM 卡、声音以及电源接口。远程墒情采集站主要是通过 MC39i 模块的 AT 指令对土壤墒情信息和气象信息以短消息的形式进行发送和接收。

远程墒情采集站大多数情况下安装在野外,无人值守,经常是很长时间工作人员才会到现场进行维护和读取数据,这就要求系统具有大的存储容量和快速读取数据的接口。因此,系统采用技术已经成熟的 USB118 模块解决数据快速读取的问题。USB118 模块实质上是嵌入式 U 盘控制器,集成了 USB HOST 协议并带有通用串口总线,采用标准 USB 协议,遵循 USB 2.0 协议规范,最大可以支持 64GB 的 U 盘,从而实现数据的海量存储。

WS1000 远程墒情采集站具有动态循环显示功能、实时日历时钟;可设置墒情信息采集时间间隔、保存时间间隔和发送时间间隔;可以选择手动设置系统参数或远程设置系统参数;具有较大的存储容量,最大支持 64GB 的 U 盘导出。WS1000 远程墒情采集站的性能指标见表 3-3-1。

表 3-3-1　WS1000 远程墒情采集站的性能指标

指标名称	测量范围	精度	分辨率
风速	1～67m/s	1m/s	0.1m/s,启动风速大于 0.5m/s
风向	0°～360°	±7°	1°
空气温度	−40～80℃	±0.5℃	0.05℃
相对湿度	0～100%	±3%	0.5%
降雨量/降雨强度	天:0～13107mm 累计:0～858993459mm	±4%	0.2mm
辐射强度	0～1800W/m²	±5%	1W/m²
土壤含水量	0～100%(m³/m³)	±2%	1%
土壤温度	−31～69℃	±0.5℃	0.1℃

3.4　墒情监测系统软件设计

土壤墒情监测是水循环规律研究、农牧业灌溉、水资源合理利用以及抗旱救灾基本信息搜集的基础工作。为了汇集和积累全国土壤墒情监测数据,规范墒情监测和统计数据格式,并进行集中的管理和分析,作者研发团队开发了"全国土壤墒情监测数据上报系统",方便有关部门及时获得土壤墒情监测的统计分析数据,了解全国各地的土壤墒情状况。该系统建立了科学有效的数据管理、分析和传输模式,为土壤墒情的研究应用工作提供基础数据信息,最终服务于土壤墒情的科学管理和决策水平的提高。

3.4.1　总体设计

为了能够使全国的墒情监测工作者能够方便地使用系统,同时满足数据管理和分析的需要,系统采用"浏览器/服务器(B/S)"结构进行设计开发。数据的存储和分析在服务器端进行开发,数据浏览和填报的用户界面在浏览器端开发。数据的上报和浏览都在线实现,无须用户设置和安装特殊软件,注册登录后即可使用相关功能。注册用户根据不同的权限可以使用不同的功能和浏览相应权限范围的数据。

系统采用低耦合的三层结构进行开发,分为客户浏览层、服务层和数据层。系统总体架构图如图 3-4-1 所示。

数据层以数据库技术为核心,业务数据库通过通信代理来接受来自远程采集系统的数据,然后通过 Java 数据库连接与服务层进行交互;业务数据库同时也通过服务层与浏览器进行数据的交互。

服务层集合了 Web 服务和应用服务。Web 服务提供 WWW 的浏览功能,应用服务是在服务器端使用 JavaBean 构建的计算模型,用于数据的存取和分析。

用户层是以浏览器为核心,通过 JavaScript 建立对服务层的访问工具和方法。

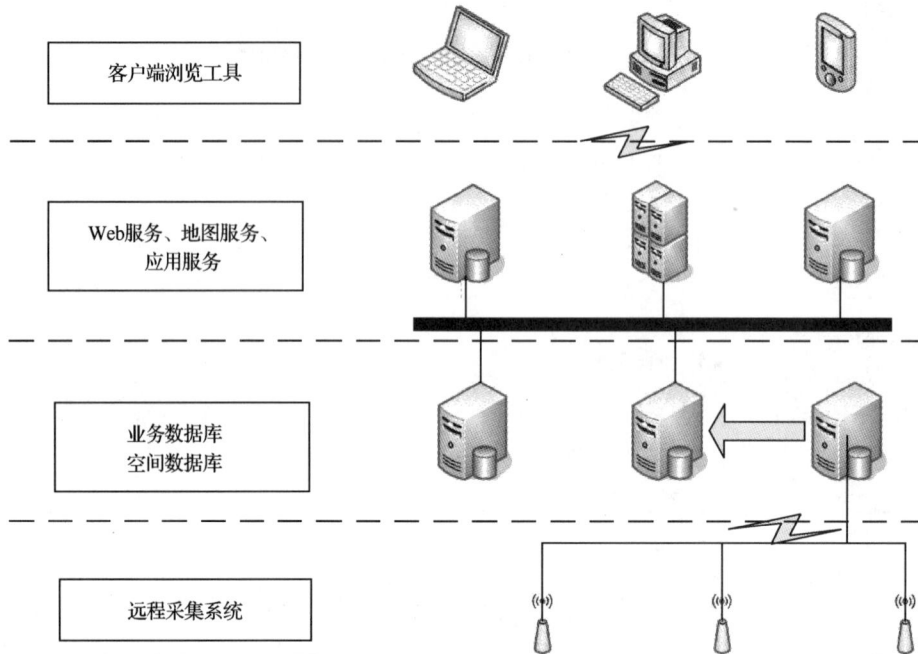

图 3-4-1　土壤墒情监测系统结构图

3.4.2　关键技术

1. 网络服务技术

系统服务层的关键就是 Web 服务器,Web 服务器也称为 WWW(world wide web)服务器,主要功能是提供服务器端计算和网上信息浏览服务。当客户端浏览器向 Web 服务器发出请求,Web 服务器负责响应请求,并把用户请求的资源发送到客户端浏览器。

Java EE 是 Sun 公司为企业级应用推出的标准平台,包含许多组件,主要可简化且规范应用系统的开发与部署,进而提高可移植性、安全与再用价值。它的核心是一组技术规范与指南,其中所包含的各类组件、服务架构及技术层次,均有共通的标准及规格,体系结构提供中间层集成框架用来满足无须太多费用而又需要高可用性、高可靠性以及可扩展性的应用的需求。通过提供统一的开发平台,Java EE 降低了开发多层应用的费用和复杂性,同时提供对现有应用程序集成强有力支持,完全支持 Enterprise JavaBeans,有良好的向导支持打包和部署应用,添加目录支持,增强了安全机制,提高了性能。

Tomcat 服务器是一个免费的开放源代码的 Web 应用服务器,它是 Apache 软件基金会(Apache Software Foundation)的 Jakarta 项目中的一个核心项目,由 Apache、Sun 和其他一些公司及个人共同开发而成。由于有了 Sun 的参与和支持,最新的 Servlet 和 JSP(java server pages)规范总是能在 Tomcat 中得到体现。Tomcat 技术先进、性能稳定,而且免费,因而深受 Java 爱好者的喜爱并得到了部分软件开发商的认可,成为目前比较流行的 Web 应用服务器。

系统采用了 Java EE 6 平台技术、Apache Tomcat 6.0 Web 应用服务器来搭建 Web

服务平台。在服务器端以 JSP 作为开发技术，来响应客户端请求，动态生成 Web 网页。以 Servlet 技术和 JavaBeans 技术来构建应用计算模型，用来满足业务计算需要。

2. 数据库技术

数据库技术是网络应用系统数据存储的最佳方案。本系统采用 SQL Server 2000 作为数据库管理平台。SQL Server 除了在 Windows 平台上的兼容性、扩展性和可靠性方面等具有一定优势外，还具有可以迅速开发互联网系统的功能。

数据库访问技术也是网络应用系统的一个关键。数据库访问的效率和可靠性，很大程度上决定了网络应用系统的应用效果。目前访问数据库的方式多种多样，主要有 JD-BC、ODBC、DAO、OLE DB 和 ADO 等。JDBC 是 Java 数据库连接（java data base connectivity）技术的简称，是为各种常用数据库提供无缝连接的技术。JDBC 现在可以连接绝大部分的关系数据库，JDBC 遵守 SQL，支持各式各样的 SQL 语法和语义，完全支持 ANSI SQL-2 标准，JDBC 允许查询表达式直接传递到底层的数据驱动，这样可以获得更多的 SQL 功能，使得能从复杂的驱动器调用命令和函数中解脱出来，致力于应用程序中的关键程序开发。JDBC 支持不同的关系数据库，使得程序的可移植性大大加强，而且 JDBC 与 Java 保持一致，JDBC 中的接口是建立在 Java 内核基础之上的，从而进一步强化了 Java。同时 JDBC 还保留很强的类型检查功能，使尽可能多的类型信息可以静态地检查出来，使这些错误可以在编译阶段及早发现，提高程序的开发速度。

3. 富客户端访问技术

客户层是采用浏览器来访问服务层的服务，进行数据的浏览和查询。传统的网络应用程序是基于瘦客户端的，客户端仅仅用于显示静态的信息内容（如 HTML），不作任何请求处理，所有请求数据上传至服务器，服务器端响应后回传结果，客户端再重载响应信息，所有处理操作均在服务器端执行，容易造成延时。而丰富型互联网应用程序（rich Internet applications，RIA）则通过在客户端执行请求指令，可以有效地避免延时，实现程序与用户操作的同步。

RIA 是一种具有近似于传统桌面应用系统功能和特性的网络应用系统。RIA 系统最大的特点是将大部分处理任务从用户界面端移植到客户端，仅保留一些必要数据与服务器端进行信息交互（王光辉等，2010）。本系统中采用 Ext JS JavaScript 库作为客户端开发的工具。Ext JS 作为"客户端引擎"，与其他 JavaScript 代码在页面初始化时被下载，负责用户界面的呈现和与服务器通信。

3.4.3　主要功能

土壤墒情监测系统的功能有以下几个方面。

1）基于角色和范围的权限管理

系统根据用户的需求及其特点，设置国家级、省级、地市级、县级四个级别的功能角色，并为其赋予相应的系统功能权限，用户通过申请角色来获取使用系统的权限；同时，系统遵循"上级管理下级，同级只限本区域"的范围管理原则，根据用户的属性限定其可以使用的功能及数据范围,以保证系统安全运行。

2）多样的数据源

系统融合了多级、多种数据源,包括全国、省、市、县、监测点五级墒情数据,以及人工监测数据和自动监测(传感器)数据,系统可自动采集、传输和管理监测数据,并提供数据异常警示功能。

3）简明的功能操作界面

功能界面风格简洁,为各级用户提供快速功能入口,并采用 Ajax 异步通信技术优化用户体验。

4）可视化的数据分析

以地图专题图的形式直观、形象地展示数据分析结果,并可保存分析结果。

5）可定制的数据分析

可根据需要自行定义分析数据的范围、时间、对比项、分析项以及分析结果的分级界定等,并可定制分析结果在地图上渲染的级别、颜色、透明度等。

系统功能详细介绍如下:

1）系统注册与登录

出于数据安全和工作管理考虑,用户登录系统前需要进行注册,并经管理员审核通过后才能进入系统,进行相关操作,图 3-4-2 为注册界面。用户注册时除填写常规注册信息外,特别是要对自己的权限范围和将要使用功能进行填写,这将是管理员进行审核的重要参考信息。用户所在地、区域级别和申请功能将共同决定用户所具有的功能和数据权限。用户根据所在行政区进行划分,分为管理员、国家级、省级、市级和县级用户。

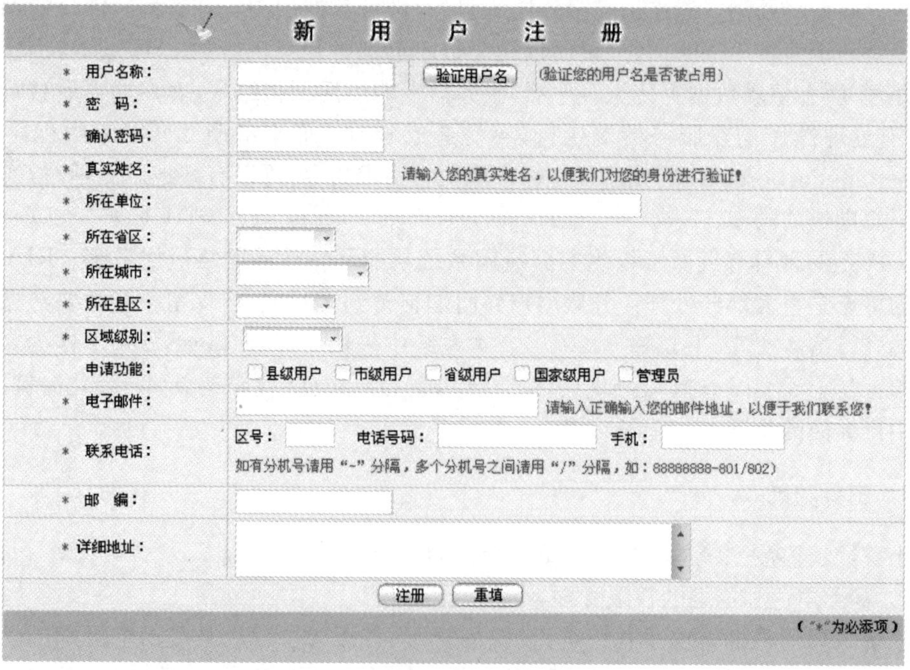

图 3-4-2　土壤墒情监测系统注册界面

管理员可以在用户管理内对已注册用户进行审核,根据用户注册时填写的信息来判断用户合法性。同时管理员可以随时查看系统在线用户、用户的详细信息和权限信息,也可以修改用户的功能和数据权限,保证系统运行的安全。图 3-4-3 为管理员审核界面。

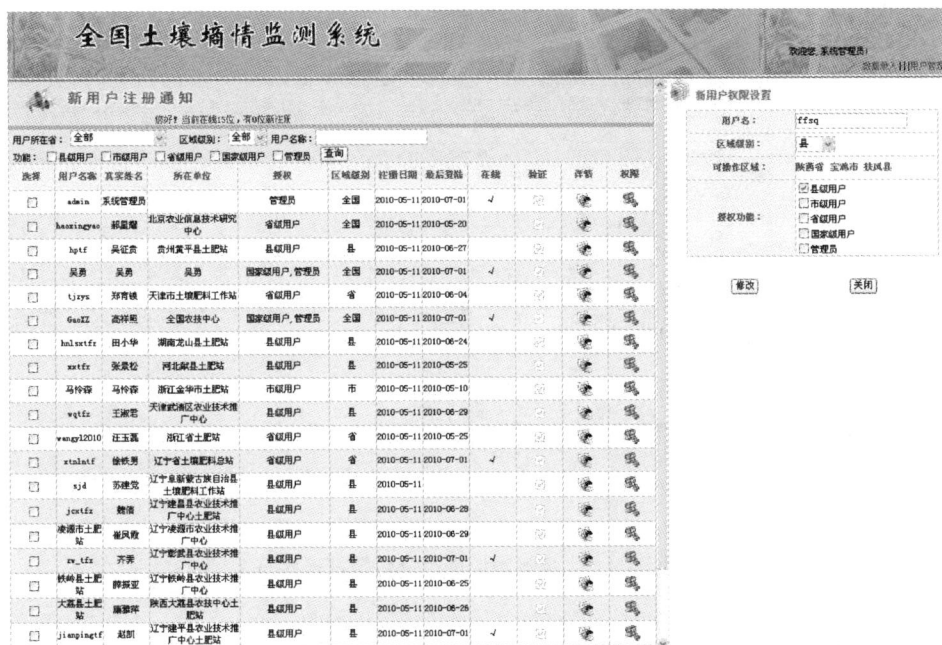

图 3-4-3　土壤墒情监测系统管理员审核界面

被授权的用户可以登录系统进行填报和查询等相关操作,系统根据用户权限的不同生成的页面内容也会有所不同。对于数据来说,上级用户一般具有浏览管辖范围内下级用户的数据的权限,例如,北京市(省级)用户可以浏览昌平区(县级)用户所填报的数据。

2) 监测站数据上报

县级用户负责填报监测站数据,内容包括监测站基本情况和墒情监测数据。监测站点分为自动、农田和临时三类。

对于已有的监测站点,用户在左侧树形列表中选择相应的站点,即可在右侧的基本情况和数据填报中输入相应的信息。当监测站基本信息发生变化后可重新填写,一般以年度为周期进行填报。墒情监测数据每半月填报一次,可在数据对比栏目中查看与往期数据的对比。

对于新增的监测站点,用户需要先新建站点,填写相应的基本情况后,就可以进行数据填报了。数据填报界面如图 3-4-4 所示。

3) 县级数据上报

用户在左侧属性列表中选择一个县后,右侧就会显示县级数据上报的相应内容。县级用户除了填报监测点数据以外,还需要对整个县的数据进行填报,包括县的基本情况和墒情数据,填报周期分别是年和半个月。县级用户同时可以浏览辖区内监测站点的数据。图 3-4-5 为县级数据上报界面。

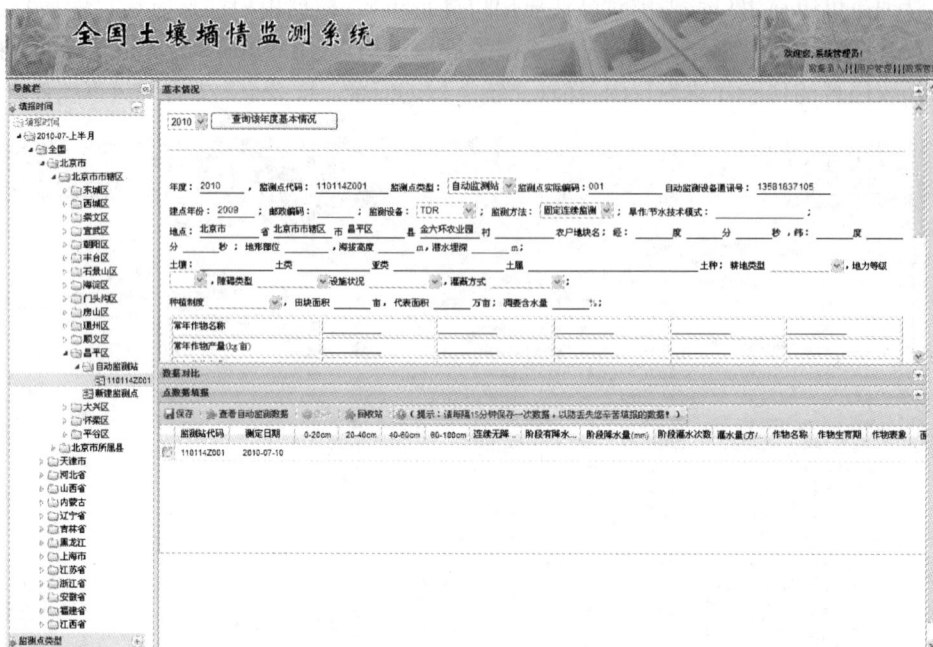

图 3-4-4　土壤墒情监测系统数据填报界面

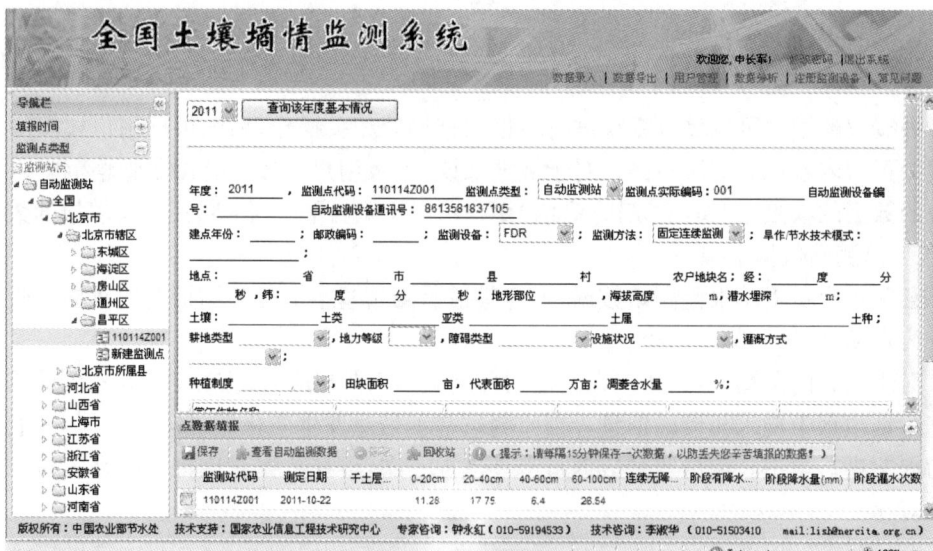

图 3-4-5　土壤墒情监测系统县级数据上报界面

4）省级数据上报

用户在左侧属性列表中选择一个省,右侧就会显示省级数据上报的相应内容。与县级数据上报类似,省级用户需要填报省的基本情况和墒情数据,同时可浏览辖区内县级数据和监测点数据。在数据对比栏中,除了显示省级数据往期对比结果外,还会显示省辖区内县填报数据的汇总,以便更好地了解墒情状况。详细信息如图 3-4-6 所示。

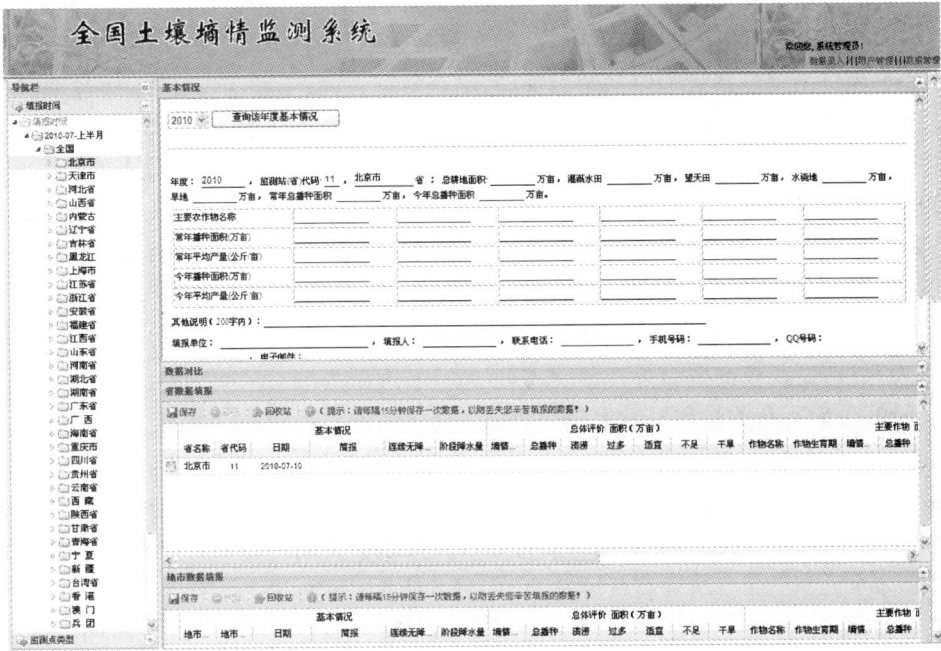

图 3-4-6　土壤墒情监测系统省级数据上报界面

5) 全国数据汇总与上报

用户在左侧属性列表中选择全国,右侧就会显示全国数据上报的相应内容。国家级用户需要填报全国的基本情况和墒情数据,同时可浏览辖省和监测点数据。在数据对比栏中,除了显示全国数据往期对比结果外,还会显示全国范围内省级数据和县级数据的汇总。系统界面如图 3-4-7 所示。

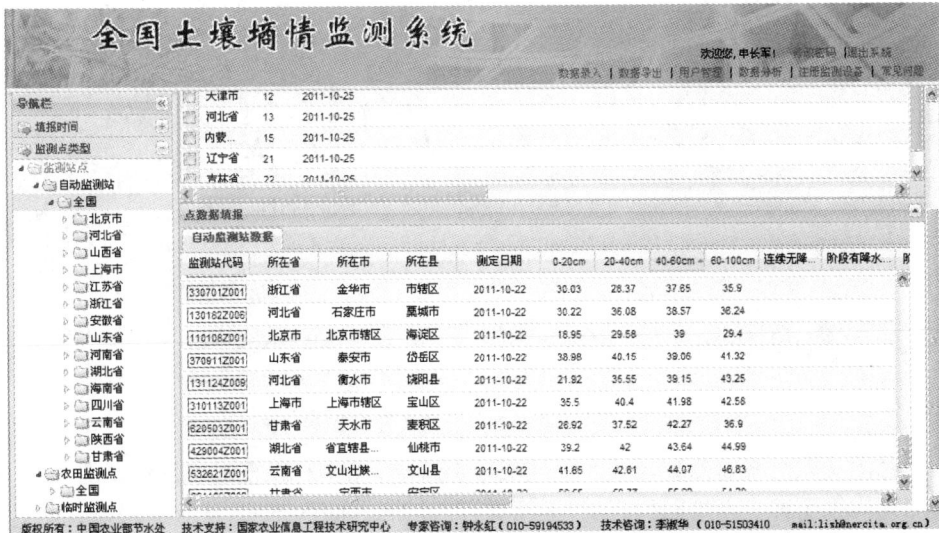

图 3-4-7　土壤墒情监测系统全国数据汇总界面

6）地图浏览

该系统以地图浏览为基础，提供数据的查询分析功能。地图浏览系统的开发包括服务器端和客户端两部分，二者密不可分，却又分布在不同的层次。

地图客户端浏览系统中包括站点管理、站点数据查询、专题图等功能，通过 RIA 方式来实现。地图浏览器采用 Adobe Flex 技术开发，应用 ArcGIS Server Flex API 来进行地图相关操作，采用了 Adobe BlazerDS 框架，与服务层进行通信，使用服务层的 JSP、Servlet 和 JavaBeans 获取和分析数据，并返回到客户端进行展现。

站点管理功能是对监测站进行增加、删除和修改操作。增加站点的方法是先在客户图层进行绘制，然后提交到地图服务器，使用服务器端 JavaBeans 进行保存。修改、删除也是如此，先在客户端进行选择或修改，然后将操作结果保存到服务器。

监测数据更新查询按照观察者模式进行实现，即服务端一旦收到新的数据，立刻主动发出通知，告诉所有关注数据的客户端数据的变化情况。系统建立所有 18 个站点的服务端发布者（producer），使用后台 Servlet 监听数据变化情况，并将更新赋值给发布者。客户端浏览数据时，任意选择站点，即可在作为观察者（observer）对服务器端的发布者进行消息订阅。连接一旦建立，客户端不必再通过提交或者刷新来查询新数据，服务器会将最新数据"推"至客户端。系统站点信息如图 3-4-8 所示。

图 3-4-8　土壤墒情监测系统站点信息界面

专题图功能是将监测数据按照点或面等形式进行渲染，以直观表现数据的一种方式。专题图同样采用客户端绘制的方式，根据查询区域和时间的不同，从服务器端获取对应数据，然后在客户端以不同颜色来表示值的高低。专题图界面如图 3-4-9 所示。

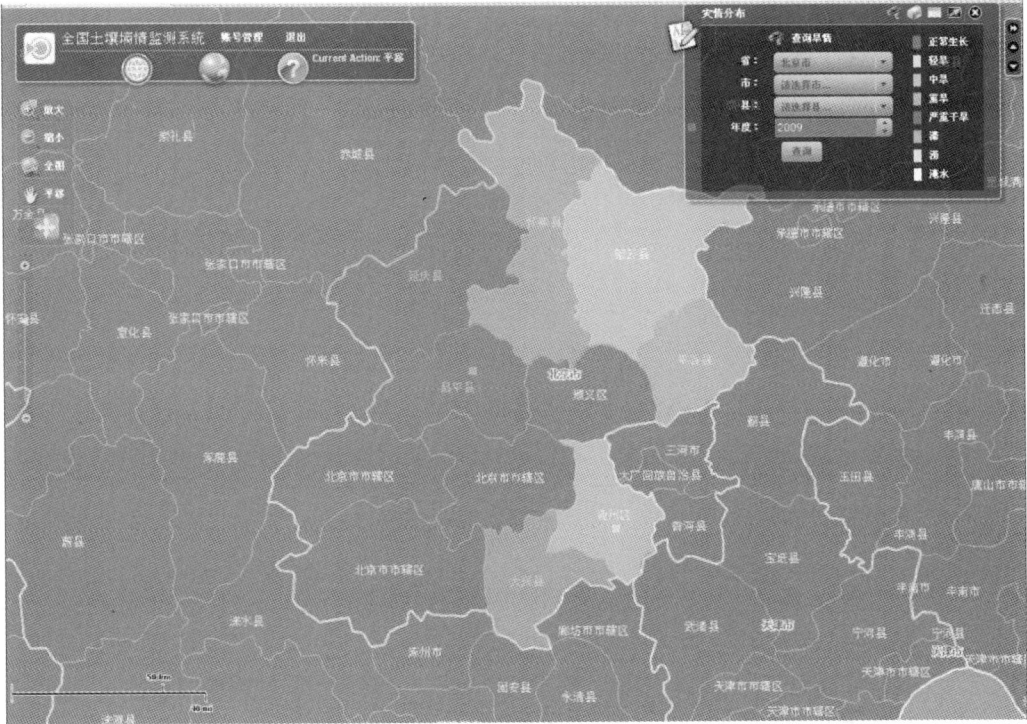

图 3-4-9　土壤墒情监测系统专题图界面

7) 墒情信息查询统计

软件可以实现墒情信息按地区、日期的查询,以及时间段内墒情信息的统计。图 3-4-10 为墒情信息的统计界面,图 3-4-11 为时间段内温度信息的统计图,图 3-4-12 为监测站墒情信息的浏览界面。

图 3-4-10　墒情信息的统计界面

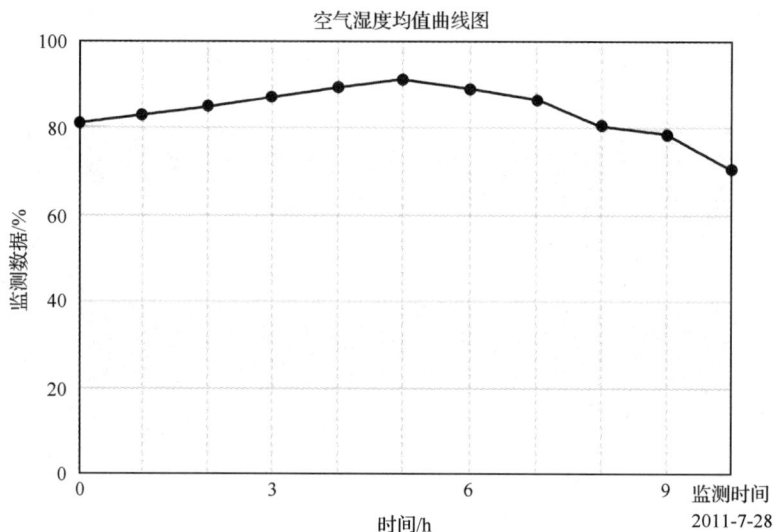

图 3-4-11　时间段内温度统计曲线图

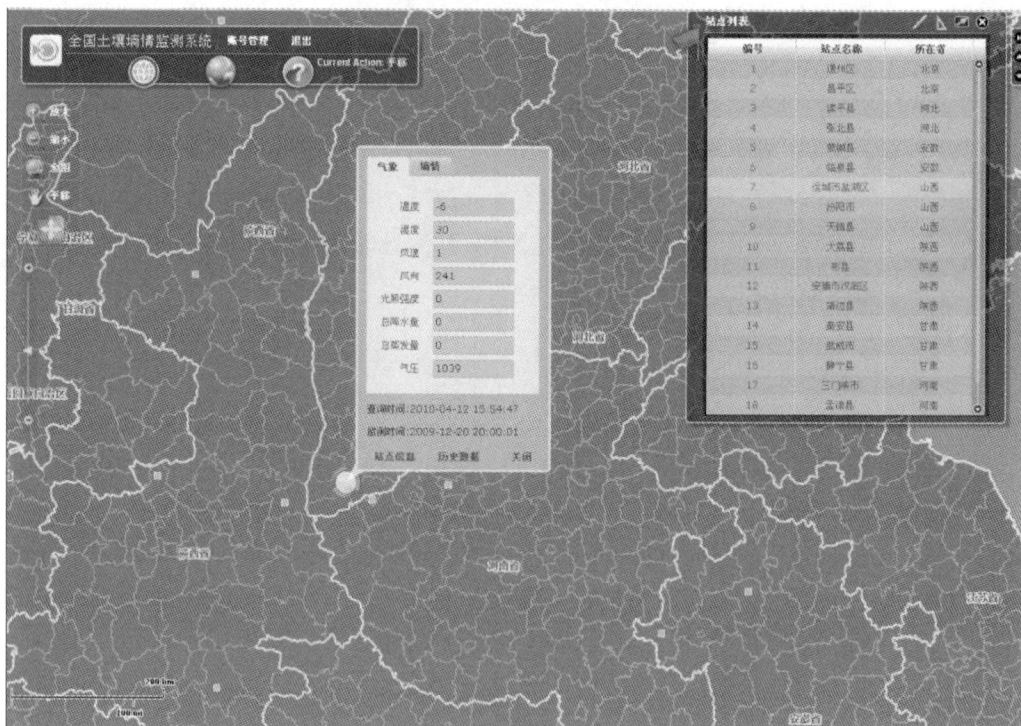

图 3-4-12　墒情信息浏览图

　　土壤墒情监测系统采用先进的技术架构和开发方式对墒情数据的上报及相关功能进行功能实现。系统将数据的填报、浏览和对比分析融为一体,操作简便,使得墒情监测的数据流实现了完整的传输、管理和分析过程,成为墒情数据网络上报的高效平台。随着数据的积累和数据分析的深入,特别是今后墒情数据空间相关分析的加入,系统将能为农业和水资源相关行业进行管理决策提供有效的数据支撑。

第 4 章　节水灌溉自动控制技术

我国农业缺水问题在很大程度上要依靠节水予以解决,农业节水作为解决我国水资源日益短缺的一项革命性措施,受到国家和社会的高度重视。在节水农业发展过程中,依靠科技创新加强节水农业技术与产品的开发,建设适合我国国情的节水农业技术体系,已成为促进我国节水农业可持续发展的重要途径。节水灌溉控制与远程监测技术正成为国内外灌溉理论和技术研究有望突破的热点,是现代精准农业的重要组成部分。

国家农业信息化工程技术研究中心在国家相关项目的支持下,经过“十五”和“十一五”的研究,在节水灌溉自动化技术方面取得突破性进展,开发出节水灌溉智能控制相关硬件和软件产品,主要包括时序直流灌溉控制器、ZigBee 无线组网灌溉控制器、ASE 可扩展灌溉控制器和智能灌溉控制软件等,研究成果技术先进实用,产品稳定可靠,总体上达到国际先进水平。目前,研究开发的很多技术产品已经进入推广应用阶段,可广泛应用于农业、公园、城市绿地、道路隔离带、体育运动场所(高尔夫球场等)的节水灌溉,实现灌溉智能控制和远程监控。

本章将对节水灌溉自动控制技术的意义、现状和结构进行介绍,阐述节水灌溉自动控制设备和软件系统的开发技术,重点讨论低功耗简易灌溉控制器、ZigBee 无线组网灌溉控制器和中央灌溉控制器的设计和实现方法以及组态化灌溉控制软件系统的开发技术。

4.1　概　　述

4.1.1　灌溉自动控制意义

节水灌溉自动控制技术是用来控制灌溉供水、灌溉出水机构的一套综合控制技术,是在微电子、信息和自动控制等相关技术的基础上发展起来的,从最早的水力控制、机械控制,到后来的机械电子混合协调式控制,再到当前应用广泛的计算机智能控制,节水灌溉自动控制系统控制的规模和精度都在不断地提高,智能化程度也越来越高,自动控制的范围也逐渐覆盖灌溉设施的全程,包括首部供水设备、过滤、施肥、田间出水等各个过程。

目前,在人们心中存在一个误区,认为自动化设备投资太高,在国内用不上,也不会带来什么经济效益,得不偿失,实际上灌溉自动化不仅带来节水方面的经济效益和社会效益,还会在其他方面带来好处。

在实际生产中,有几个场合只有通过自动化灌溉技术才能够实现灌溉控制,否则将给我们的灌溉管理带来极大不便,如图 4-1-1 所示的几种情况。

第一种情况是针对超大规模灌溉情况,如新疆生产建设兵团或者黑龙江农场,灌溉面积万亩以上区域。这种情况下,人工进行灌溉需要配备大量的人力物力,而自动化的灌溉管理一个人可以轻松完成几十个人的工作,灌溉效率和效益大大提高。

图 4-1-1　几种灌溉区域现场图

　　第二种情况是针对重庆、四川等多山丘陵地区,灌溉区域分散在不同的山头,分布广而散情况。在这种情况下,原始的人工灌溉是人力挑水漫灌或者畦灌,需要付出很大的人力,即使这样有的山头上由于地势原因也难以灌溉。采用节水灌溉控制系统后,在压力满足的情况下灌溉变得非常轻松,灌溉效率和节水效果都非常显著。

　　第三种是针对狭长地带的灌溉情况,如高速公路或者城市快速路中央隔离带的灌溉,人工进行灌溉由于机动车的高速行驶变得非常困难,很多时候都要考虑到安全问题,这时自动灌溉控制系统变得尤为重要。

　　第四种情况是针对面积虽然不大,但区域分布特别多情况,如在设施农业基地有几百个大棚灌溉情况下,由于水源出水量有限,在作物需水期可能出现大棚用水争抢以至于管道压力太小没水的现象。这时,通过采用节水灌溉自动控制系统,合理安排轮灌周期和灌水时间,可以保证大棚的及时用水,满足作物需水需求。

　　第五种情况是需要根据墒情或者气象信息进行灌溉的情况,比如在高尔夫球场,绿地的灌溉需要根据草坪需水情况进行严格控制,这时就要采用智能灌溉控制系统,系统根据气象、墒情因素综合影响进行灌溉,达到草坪最佳的生长状态(周平,2010)。

　　第六种情况是灌溉时间特殊的情况,如公园绿地灌溉为了不影响游人观赏而选择晚上灌溉,采用人工开关阀门进行灌溉给公园管理带来了诸多不便,而自动控制灌溉系统设定好轮灌组的灌溉制度后系统自动运行,灌溉变得非常方便。

　　在上述情况下,灌溉自动化技术可以解决人们手工难以完成的工作。另外,水资源短缺将有可能超过耕地减少,成为我国农业持续发展的最大障碍,若采用智能化的节水技术和设备,到 21 世纪中期,我国的灌溉水利用率可以提高到 60%～70%,由此节水潜力为每年 600 亿～1000 亿 m^3,相当于两条黄河的流量,基本上能够保证远期灌溉的需求。当前我国灌溉水单方水生产粮食不足 1kg,还不到发达国家水分生产率的一半,采用灌溉自动控制技术后,可以有效提高灌溉水利用率,减少水资源浪费,并能提高作物品质。因此,灌溉自动控制技术的应用对提高我国农作物产量,达到节水增产、优质高效的目的,有着极为重要的意义。

4.1.2　灌溉自动控制技术现状

作物灌溉自动控制的最早研究是从温室作物开始的。20 世纪 60 年代中期,荷兰引进了模拟式温室气候控制系统,开创了温室环境自动控制的新纪元。随着科学技术向农业领域的不断渗透,农业生产过程的自动化、智能化程度不断加强。大田作物的灌溉控制,经历了简单的定时开关控制、定时定量的可编程逻辑工业控制和根据土壤湿度传感器的阈值控制等不同阶段,当前已进入智能控制的高级阶段。本阶段主要是将土壤墒情与作物水分状况的监测技术与作物生长模型技术相结合,对作物的灌溉提供决策支持。在作物智能诊断灌溉控制技术中,土壤墒情与作物水分信息状况的准确监测、作物生长过程的准确监测、作物生长与灌溉过程的精确控制是三个关键技术环节。

总体而言,按技术集成模式和控制方式,灌溉技术有自动控制和智能化控制两种形式。自动灌溉控制系统模式功能简单,不能预测灌溉水量,只是执行灌溉过程控制,是一种开环控制灌溉系统。智能化灌溉控制具有多种输入信息,控制系统可以完成何时开始灌溉、灌溉多少等任务,并具有信号反馈功能,是一种前沿控制技术。融合包括专家系统、模糊逻辑系统、神经网络在内的人工智能技术的灌溉控制系统近年来发展迅速。以色列学者运用智能科学和人工智能计算技术构造了农田灌溉中的"作物-水-土"科学融合的模型(irrigation intelligent model,IIM),用来解决灌溉原理中的"作物-水-土"关系仿真问题。IIM 吸收了传统的物理和数学模型的优点,在形成复合模型的基础上,融入智能化技术,进而发展形成具有模拟过程和模拟结果的仿真的智能化模拟模型,并具有智能故障诊断识别能力、数据智能挖掘潜力,形成科学智能问题,被认为是最有前途的发展方向。

目前,国外发达国家农业灌溉与用水管理的发展趋势是信息化、自动化、高效化。3S技术和 Internet 技术开始应用于灌溉管理,计算机技术应用于灌区信息管理和运行决策,水量监测技术设备应用受到普遍重视,并向智能和自动化方向发展,灌溉用水管理软件的开发和广泛应用,使发达国家的水管理已经基本实现自动化、智能化。

4.1.3　灌溉自动控制系统

节水灌溉自动控制系统的控制对象是灌溉系统中的执行设备,一个典型的灌溉系统由水泵、施肥、过滤、电磁阀及出水器组成,如图 4-1-2 所示。自动控制系统通过控制系统中的水泵、施肥器、过滤器及灌水单元电磁阀实现对灌溉过程的自动控制。

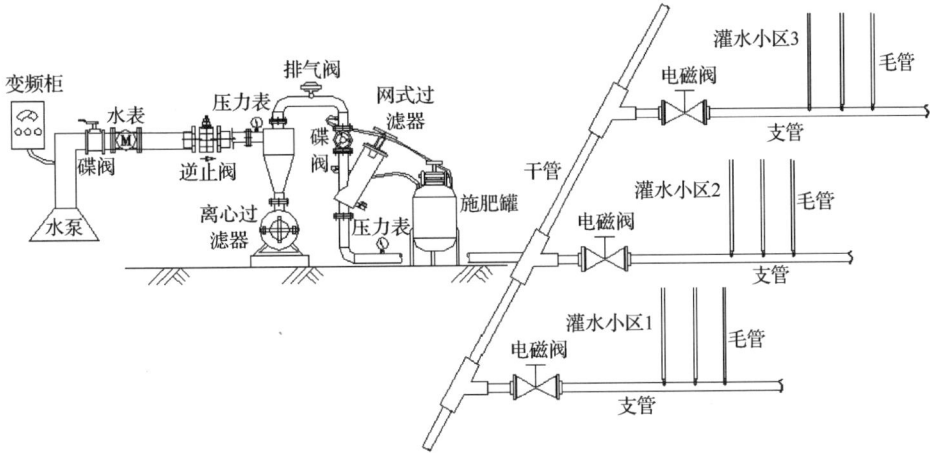

图 4-1-2   灌溉系统典型结构示意图

　　与工业自动控制系统相似,节水灌溉自动控制系统由信息测量、控制决策、控制执行及中央监控四个主要部分组成,图 4-1-3 所示的系统为一个完整的节水灌溉控制系统。系统中,控制设备获取传感器的信息,通过其内部的灌溉决策模型作出灌溉决策,控制阀门、水泵等相关设备,实现对农田作物的灌溉,远程的中央灌溉控制软件则可以通过多种通信方式与灌溉控制设备通信,实现对灌溉系统的总体监控。实际应用的灌溉控制系统可以是一个完整的控制系统,也可以只使用其中的一部分。

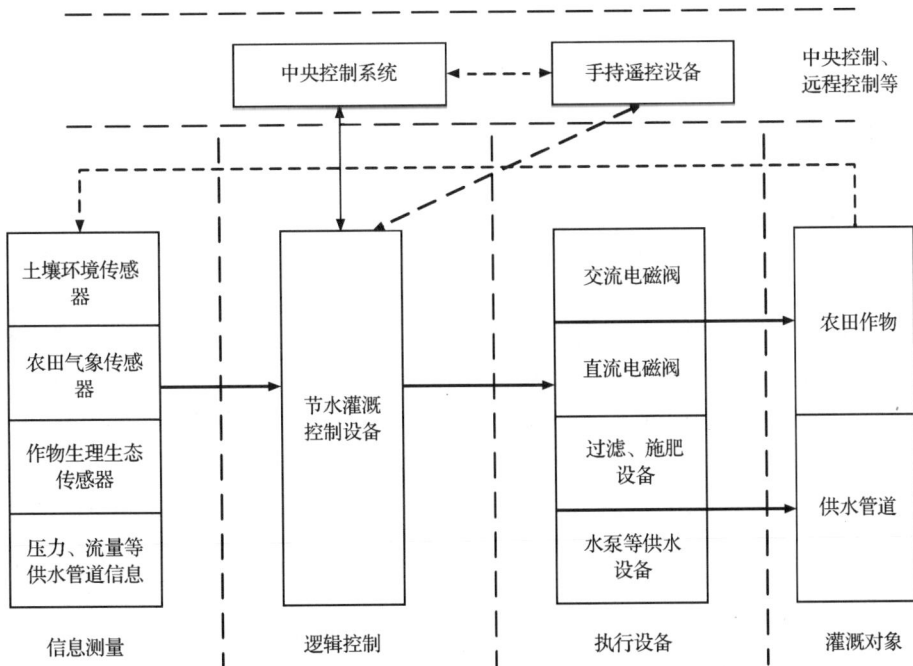

图 4-1-3   节水灌溉自动控制系统结构图

1. 执行设备

系统控制的对象包括首部设备和灌水单元电磁阀,其中首部设备包括水泵、过滤器、施肥器等设备,田间灌水单元主要为电磁阀(图 4-1-4),分为交流电磁阀和直流闭锁电磁阀。交流电磁阀为常闭阀门,使用 24V 交流电控制,当阀门两端有 24V 交流电时,阀门打开,当断开供电时阀门关闭。直流闭锁电磁阀是一种可保持状态的阀门,使用不同方向的直流脉冲控制阀门开关,在工作期间无须供电,所以直流阀门功耗很小。

图 4-1-4　几种常见的电磁阀

2. 控制决策

根据有无反馈信号(即信息测量部分),节水灌溉自动控制系统分为闭环控制灌溉系统和开环控制灌溉系统,其中闭环控制系统通过测量田间土壤和气象等信息进行灌溉控制调节,系统具有较高的智能度;而开环控制系统为时序控制系统,其不使用传感器测量信号作为灌溉控制依据,而是由使用者根据经验设定灌溉开始时间及灌溉时间长度,为定时控制系统。

智能灌溉控制系统均为闭环系统,根据使用的反馈信号,又可以分为基于环境信息的控制系统和基于作物缺水信息的控制系统。前者使用土壤水分传感器和气象传感器测量环境信息,系统可以根据土壤中当前的含水量启动和停止灌溉,也可以根据气象信息计算作物水分蒸腾量,通过蒸腾量控制灌溉水量。面向作物缺水信息的控制系统使用作物生理生态信息传感器测量作物体内的实际含水信息,并根据该信息进行灌溉控制,从理论上讲,后者更具有针对性,灌溉控制更加精细,但是因为作物生理生态信息的测量难度较大,相关设备比较昂贵,目前还处于研究试验阶段,实际应用中还很少见。

开环控制系统结构简单,使用灌溉时间作为控制依据,其灌溉决策是由人工经验设定的,通常这种系统会提供多种方式设定启动时间、灌溉时长等,虽然这种系统智能程度不高,但具有很高的实用性,目前得到了广泛应用。

3. 灌溉控制

根据灌溉控制系统功能实现方式划分,节水灌溉自动控制系统可以分为集中式自动控制系统和分布式自动化控制系统。集中式自动灌溉控制系统由一个控制主站实现采集、决策、控制等全部功能,控制器功能比较强大(图 4-1-5),可以控制的电磁阀和测量的传感器比较多,价格也比较昂贵。

图 4-1-5 集中式灌溉控制器

分布式自动灌溉控制系统一般由一个中央控制计算机和分散的小型控制器构成,小型控制器负责将本站的作物、土壤等信息传送到中央控制计算机,后者进行灌溉决策后将灌溉控制指令发送给小型控制器,由小型控制器完成本站内电磁阀等设备的控制,分布式自动灌溉控制系统结构如图 4-1-6 所示。

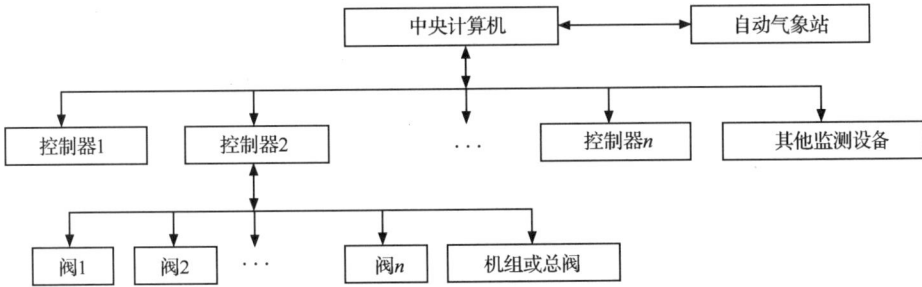

图 4-1-6 中央计算机控制灌溉系统基本组成图

分布式灌溉控制系统中采用的灌溉控制器通常体积较小、功能较弱、控制站点较少(图 4-1-7),但是功耗更低并集成有多种与中央控制器通信的通信接口,并且成本较低。

图 4-1-7 分布式灌溉控制器

4. 中央控制系统

中央控制系统处于灌溉自动控制系统的顶层,通常为运行在监控服务器上的软件系统。该系统负责与灌溉区域内所有灌溉控制设备通信,以图像化的方式直观显示所有灌溉区域的灌溉状态,是用户控制灌溉系统的主要操作窗口。中央控制系统包括通信模块、数据处理模块、灌溉决策模块、界面定制模块、数据存储模块等,由于灌溉区域总是变化的,中央灌溉控制系统需要控制界面(图4-1-8)和控制设备的加载与动态管理,在实际应用中可以采用专用灌溉控制软件系统、针对灌溉区域定制开发控制软件等方式(单飞飞,2010)。

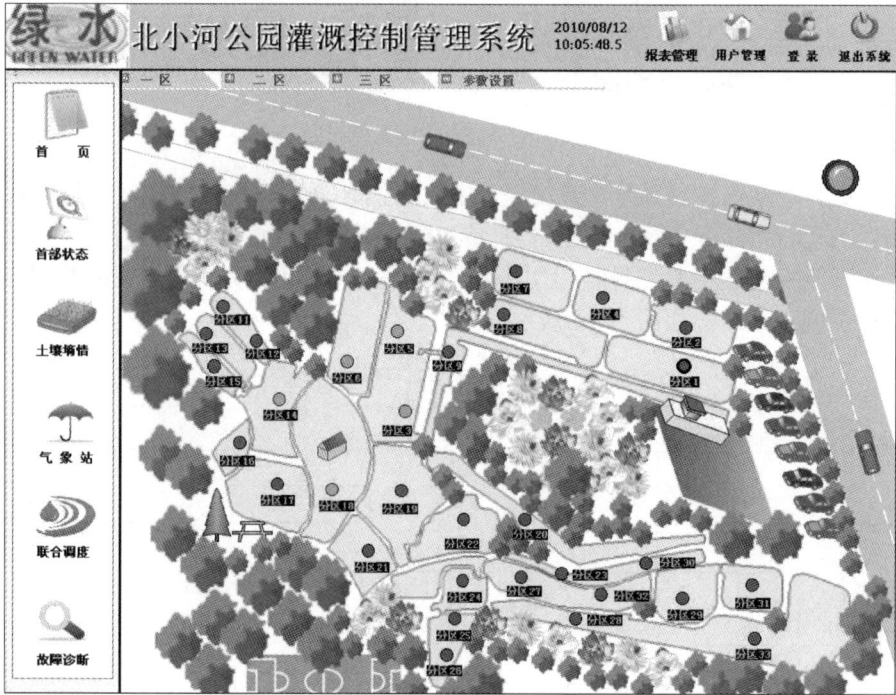

图 4-1-8　中央灌溉控制系统

4.2　节水灌溉自动控制设备

4.2.1　低功耗简易直流灌溉控制器

低功耗简易直流灌溉控制器(图4-2-1)是广泛应用于设施农业、小面积农田、家庭花园、城市小型绿地及其他分布式灌溉控制系统中的低成本灌溉控制设备,该控制器操作简单、使用方便、价格低廉,可以实现基于时间及土壤水分的灌溉自动控制,是目前较为常见的一种低成本节水灌溉自动控制设备。

低功耗简易直流灌溉控制器控制直流闭锁电磁阀,具有4路直流电磁阀控制通道和1路土壤水分测量通道,使用2节7号电池供电,平均功耗小于$10\mu A$,其主要功能包括:4路控制通道;1路水分传感器;1路RS485通信接口;支持有线方式的远程控制;支持每天、单号、双号、星期、水分五种灌溉启动方式;支持循环渗透灌溉功能;具有电池电压监测功能、低电压自动关闭功能。

图 4-2-1　低功耗简易直流灌溉控制器

1. 总体结构

低功耗简易直流灌溉控制器以超低功耗单片机 C8051F930 为核心,通过端口扩展和电磁阀驱动电路实现 4 路直流电磁阀控制和 1 路水分传感器采集;使用外接 12V 电源和内部 7 号电池两种方式供电,通过电源切换电路为主电路提供电源;RS485 通信链路只有在使用外接电源的条件下才工作,使用电池供电时自动关闭;为满足直流电磁阀 6～9V 的驱动脉冲要求,使用升压电路将 3V 输入电压提升为 9V;控制器采用点阵液晶,它通过并行接口与单片机连接,实现中文显示。控制器结构如图 4-2-2 所示。

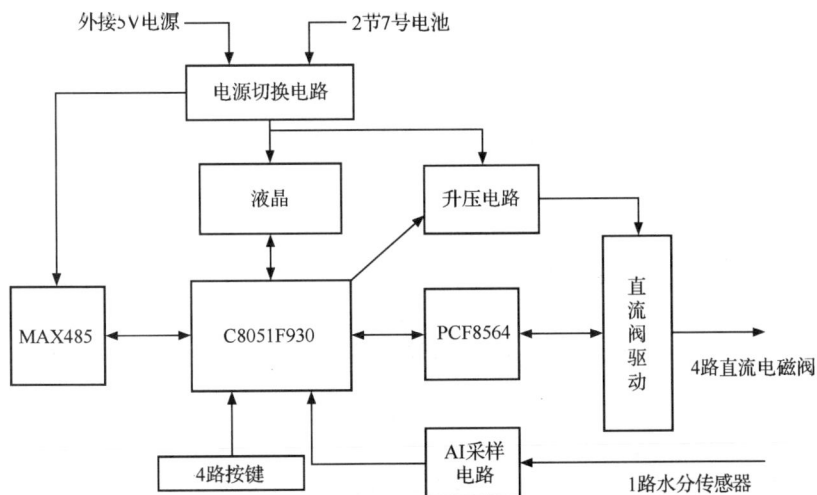

图 4-2-2　低功耗简易直流灌溉控制器结构图

2. 关键技术

1) 升压电路

控制器使用 7 号电池供电,供电电压仅有 3V 左右,但是大多数直流电磁阀驱动电压需要 6~9V 的驱动电压,因此,需要使用升压电路进行电压变换。电路如图 4-2-3 所示。电路的设计需要重点考虑两点:其一是电路的静态功耗,这将影响整个控制器的平均功耗;其二是驱动功率,直流电磁阀的驱动为脉冲电流,需要在短时间内输出较大的电流,这要求驱动电路具有良好的响应特性和驱动能力。因此,控制器使用微功率升压型 DC/DC LT1615 作为电路核心,配合二极管及储能电解电容实现阀门驱动电路。

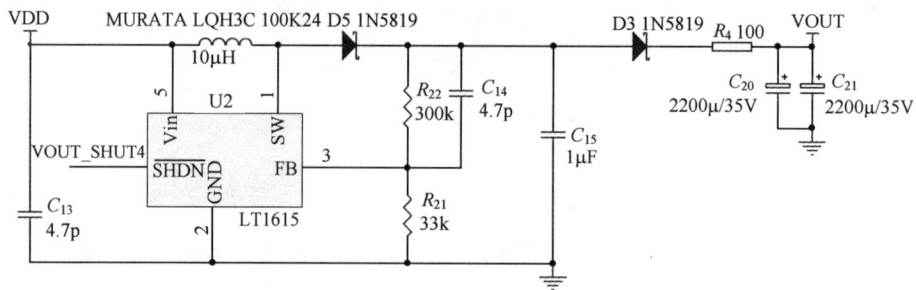

图 4-2-3　低功耗灌溉控制器电路图

LT1615 是采用 5 引脚 SOT-23 封装的微功率 DC/DC 转换器,其输入电压范围为 1.2~15V,输出电流最大为 350mA,静态电流为 $20\mu A$,并且具有关断模式,在关断模式电流仅有 $0.5\mu A$,这种极低的关断电流使得该芯片很适合在低功耗设计中使用,但是其提供的电流无法满足驱动电磁阀的要求,因此,把升压电路改成了充电电路,使用两个大容量电解电容进行能量存储,LT1615 提供的电压通过二极管后对两个电容充电,充电结束后再打开驱动电路驱动阀门,同时使用程序控制充电时间和阀门驱动时间,这样可以有效地控制阀门驱动电压。

2) 电磁阀驱动电路

控制器通过使用 PCF8564 扩展了 8 个双向 I/O 口,用来控制直流电磁阀,如图 4-2-4 所示。单片机通过 I²C 接口与 U6 连接,通过操作 U6 中的相关寄存器来控制芯片的 P0~P7 的 8 个 I/O 口。I/O 口产生的脉冲信号通过 U7~U10 的驱动后,在 OUT1_A、OUT1_B 等 4 组引脚上产生正负脉冲控制外接直流电磁阀。

3. 软件实现

低功耗简易直流灌溉控制器程序设计以实现用户操作简单、运行稳定为目标,使用可靠的消息机制来实现程序。为最大限度降低系统功耗,控制器使用单片机内部集成的 RTC 产生的秒信号作为系统节拍,在通常状态下单片机处于掉电模式,阀门驱动电路和升压电路都被关闭。当 RTC 产生中断信号后,单片机从掉电模式被唤醒,处理相应的定时事件,然后重新进入掉电模式。当有用户按键时,同样可以产生中断信号将系统从掉电

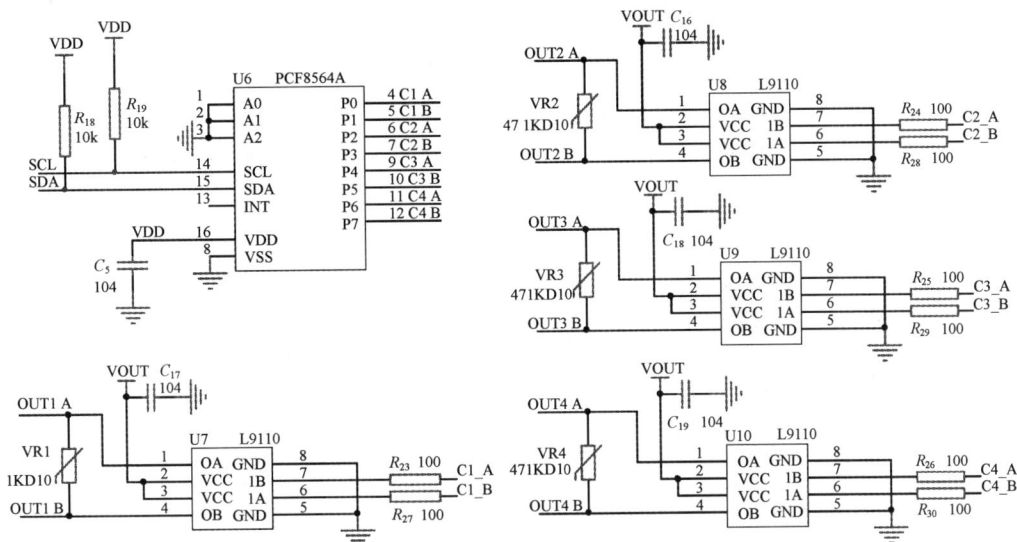

图 4-2-4　低功耗简易直流灌溉控制器电磁阀驱动电路

模式唤醒,软件结构如图 4-2-5 所示。

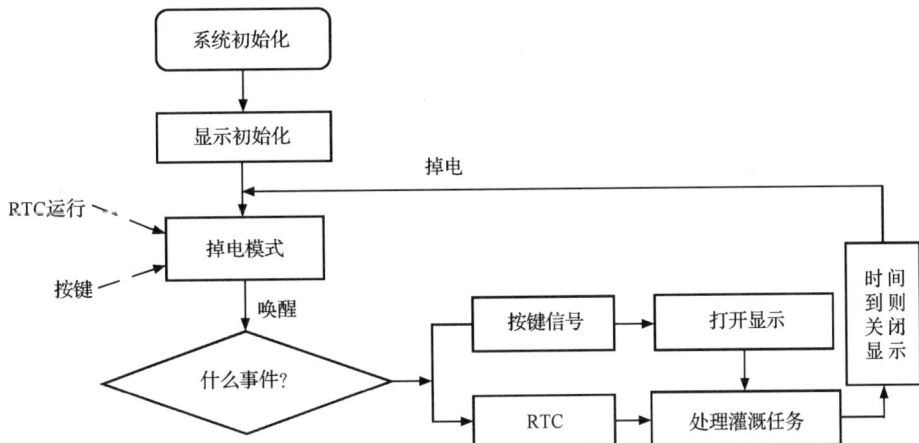

图 4-2-5　低功耗简易直流灌溉控制器软件结构图

4. 设备应用

低功耗简易直流灌溉控制器在设施农业、果园、园林绿地灌溉自动控制中得到了大量的应用,图 4-2-6 为控制器在温室中的应用,系统中每个温室安装有一个控制器,所有的控制器通过 RS485 总线连接,由监控中心的中央灌溉控制软件控制。温室中每个控制器控制 4 个直流电磁阀,并使用 1 个土壤水分传感器进行土壤水分监测,控制器根据土壤水分信息自动进行灌溉,当土壤中水分含量低于设定值时,控制器自动打开电磁阀进行灌溉,当土壤水分含量达到设定上限值时,控制器停止灌溉。

图 4-2-6　低功耗简易直流灌溉控制器现场应用

4.2.2　ZigBee 无线自组网灌溉控制器

　　ZigBee 无线自组网灌溉控制器是采用无线传感器网路技术开发的一款网络型灌溉控制器,如图 4-2-7 所示。它具有自组网、低功耗、低成本、高稳定性等特点,主要功能有:①具有自组网功能;②2 路采集通道,可以采集土壤水分、降雨等灌溉决策信息;③4 路直流闭锁电磁阀控制通道;④低功耗,休眠模式下功耗小于 $5\mu A$。

图 4-2-7　ZigBee 无线自组网灌溉控制器

1. 总体结构

ZigBee 无线自组网灌溉控制器以 ZigBee 片上系统芯片 EM250 为核心,使用多路电源控制电路、外部锁存电路等实现符合 IEEE 802.15.4 协议的无线自组网灌溉控制器。控制器具有 2 路模拟信号采集通道、4 路直流电磁阀驱动通道等,其总体结构如图 4-2-8 所示。

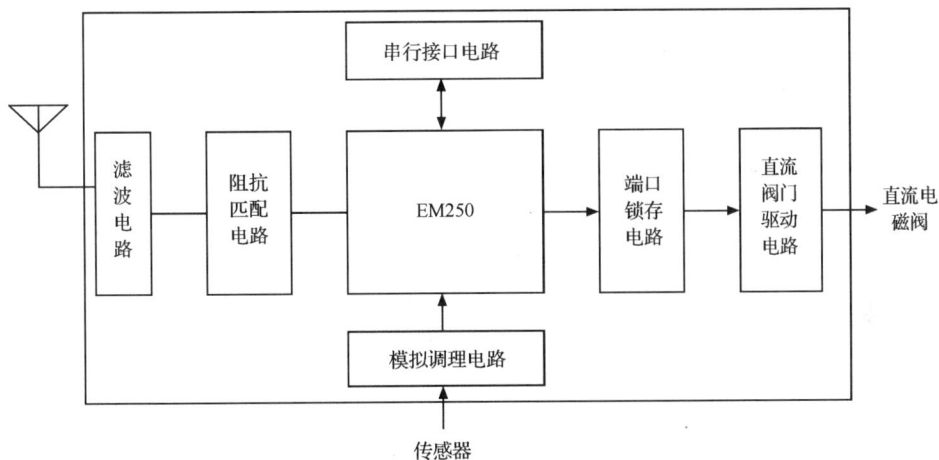

图 4-2-8　ZigBee 无线自组网灌溉控制器结构图

EM250 集成了一个符合 IEEE 802.15.4 标准的 2.4GHz 的射频收发器和一个功能强大的高速率 16 位微处理器,支持网络级的调试,系统的软件开发简便。EM250 具有工作、待机和深度睡眠三种状态:在工作状态时运行用户程序,典型电流为 8.5mA;在待机状态,处理器不再工作,但允许中断唤醒,外围器件及射频收发器正常工作;而在深度睡眠状态,处理器和射频收发器都不再工作,直至有外部中断或定时中断唤醒,典型情况电流仅为 1.5μA。因此,该芯片的这三种工作模式能够有效降低系统的整体功耗,非常适合农田灌溉自动控制。

2. 关键技术

脉冲电磁阀驱动需要的脉冲信号的瞬时电流值通常比较大,设计采用控制大电容瞬间放电的形式来提供所需的大电流脉冲,具体电路如图 4-2-9 所示。电路中电容选择的是 1000μF 的大电容,电容电压由 AAT4285 芯片的输出电压提供,通过一个防止反向充电的二极管 D1 和一个限流电阻 R_2 接到电容的正极。电容的放电由 ZigBee 模块的 P_CON 通过一个限流电阻控制三极管 Q1 的开关状态实现,Q1 是 NPN 型三极管,最大的导通电流为 5A。二极管 D2 的作用是防止三极管截止时,产生过大的反向电流。

AAT4285 具有使能端口,在无线采集控制模块进入休眠状态时,通过 ZigBee 模块控制 CON_EN,关闭使能端口,切断其对电容供电,此时电磁阀被切断,大大降低了无线采集控制模块休眠时的功耗。无线采集控制模块被唤醒后,使能端口打开,重新对电容充

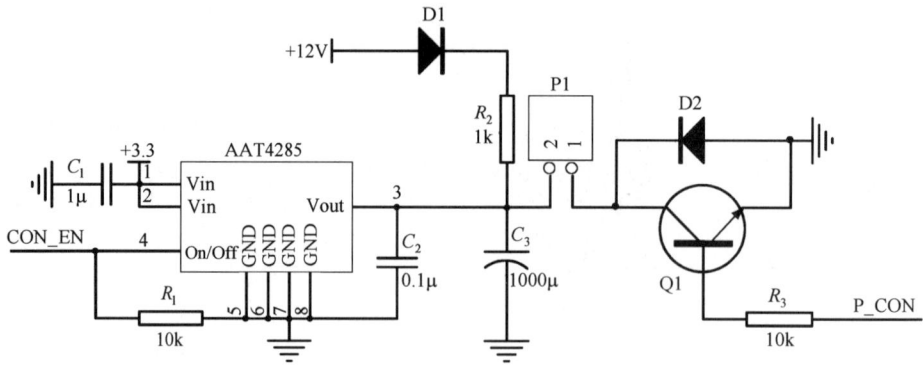

图 4-2-9　脉冲电磁阀驱动电路

电,用于保证电磁阀的正常开关。

3. 软件实现

　　ZigBee 无线自组网灌溉控制器通过内嵌微型任务调度系统,来实现各任务之间的切换。程序初始化完毕后,进入图 4-2-10 所示的循环流程。从流程图中不难看出,控制器节点绝大部分时间处于睡眠状态,这样大大节省了电源消耗,实现了节点的长时间持续运行。考虑到各节点时钟不可能绝对同步,为了克服各节点时钟偏差的累计效应,同时也为

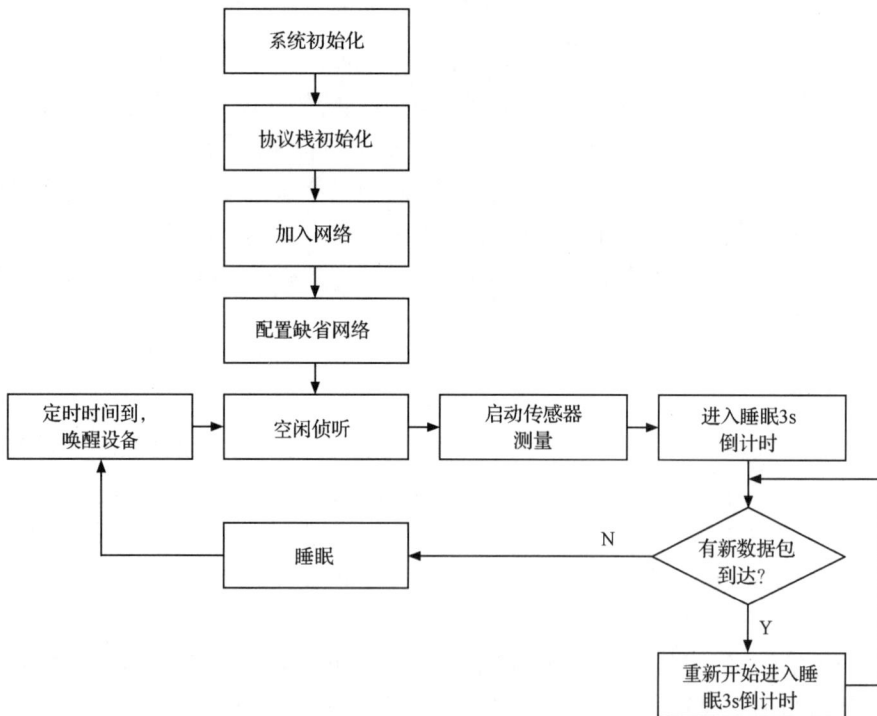

图 4-2-10　无线自组网采集控制器休眠调度图

了提高网络通信的鲁棒性,引入"睡眠 3s 倒计时"机制。该方法的核心思想是节点每次进入睡眠前都利用 3s 时间预先侦听网络,如果发现网络周围节点还处于工作状态,则调整自身时钟,以与网络中其他节点同步。这样,网络中最后一个被转发的数据包即无形中充当了同步数据包的作用。

4. 设备应用

ZigBee 无线自组网灌溉控制器在大面积农田、果园、绿地等方面得到了大量应用,图 4-2-11 为 ZigBee 无线自组网灌溉控制器在大面积果园自动灌溉控制系统中的应用场景。该系统包括 30 个灌溉控制器、2 个汇聚节点和 1 个监控中心,每个灌溉控制器采集 1 个土壤水分和 1 个雨量传感器,控制 1 个直流电磁阀,实现基于土壤水分的灌溉自动控制,并具有降雨自动停止灌溉功能。

图 4-2-11　ZigBee 无线自组网灌溉控制器应用

4.2.3　ASE 可扩展中央灌溉控制器

ASE 可扩展中央灌溉控制器是集中式灌溉控制系统中使用的灌溉控制设备,可以独立完成灌溉自动控制,具有采集、决策、控制、存储、通信等功能,具有友好的用户操作界面,同时,中央灌溉控制器也要求具有与上层中央控制系统通信的能力,因此,中央灌溉控制器需要具有强大的扩展、通信和运算能力,并具有很好的适应性。ASE 可扩展中央灌溉控制器是一款具有灌溉控制、数据采集、远程通信能力的多功能灌溉控制设备,以取代传统的计算机加软件的中央灌溉控制结构为目标,通过使用高性能处理器,具有性能先进、运行稳定、成本适中等特点,它是一台由高速 ARM 处理器驱动的建立在实时操作系统上的可扩展的高性能灌溉控制器。配备的高亮度 7 英寸 TFT 真彩显示屏和触摸功能使得灌溉控制和参数监测变得简单明了;可扩展 RTU 功能则最大限度满足了大型灌溉系统的需求;丰富的灌溉策略可实现多种灌溉方式。与传统的使用计算机加 RTU 的灌溉控制系统相比,它具有控制精确、运行稳定、低成本等优点。控制器外形如图 4-2-12 所示。

图 4-2-12　ASE 灌溉控制器界面及外形图

ASE 可扩展中央灌溉控制器的主要功能包括:①56 路交流电磁阀控制通道;16 路电流/电压输入通道;16 路双脉冲水表输入通道;具有扩展 RS485 总线接口,可扩展 Modbus协议的 RTU,可组成以控制器为中心的多级灌溉控制网络。②56 个轮灌组,每个轮灌组最大可支持 56 站;每个轮灌组可选择按时间和传感器限值启动;按时间启动具有每天、单号、双号、星期、自由 5 种启动方式;每个轮灌组每天可设置 7 个启动时间,并可选择定时和周期两种启动方式;按传感器启动可设置启停的上下限;轮灌组灌溉时长可使用定时和定量两种控制方式。定时可精确到秒,定量灌溉使用水表输入通道采集值进行控制。每个轮灌组均支持循环渗透方式灌溉。③支持远程控制功能,包括短信、GPRS 网络和无线电台。④数据转发功能,可作为二级网络的现场控制设备与中央计算机通信。

1. 总体结构

中央灌溉控制器采用模块化结构设计,由核心板、主板、扩展模块组成,总体结构如图 4-2-13所示。其中核心板完成调理后的信息测量、控制信号输出、数据通信等;主板包括保护电路、接口电路、模拟信号调理、继电器驱动等外围电路,并提供采集控制扩展接口;扩展模块包括控制电路、采集电路、显示触摸屏等,实现显示、数据通信及功能扩展等。

中央灌溉控制器以 ARM7 内核的 LPC2368 处理器为核心,通过串行接口与 LCD 和通信模块连接,两个 DC/DC 模块将通信、控制和内核电源隔离,保证控制器电源的稳定性。56 路控制及 8 路开关输入通道通过光电隔离与处理器连接,16 路电流/电压输入量则通过带过压保护的多路选择电路输入处理器。

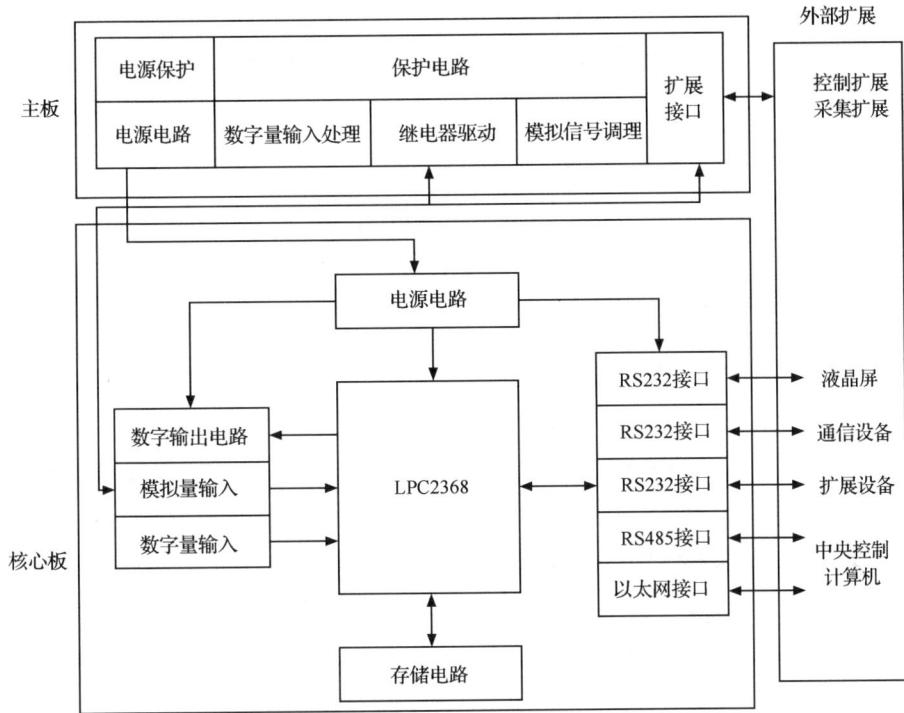

图 4-2-13　ASE 可扩展中央灌溉控制器结构图

2. 关键技术

1）电源电路

ASE 可扩展中央灌溉控制器包括内核、控制、信号采集、通信等主要部分，其中控制、采集和通信都需要通过较长的连接线与外部设备连接，那么在这个过程中就存在将外部干扰引入电路的可能性，特别是大幅度信号干扰可能导致系统无法正常工作，为防止这种问题的发生，保证系统运行的可靠性，中央灌溉控制器中将控制、通信与内核进行光电隔离，防止外部信号进入内核电路。电源电路的结构如图 4-2-14 所示。

外部输入电源经保护电路后，通过两个隔离型 DC/DC 产生控制驱动电源和内核电源，而通过开关电源芯片产生的与外部输入电源共地的通信电源为 RS485 通信部分提供电源。由于在工程实践中，中央灌溉控制器的供电电源和 RS485 通信线路通常由同一个控制柜产生，RS485 通信线路与外部输入电源共地可以有效避免通信线路两端地信号差异问题，减少发生通信错误的概率。

2）控制电路

控制器使用 I/O 口驱动继电器，通过后者控制交流电磁阀。为了可以驱动最多 56 个电磁阀，电路必须进行 I/O 口的扩展。I/O 口扩展通常具有两种方式：串并转换和信号锁存。串并转换电路需要使用转换芯片，使用 I²C 或 SPI 接口与单片机通信，可以实现双向转换，常见的这类芯片有 PCA9554 等；信号锁存电路是通过锁存器分时将总线信号输出，输出速率较快，但只能单向转换。设计中使用了信号锁存方式进行 I/O 口扩展。控制输

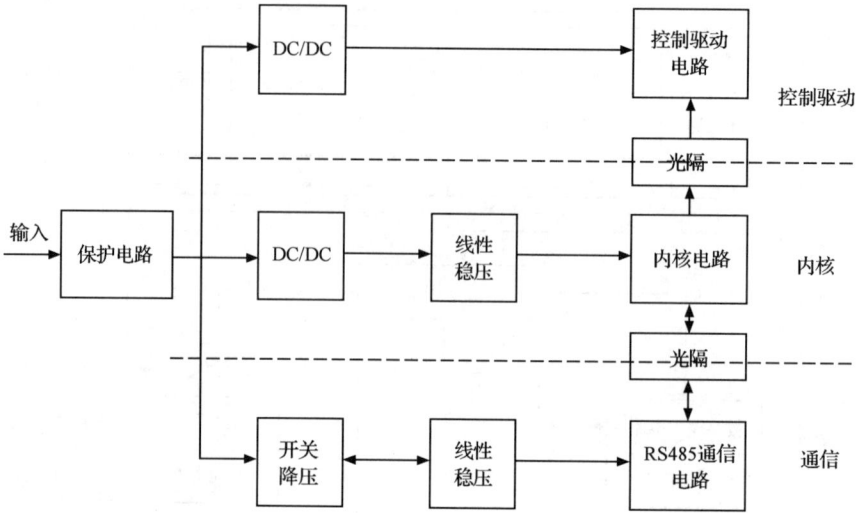

图 4-2-14 ASE 可扩展中央灌溉控制器电源电路结构图

出电路如图 4-2-15 所示。

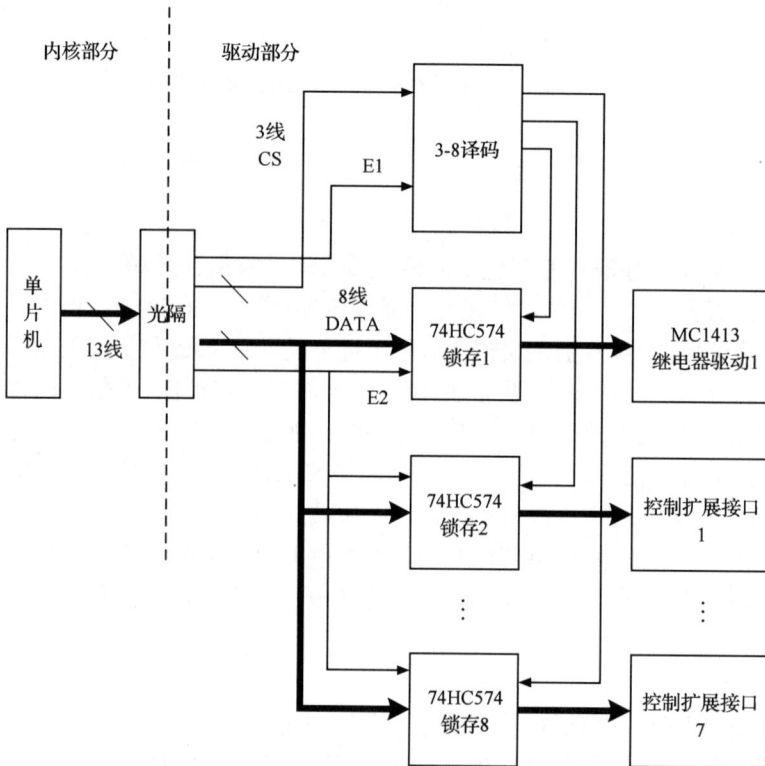

图 4-2-15 中央灌溉控制器控制电路结构图

从图 4-2-15 中可以看出,控制器使用 13 个 I/O 口进行控制驱动,其中 3 位片选信号线,8 位数据总线,2 位使能控制位。13 位信号经光电隔离后被分为几组,3 位片选信号线经 3-8 译码后产生 8 条片选信号,分别分配给锁存芯片 74HC574,8 位数据总线信号将锁存器后控制继电器驱动芯片 MC1413。2 组使能信号线分别控制 3-8 译码电路和锁存电路,其中前者用来产生驱动锁存芯片的脉冲信号,后者用来保证系统复位时所有锁存芯片的输出为高阻状态,从而避免复位期间继电器状态的不确定。由此可以看出,该电路最多可以实现 64 路继电器控制,且可通过使能信号快速实现所有继电器的同时关断。

3）多路模拟量采集

LPC2368 芯片内部虽然集成了 A/D 转换器,但考虑精度及可靠性等问题后,系统采用了外部独立的 A/D 转换器 TLC2543,通过 SPI 总线与单片机通信,使用外置 A/D 转换器的优点在于:①与内置的 A/D 转换器相比,TLC2543 的转换精度更高,除了转换位数外,后者在信噪比、有效精度、失调电压等方面都具有优势,具有更好的可重复性和准确度;②外置的 A/D 转换器可以允许系统通过光电隔离将转换器与内核分离,如此可进一步减少外边噪声对系统的影响;③外置的 A/D 转换器可以允许系统通过 SPI 接口保留模拟扩展通道。

中央灌溉控制器共有 12 路模拟量输入接口,并具有 SPI 接口作为外接 A/D 转换的扩展接口。模拟采集部分的电路结构如图 4-2-16 所示。外部输入信号由运放组成的信号变换电路转换后输入到 A/D 转换器中,由于参考电压源的介入,系统可测量的输入信号范围扩展到 −10～10V,其具体电路如图 4-2-17 所示。

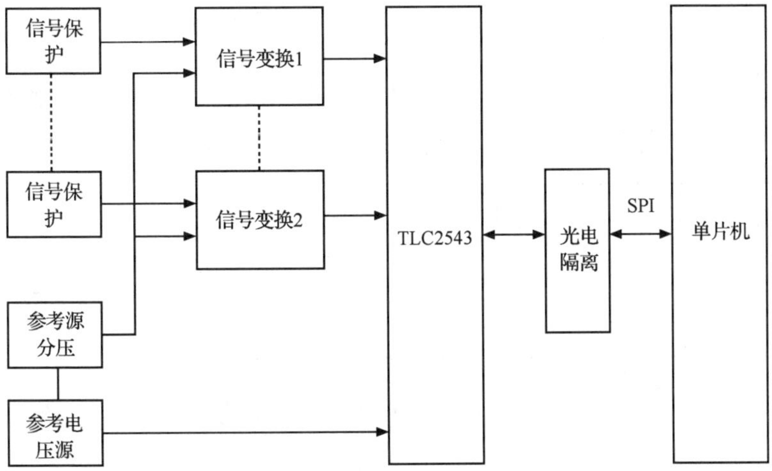

图 4-2-16　中央灌溉控制器模拟信号采集电路

4）接口保护电路

中央灌溉控制器主要工作于室外环境,而且供电和通信线路都比较长,所以对供电和通信的线路的保护就非常重要。本设计中采用了两级防雷、防浪涌保护电路,如图 4-2-18 所示为两级防雷电路,防雷管 G400、G401、G402 组成第一级防护电路,三个放电管组成差模和共模保护电路,用于泄放防雷产生的大电流,将大部分雷电能量加以旁路吸收;第二级保护包括 TVS 二极管 D406、D405 和进行过压保护的压敏电阻 VR400,用于实施对

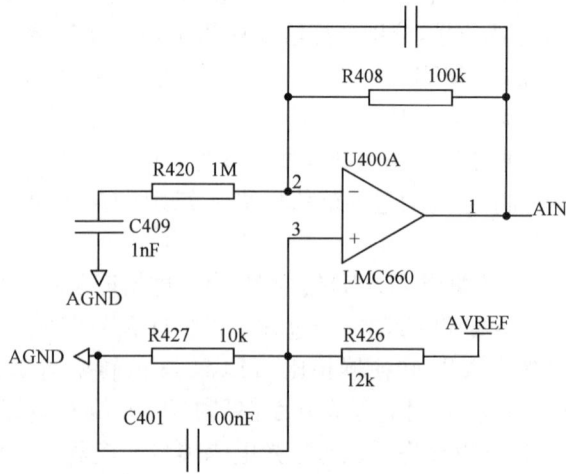

图 4-2-17　中央灌溉控制器模拟信号变换电路

经过第一级抑制后的剩余过电压进行钳位,将其限制在后续电源电路可以耐受的电压水平;介于第一级与第二级保护元件之间的是热敏电阻(PTC)F400 和 F401,用于过流和过压保护,当过大的电流流过压敏电阻或 TVS 时,PTC 内阻快速增大,从而切断外部信号与内部电路的连接,保护内部电路不受损坏。

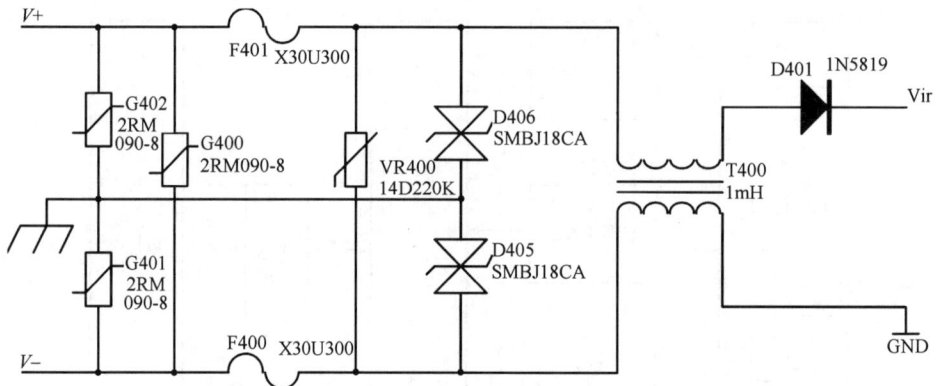

图 4-2-18　中央灌溉控制器电源防雷电路

电路元件的选择对保护电路的有效性有着重要的影响。放电管的直流放电电压 U_f 应高于电源线上传输的最高电压,放电管的响应速度是选择放电管的另一个指标,在正常供电 9～18V 的电路中,U_f 应为 50～100V 的放电管,它能泄放 5～10kA 的浪涌电流。TVS 二极管的击穿电压 U_z 应高于电源线上最高电压,在此前提下,U_z 应尽可能选得低一些,较低的 U_z 可使线路得到可靠的保护,并且具有较大的同流容量。另外,电路中标注为 Earth 的大地必须得到良好的连接(张生滨,2001)。

3. 软件实现

中央灌溉控制器是一个多任务的复杂实时控制系统,系统中的各个子系统需要及时响应,所以一般的程序块顺序执行的方式不适合本系统。程序块顺序执行方式的最大难点在于需要控制每个程序段的执行时间,否则对一些事件的响应将丧失实时性(王玮,2009)。因此,系统考虑在成熟的实时操作系统上进行软件开发,这样可以降低开发难度、提高系统可靠性。

uC/OS 是一个完整的、可移植、固化、裁剪的占先式实时多任务内核,它不像uClinux、Windows 那样包含内存管理、任务管理、网络管理、文件管理等模块,它是一个非常简化的操作系统,只有任务管理和简单的内存管理等,是一个完全可剥夺型的实时内核,它可以管理 64 个任务,且每个任务都有自己单独的栈。该技术应用广泛,具有很高的稳定性和可靠性。因此,非常适合在中央灌溉控制这样的系统中应用。

uC/OS 中应用程序的基本单位是任务,任何一个应用都必须至少有一个任务,在中央灌溉控制器中,创建了显示任务、串行通信任务、采集任务、存储任务等 4 个任务,其结构如图 4-2-19 所示。其中显示任务通过串口与液晶显示屏通信,完成触摸控制和显示任务;采集任务通过 SPI 接口与外部的 A/D 转换器通信,实现模拟量的采集,并将采集数据写入存储区;通信任务实现 Modbus 通信协议,负责与中央控制系统通信;存储任务接受其他任务发送的存储消息,将指定的数据存储到指定的区域。而灌溉控制任务则根据用户的设定或用户编写的脚本进行灌溉控制,并通过消息控制显示、通信、存储等相关任务。

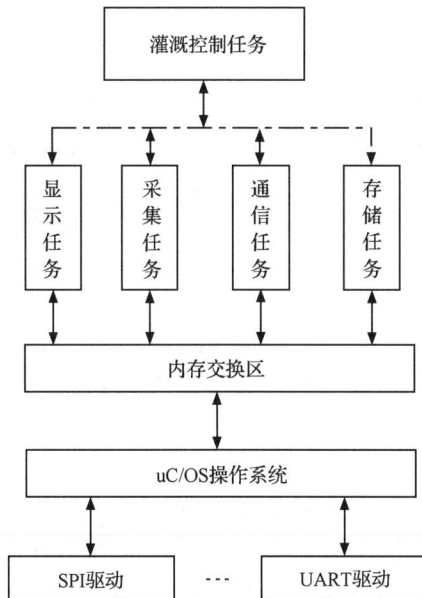

图 4-2-19　中央灌溉控制器软件结构

从图 4-2-19 中可以看出,为尽量减少不同任务对硬件同时访问可能产生的冲突,系统设计时采用任务控制关键硬件,其他任务需要使用对应的硬件设备的时候,通过发送消息、邮件、信号等同步控制标志通知相关任务,由后者完成对硬件的操作,并通过消息反馈执行结果。例如,系统中显示是由显示任务控制,外部存储设备由存储任务负责,如果用户通过液晶进行了参数修改,需要保存相关参数,显示任务首先将需要存储的数据写入内存交换区,并向存储任务发送消息,后者根据消息中的相关内容,从内存交换区取出数据并保存到指定位置。使用这种异步机制可以有效地保证各任务运行的稳定性,并且更适合多人协同开发,不会出现多任务同时访问设备时产生的死锁现象,可靠性更好。

4. 设备应用

可扩展的中央灌溉控制器功能强、控制和测量通道多、通信接口丰富,在大型农田灌溉、园林绿地等方面都得到了广泛应用。图 4-2-20 为 ASE 可扩展灌溉控制器在某大型农田中的应用图,该系统的共有灌溉分区 40 个,使用 40 个交流电磁阀控制,同时系统中具有水表、压力、流量等 16 个传感器,中央灌溉控制器使用了 2 块控制扩展板和 1 块采集扩展板,并通过无线电台与监控中心通信。在监控中心的控制下,系统实现了基于气象、土壤等信息的智能灌溉控制。

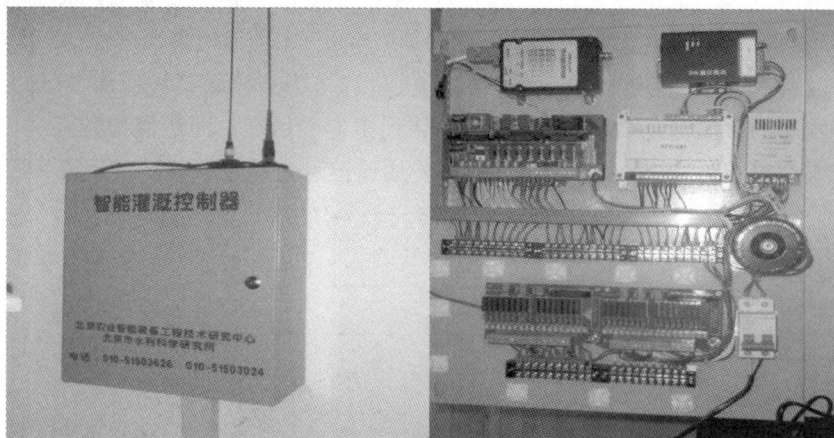

图 4-2-20　ASE 可扩展中央灌溉控制器应用

4.3　组态化灌溉控制软件系统

中央灌溉控制软件是灌溉控制系统的高层控制部分,其主要任务是采集灌区内土壤环境、气象、作物生理生态等信息,并依据这些信息进行灌溉决策,以灌溉决策为依据进行灌溉自动控制。中央灌溉控制软件是现代灌溉控制系统人性化、智能化的主要体现,是大型灌区灌溉管理的核心,在系统中具有举足轻重的作用。

由于灌溉控制系统具有采集控制目标多、控制结构多样、通信方式多变等特点,灌溉控制软件的设计应遵循操作简单、使用方便、易于扩展、易于定制等原则,以模块化、组件化的方式和技术进行软件设计与开发。而组态化灌溉控制系统以灵活多样的组态方式(而不是编程方式)提供良好的用户开发界面和简捷的使用方法,其预设的各种软件模块和控制策略可以非常容易地实现和完成监控层的各项功能,可以有效地解决灌溉控制行业控制软件开发周期长、稳定性差、成本高等问题。

组态软件是一种可以二次开发的软件系统,该软件提供目标领域需求的各种控制、采集组件和算法,用户使用这些组件来组装自己需要的系统,从而形成一个适合用户要求的软件系统,用户组装系统的过程称为"组态",具体的用户组态过程包括界面组态、设备组态、数据库组态等,用户通过组态形成的系统具有较高的稳定性且效率很高,与传统的耗时几个月依靠编写程序从头开发的工作模式相比,组态软件开发具有效率高、稳定、可靠等优点。

如上所述,组态化灌溉控制软件系统就是一个针对灌溉自动控制领域的组态系统,系统提供阀门、水泵、传感器、控制器甚至灌溉制度作为组件,用户使用这些组件"组装"自己的灌溉控制系统。组态化的灌溉控制系统可以大幅度缩短软件开发时间,并具有更好的稳定性,对于灌溉自动控制系统具有重要的意义。

4.3.1　总体结构

图 4-3-1 为组态化灌溉控制系统软件平台,由信息采集组态模块、灌溉决策组态模块、灌溉任务组态模块、灌溉控制组态模块和系统通信组态模块等组成。信息采集组态模块与系统通信组态模块结合,通过配置数据库构建信息采集系统;灌溉决策组态模块通过配置数据库构建灌溉决策系统;灌溉任务组态模块通过配置数据库构建灌溉任务系统;灌溉控制组态模块与系统通信组态模块结合,通过配置数据库构建灌溉控制系统。信息采

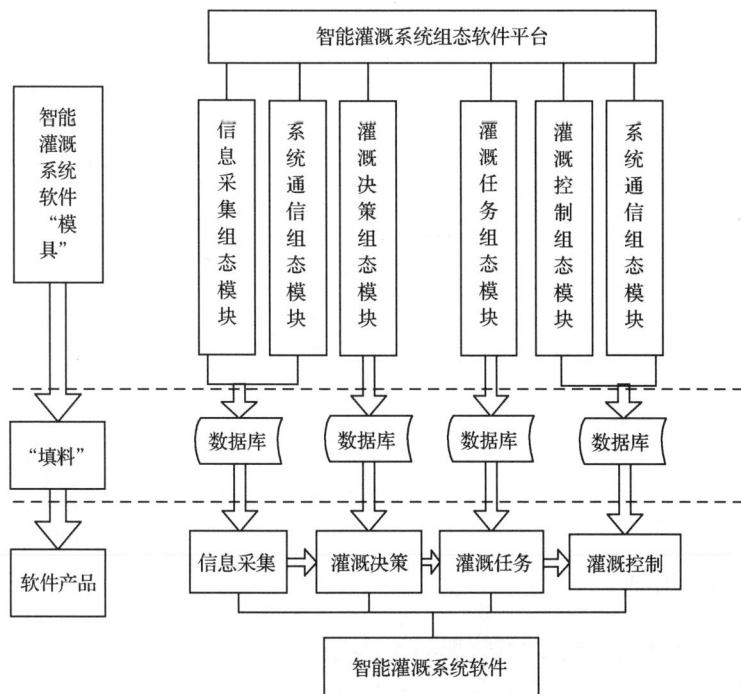

图 4-3-1　组态化软件平台

集、灌溉决策、灌溉任务与灌溉控制最终构成智能灌溉系统软件。

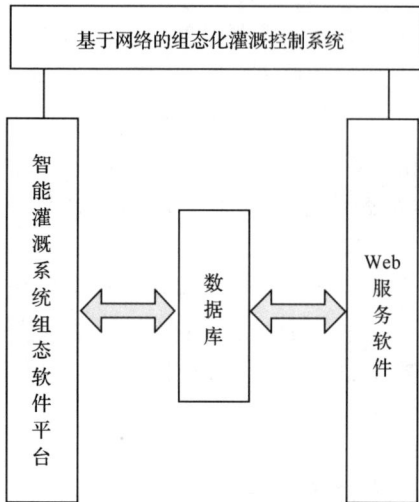

图 4-3-2　组态化灌溉控制系统结构

4.3.2　系统架构

图 4-3-2 为基于网络的组态化灌溉控制系统结构,由智能灌溉系统组态软件平台、数据库和 Web 服务软件三部分组态。智能灌溉系统组态软件平台相当于一个"软件的模具",通过配置参数可构建灌溉管理服务软件及通信系统软件。Web 服务软件主要是实现系统的网络功能。

4.3.3　要素管理模型的建立

图 4-3-3 为组态化灌溉控制系统的构建流程。包括新建目录、背景加载、灌区划分、站点管理、通信服务器存根配置、客户端通信存根配置、通信组态、界面组态、任务组态等。

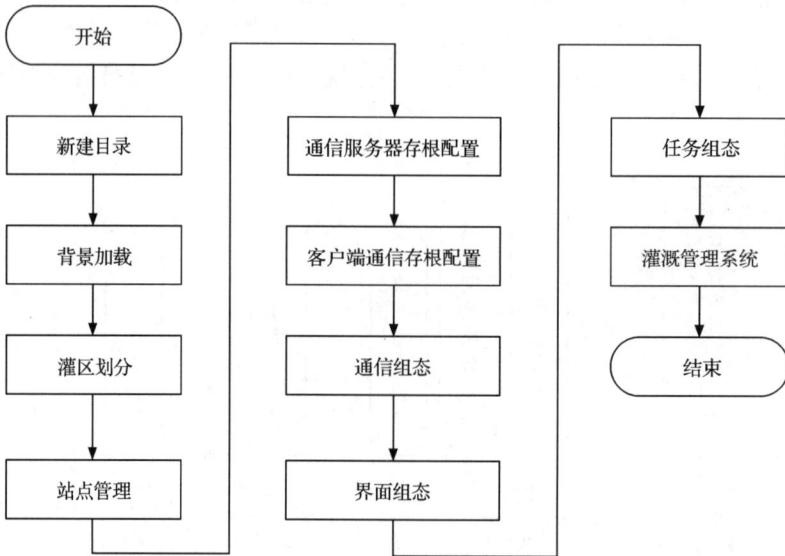

图 4-3-3　组态化灌溉控制系统构建流程

1. 目录、灌区与站点管理

目录、背景和灌区划分及站点管理的具体结构示意图如图 4-3-4 所示,灌溉目录与灌区对应,增加灌区可通过增加灌溉目录在管理服务器上得以体现,每一目录均可加载一幅与灌区相对应的背景位图,该背景图可以直观反映灌区信息。通常一个工程可以包含几个灌区,在管理服务器上就表现为多个灌溉目录。因此,一个应用程序可以新建多个目录,且目录间可以自由切换。图 4-3-5 为新建目录与背景加载界面图。

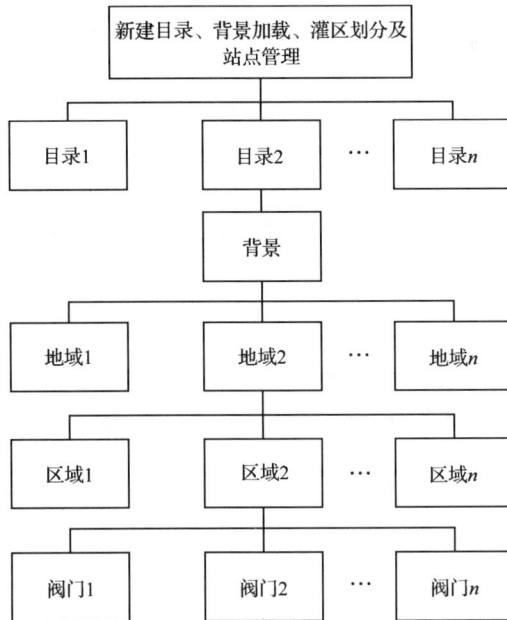

图 4-3-4　目录、背景和灌区划分及站点管理结构图

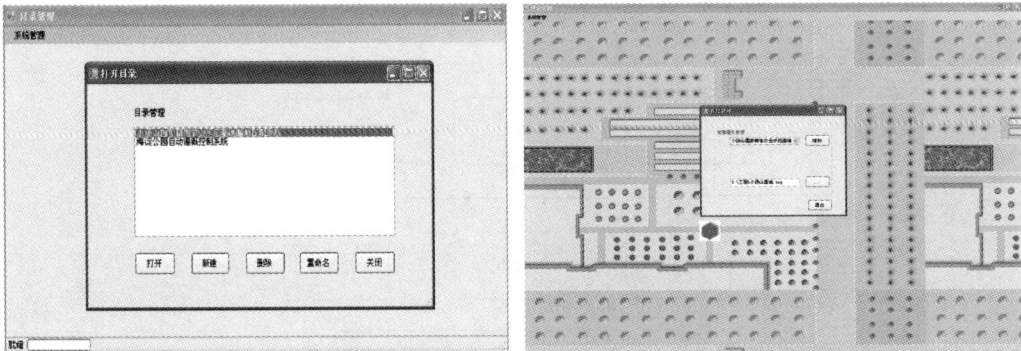

图 4-3-5　新建目录与背景加载界面图

　　灌区划分指在确定灌溉目录后,首先把灌区分成若干地域,然后再把地域分成若干区域,灌区划分便于站点管理及用户任务管理等;站点管理指灌区划分后,在对应的区域内安装若干灌溉控制阀门,每个控制阀门称为站点。图 4-3-6 为灌区划分与站点管理界面图。

　　2. 通信存根

　　通信存根包括通信服务器存根与管理服务器存根两部分。通信服务器存根参数是通信服务器与外围硬件通道之间的通信形参;管理服务器存根参数是灌溉管理服务器与通信服务器发生通信的形参。通信服务器存根按端口—设备—通信通道三级进行管理;管

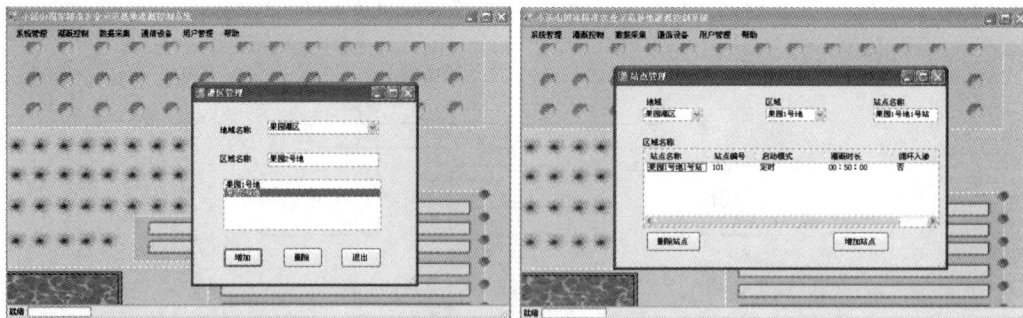

图 4-3-6　灌区划分与站点管理界面图

理服务器按通信服务器—数据组—数据项三级进行管理。通信服务器存根参数名称通过用户自定义产生,而客户端管理服务存根参数是通过对通信端存根参数进行相关枚举而产生。站点与客户端管理服务存根参数必须进行关系匹配后才能通过存根来访问通信服务器,服务器和客户端存根管理结构图和配置界面如图 4-3-7～图 4-3-9 所示。

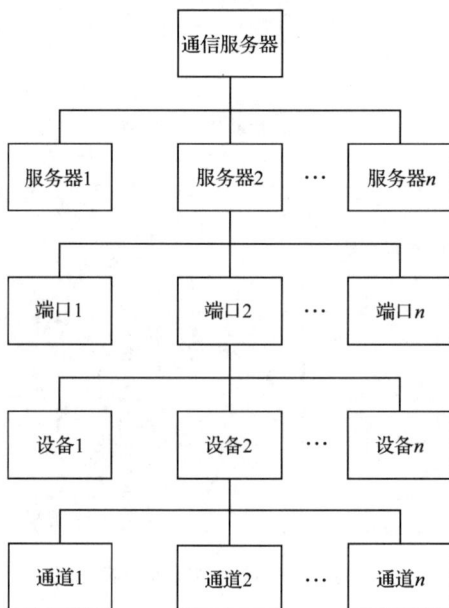

图 4-3-7　通信服务器存根管理

3. 通信组态

通信组态用来配置软件系统与现场设备的通信链路,建立数据显示与现场设备之间的关联,其界面如图 4-3-10 所示。组态化的灌溉系统只需要设置设备地址、设备通信协议、变量对应的通道和扫描周期即可。

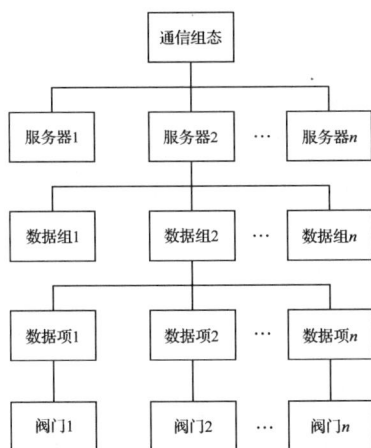

图 4-3-8　客户端存根管理

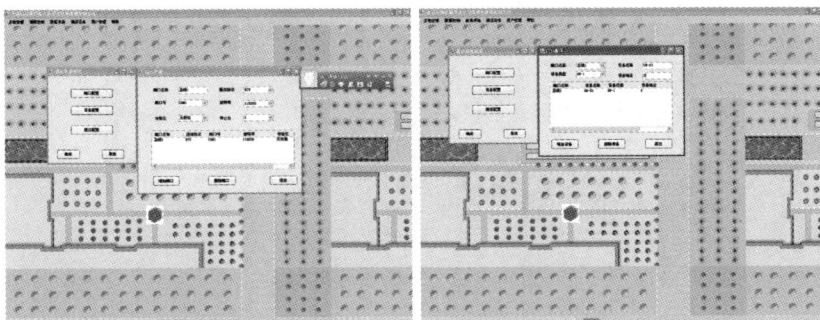

图 4-3-9　通信存根配置界面

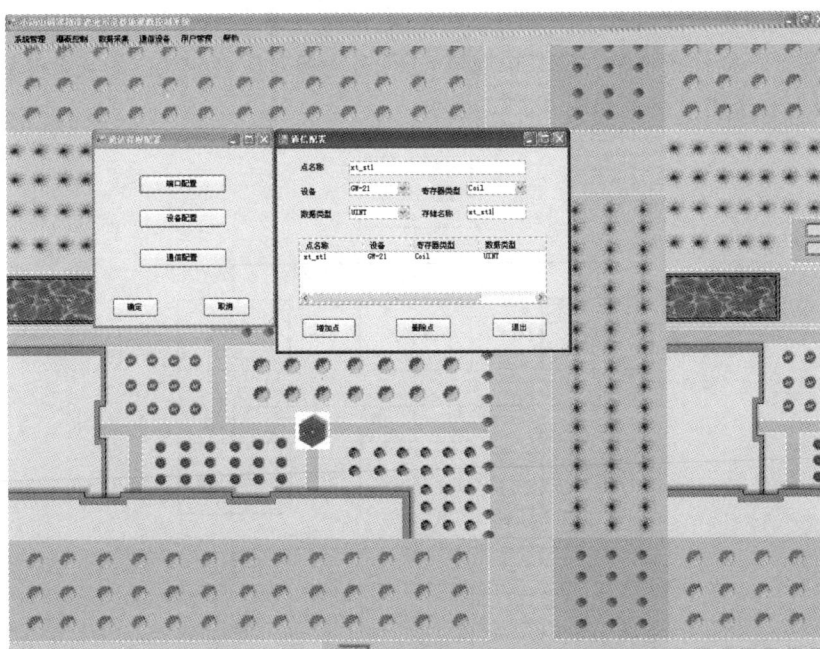

图 4-3-10　通信组态界面

4. 界面组态

界面组态用来完成阀门、控制器、传感器等设备在软件界面上的布置,并将测量信息和控制信息显示在系统中。软件系统是由页面组成的,如图 4-3-11 所示,一个系统中可以包括多个页面,每个页面可以根据需要配置成实时监测页面、历史数据查询页面、系统报警页面、实时曲线页面等。

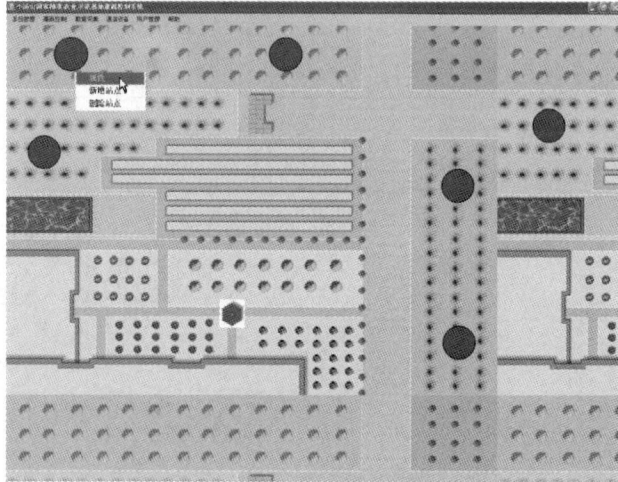

图 4-3-11　界面组态页面

5. 任务组态

灌溉任务是进行灌溉自动控制的基本单位,灌溉任务按一级任务—子任务—站点三级进行管理。一级任务通常对应某个地域,子任务一般对应该地域内的某个区域,而站点则对应阀门,任务管理结构如图 4-3-12 所示。

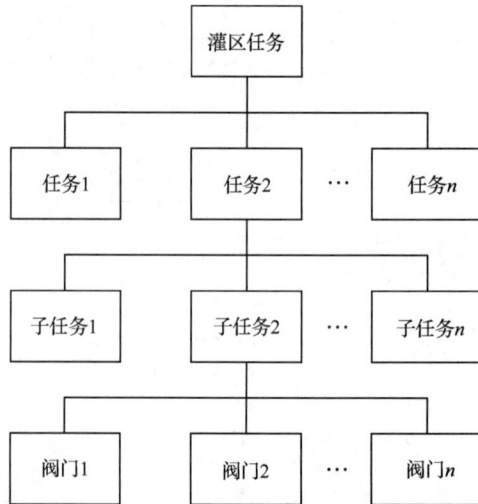

图 4-3-12　任务管理结构

组态化灌溉控制软件支持多种灌溉任务设置,可以通过单击相应的单元为目标增加灌溉任务,灌溉任务可以嵌套,每个目标单元可以启动多条灌溉任务,通过灌溉任务实现复杂的时序、智能灌溉控制。任务管理界面如图 4-3-13 所示。

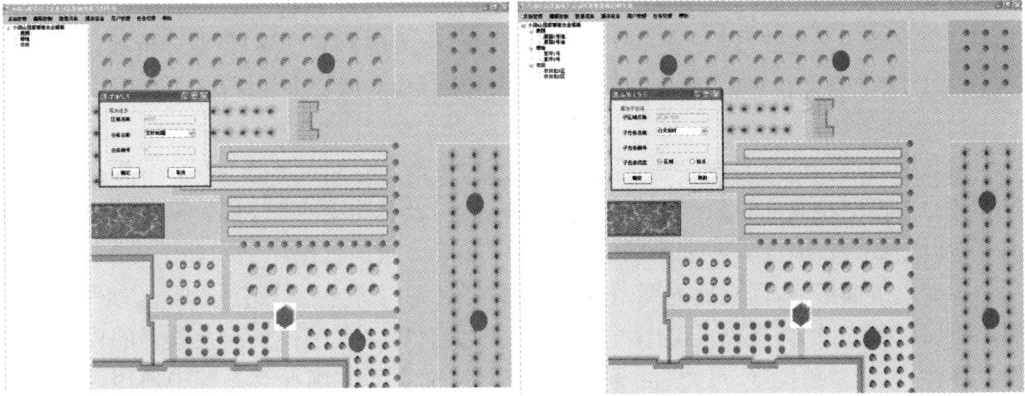

图 4-3-13　任务管理界面

6. 系统运行

组态完成的灌溉控制系统即可运行。组态化软件系统具有数据采集、灌溉自动控制、异常报警、历史记录查询等功能。在灌溉控制方面,具有手动控制、定时灌溉、智能控制三种模式,并能同时根据时间与传感器信息进行灌溉控制。图 4-3-14 为灌溉定时控制与自动控制的界面。

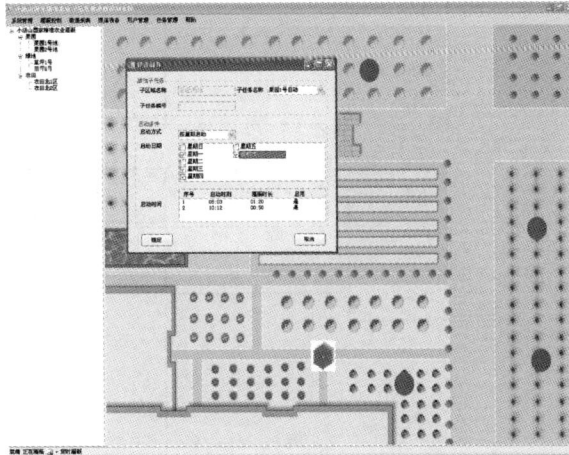

图 4-3-14　灌溉定时控制与自动控制界面

4.3.4　关键技术

1. 数据库设计

组态化灌溉控制系统有三部分数据需要存储,分别是用户组态参数、采集的实时数据及历史数据。其中用户组态数据保存用户工程界面参数、数据采集和控制点参数、用户信息等，主要由人机交互层控制，设备通信层使用。实时数据由设备交互层和人机交互层使用，设备交互层将读取的实时数据写入到数据库中，而人机交互层会根据用户的设置显示实时数据。实时数据是一组经常被修改和访问的数据，保存系统的最新数据。历史数据库用来保存系统采集的数据，该部分数据用来提供给历史数据查询、数据分析和比较功能使用，可以被设备交互层、人机交互层和网络发布层访问，需要大量数据存储空间。

　　1）参数存储

　　参数存储包括用户界面存储、设备参数存储、数据点存储三部分。用户界面存储用来保存用户界面上绘制的对象（控制器、阀门、传感器）及其位置参数，其数据在用户进行界面开发时完成，改动较小，系统采用关系数据库实现。相关数据库结构如图 4-3-15 所示。用户界面由页面组成，而页面内部由采集控制对象（阀门、传感器）组成，因此，参数存储主要由页面对象表、页面表以及类库对象表组成。页面对象表保存页面上放置的控制对象及其属性，包括对象位置、尺寸、角度、颜色等属性；而页面表则保存系统中使用的所有页面的情况，包括其名称、编号、初始状态等；类库对象表中保存的是系统测控对象，包括控件关联的图形、可设置参数等。

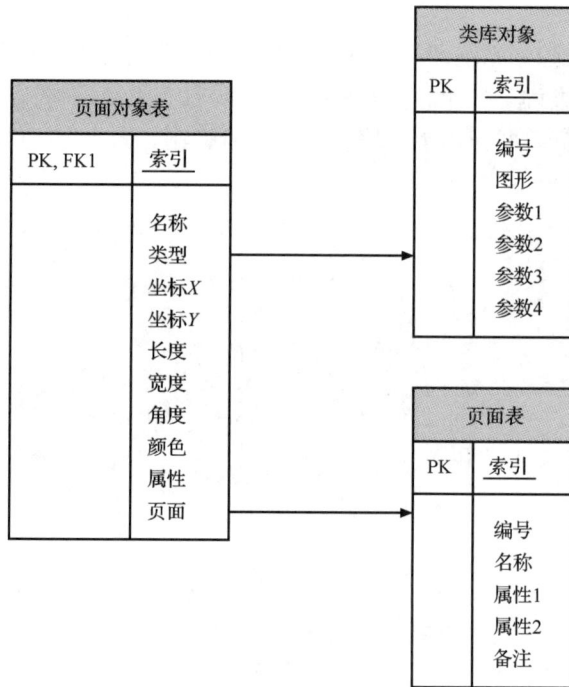

图 4-3-15　界面参数存储数据模型

　　设备参数用来存储系统中需要进行通信的设备对象，包括设备的类型、通信协议、设备地址以及设备通信参数，数据点用来存储用户需要测量和控制的数据点信息，包括数据关联的设备及其偏移地址、数据类型、数据量程变换信息等。图 4-3-16 为设备和数据点列表。

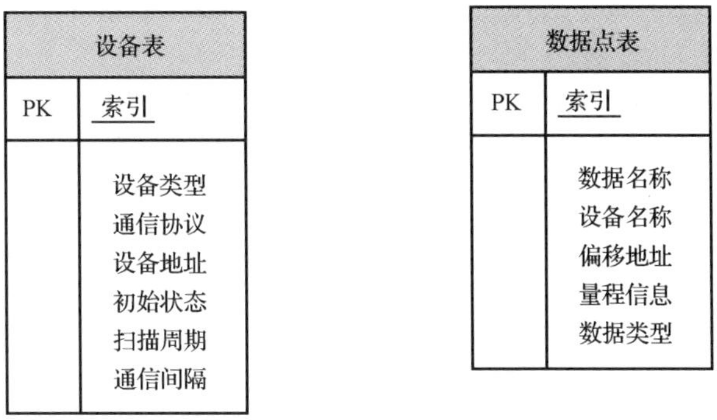

设备表	
PK	索引
	设备类型 通信协议 设备地址 初始状态 扫描周期 通信间隔

数据点表	
PK	索引
	数据名称 设备名称 偏移地址 量程信息 数据类型

图 4-3-16　设备和数据点表

2）实时数据和历史数据

数据存储是组态化灌溉控制系统的核心功能之一，是进行数据分析、处理和趋势分析的关键支撑条件。在系统中既需要维护大量共享数据和控制数据，又需要实时处理来支持灌溉控制任务与数据的定时限制。同时，系统存储的监测点数据又都是与时间相关的，记录只有具有时间戳才有意义，因此，系统使用实时数据库进行数据存储。实时数据库通过设备交互层获取采集数据，这些数据被同时写入到内存历史数据库和磁盘历史数据库中，当保存的内存数据长度超过设定值时，相对陈旧的数据将会被新采集的数据替换（陆会明，2009）。实时数据库支持历史数据的快速保存和检索，它按照一定的条件把数据保存到历史库中，用户需要时可随时从历史数据库中查询历史数据。历史数据一般是与时间有关的数据，是某个参数在过去某一时刻的瞬时值，每一个历史数据记录上都有一个时间戳，记录历史数据的采样时间。

目前，有多家公司可以提供实时数据库系统。其中 PI（plant information system）、Industrial SQL Server 等几大品牌占主导地位，其技术性能、功能扩展等方面是比较成熟和先进的。PI 采用独到的压缩算法和二次过滤技术，压缩性能优秀，Industrial SQL Server 则由数据采集、数据压缩、生产动态浏览和历史数据归档等功能构成一个完整的实时数据库系统，实时数据和历史数据用专门的文件保存。

2. 通信方式

组态化灌溉控制系统是一个需要与现场设备实时通信的系统，其通信的接口包括串口、以太网络等，考虑到多设备、多总线的通信需求，开发软件时通常采用多线程技术，如图 4-3-17 所示。中央灌溉软件系统通信的设备包括三类：灌溉控制器、短信设备、手持遥控器，其中灌溉控制器和短信设备通常为串口连接设备，手持遥控器需要通过无线局域以 TCP/IP 协议与控制系统连接，系统使用 Windows API 函数，建立负责串口通信的线程，并使用类进行封装。根据控制系统的需要，系统可以建立多个串口对象，使用不同的通信协议类进行控制，从而实现多种协议、多条总线的异步通信。在 TCP/IP 通信方面，使用异步 Socket 建立监听对象，当有设备接入时，经过身份确认后建立 TCP/IP 连接，从而实现与手持遥控器的通信。

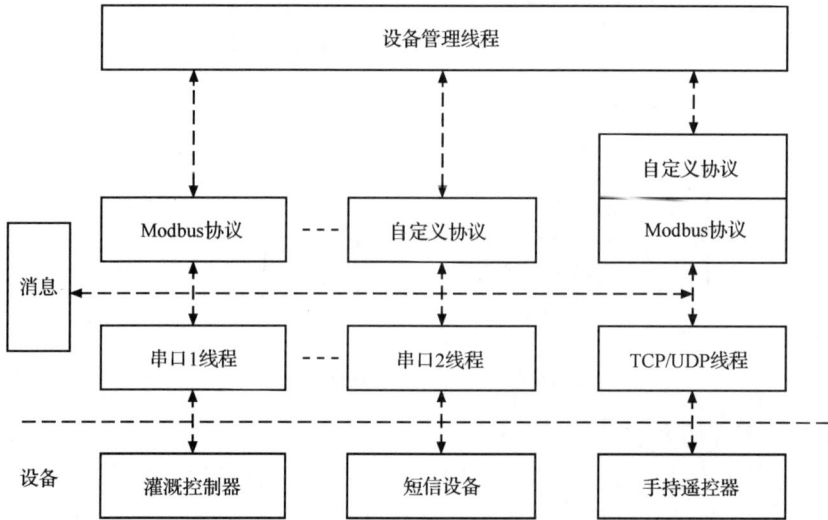

图 4-3-17　组态化灌溉控制系统设备通信实现框图

3. 软件界面设计

人机交互层是灌溉控制软件与用户的交互接口,对系统的实际应用效果具有重要的影响,简洁、直观的操作方式是该层设计的主要原则。人机交互层的功能包括监控界面配置、设备配置、监测点(数据点)配置,从而实现监控界面可配置、监控设备可配置和监测数据可配置的中央灌溉控制软件系统,结构如图 4-3-18 所示。其中监控界面配置是比较关键和重要的部分,以下重点进行讨论。

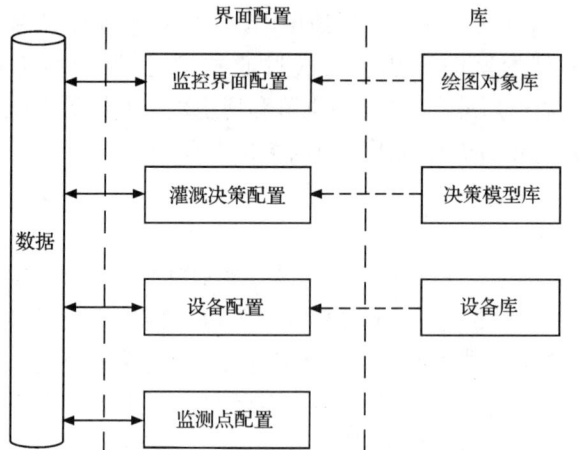

图 4-3-18　人机交互层结构图

在灌溉控制系统,灌区通常分为多个灌溉分区,根据控制需要安装灌溉控制器、电磁阀和喷头,每个灌溉分区可以设置不同的灌溉决策,因此,为了实现灌溉监控界面用户的分区控制,系统图形监控界面必须支持用户图形化的分区设置,而实现图形化边界识别的技术有多种,其中 GIS 技术是一种有效和快速的解决方案。

1) GIS 图形化显示技术

地理信息系统是采集、存储、管理、描述、分析地球表面及空间和与地理分布有关的数据的信息系统,它是以地理空间数据库为基础,在计算机硬、软件环境的支持下,对空间相关数据进行采集、管理、操作、分析、模拟和显示(刘光,2003)。目前地理信息系统的开发模式可分为以下三种方式(Chapman,2004):

(1) 利用 VC++、VB 等程序设计语言从底层开发,自主设计空间数据的数据结构和数据库,进行基础开发。

(2) 借助诸如 MapBasic 等 GIS 软件商提供的二次开发工具,结合自己的应用程序进行开发。

(3) 利用组件技术,如 MapInfo 公司的 MapX 控件、ESRI 公司 MapObjects 控件等开发。

其中组件式 GIS 软件开发是目前较为流行的开发模式,它开发周期短、成本低,可以脱离大型商业 GIS 软件平台独立运行,具有较广泛的应用前景。

2) 实现方法

系统采用 MapX 实现基于 GIS 的可分区的图形监控,MapX 是基于 ActiveX 技术的可编程控件,使用与 MapInfo Professional 一致的地图数据格式,并实现了大多数 MapInfo Professional 的功能。MapX 为开发人员提供了一个易用、快速、功能强大的地图化组件,开发时只需在设计阶段将 MapX 控件放入窗体中,设置属性,通过编程调用方法或相应事件,即可实现数据可视化、地理查询、区域识别等地图信息系统功能,其主要功能包括:显示 MapInfo 格式的地图;对地图进行缩放、漫游、选择等操作;生成和编辑地图对象;边界查询、地址查询等(尹旭日等,2009)。

图 4-3-19 为 VC++开发中使用 MapX 的流程,首先通过 VC++开发环境中的 Project/Add to Project/Files 菜单将控件导入到工程中;其次在构造函数中创建对象实例;然后在相应的控制命令中导入用户定义图层;并通过相应的命令设置图层和相应的区域控制事件。利用 MapX 进行 GIS 二次开发中的关键问题包括以下几个方面。

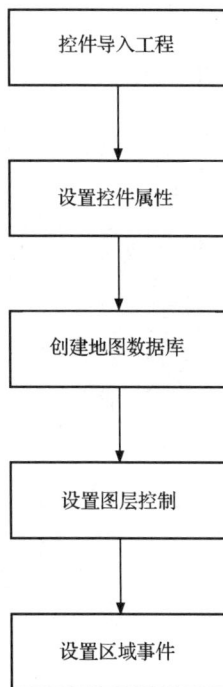

图 4-3-19　VC++中 MapX
开发流程

(1) 创建空间数据库。

MapX 空间数据库可以通过两种方法创建:其一是通过其本身的图层生成功能。MapX 生成的每一图层都对应一张表,该表中除了存有地理对象的位置坐标外,还包含其他属性字段。其二是通过导入带有地理位置信息的数据库信息来创建。

（2）设置图层控制和地图投影。

为把要加入的图层匹配在一起，可以使用 MapX 附带的图层管理工具 Geoset Manager，首先把地图导入 Geoset Manager，并建成一个图层组，然后在其中设定各个图层的名称、内容、属性及各图层之间的显示顺序。MapX 中图层具有"可显示"、"可选择"、"可编辑"和"自动标注"四种属性，其中一般图层的属性是"可显示"，需要修改的图层设置为"可编辑"，需要查询的图层设置为"可选择"，需要自动显示图层中地理对象标签的图层设置为"自动标注"。合理地设置这些属性将有助于系统实现信息的维护和查询功能。在匹配各个图层时，应该注意各个图层投影的设置，全部图层必须使用一致的投影方法才能精确匹配（冯永玉等，2004）。

4.3.5　组态化灌溉控制软件应用

组态化的灌溉控制软件系统在多种需求的灌溉工程中得到了广泛应用，通过基于 GIS 的多图层投影和复合技术，实现了根据工程需要配置监控界面；基于 OPC 的设备通信技术，又解决了现场控制设备多变的问题，具有较高的灵活性和实用性。

图 4-3-20 为小汤山绿地灌溉中央控制系统，包括灌溉控制、数据分析、专家知识等功能。系统根据控制现场的实际情况，构建 GIS 地面模块，通过 MapX 加载到工程中，形成如图所示的共计 10 个灌溉分区；根据需求，加载了手动灌溉、自动灌溉两种模式，可以进行手动即时灌溉、定时灌溉和智能灌溉，并具有多种信息采集通道。

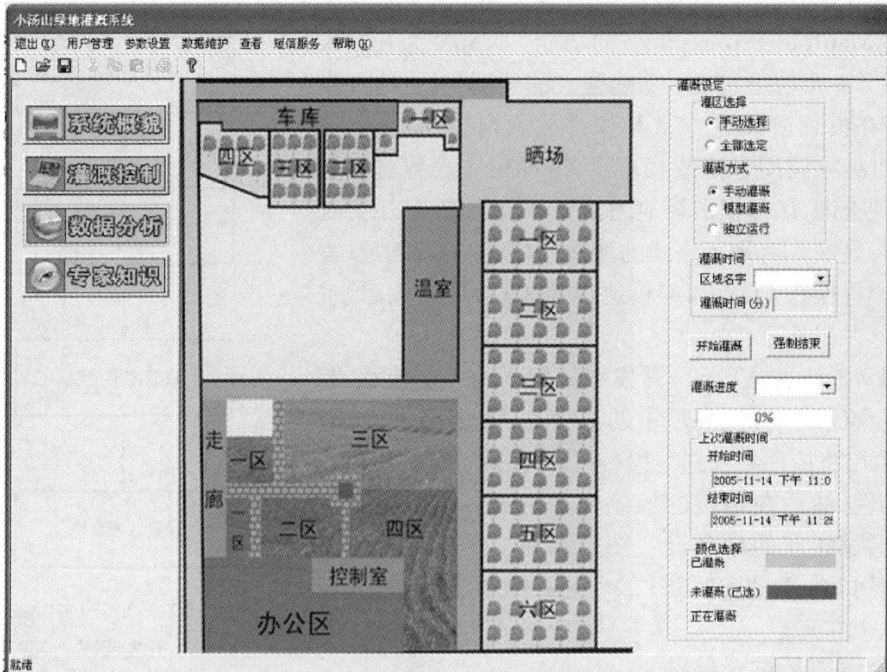

图 4-3-20　小汤山绿地灌溉控制系统

图 4-3-21 为基于 GIS 灌溉控制系统形成的公园灌溉控制系统，灌区面积 200 亩，采

用喷灌和滴管两种方式进行灌溉,灌区分为 40 组,共 56 个电磁阀,安装有 2 个中央灌溉控制器、40 个土壤水分传感器和 1 个小型气象站,设备通过 RS485 总线与计算机连接,可以实现手动控制、定时控制、智能灌溉三种方式,人机交互界面直观明了,操作简单,运行稳定。

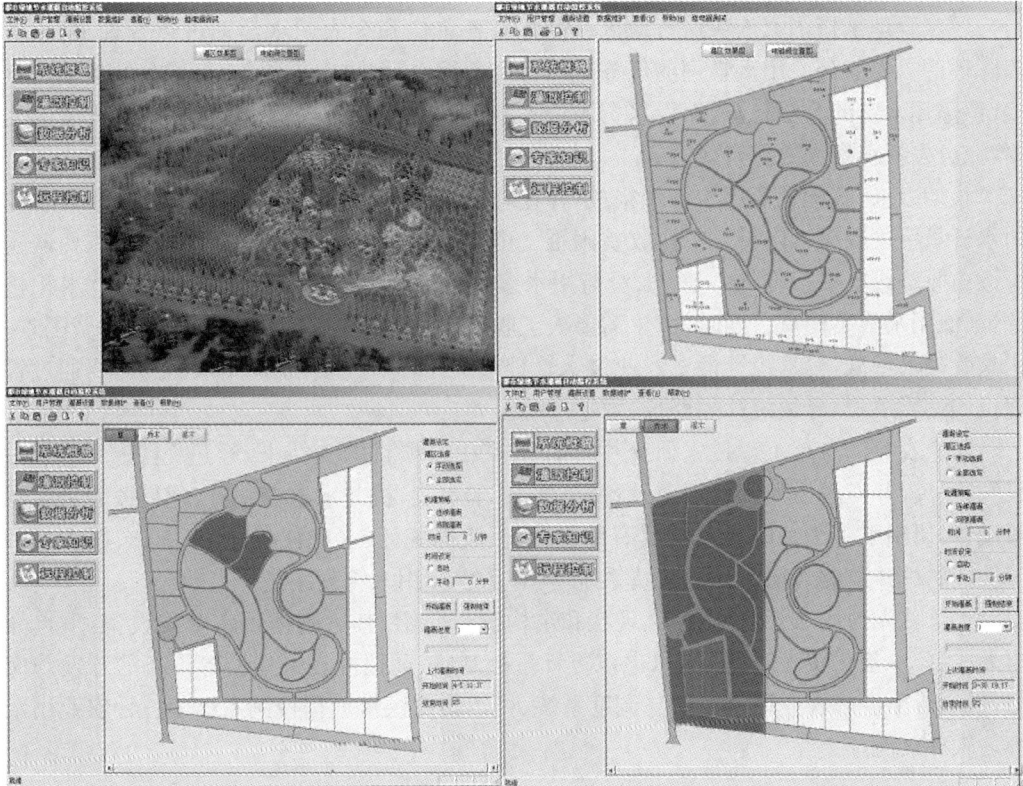

图 4-3-21　公园中央灌溉控制系统

　　节水灌溉自动控制技术是由控制设备、执行设备、传感设备和控制软件形成的一套技术体系,是实现农业节水的重要途径。本章通过对灌溉自动控制技术的背景、现状、发展趋势等方面的介绍,展现了研究和发展节水灌溉自动控制技术的必要性和急迫性;通过对节水灌溉控制器和组态化灌溉控制软件的讨论,介绍了灌溉控制设备及软件设计和开发的思路、方法。作者研发团队提出了灌溉控制软硬件系统平台化的观点,即积极研究和开发可编程灌溉控制设备、可组态灌溉控制软件系统,构建可二次开发的通用灌溉控制平台,推动节水灌溉自动控制设备和软件的标准化,从而促进整个产业链的形成和发展。

第 5 章　农业用水信息化管理技术

用水管理是指国家依法对各地区、各部门、各单位和个人用水活动进行管理,是水资源管理的重要部分。用水管理的任务是实行合理用水,解决水事纠纷,保护公共的用水利益,保障用水者的合法权益,使得水资源最大限度满足社会、经济和生态可持续发展的需要,充分发挥水资源的综合效益。

长期以来,我国农业用水管理粗放,存在着计量不清、管理随意等诸多问题:一是农业用水计量手段缺乏,计量精度差,收费困难。由于缺乏水表等基本计量设备,我国普遍实行按亩收费或电费折算的办法,水费与用水多少没有直接关系,导致农民没有节水积极性,灌溉用水浪费严重。同时,由于需要人工收取费用,工作强度大,效率低,且收费困难。二是管理水平低,信息统计慢。农业供水管理层次和环节较多,农业用水信息需要通过管理机构逐层填报,导致统计周期长、数据准确度差。

国家农业信息化工程技术研究中心在国家相关项目的支持下,经过"十五"和"十一五"的研究,开发了系列用水管理设备,包括 IC 卡水表、机井水电控制器、远程抄表采集器等设备,研制了基于 GIS 技术的具有信息查询、数据统计、水费征收、公文制作、报表打印等功能的机井监测与用水计量收费系统,构建了农业用水管理系统。

本章首先对用水管理的意义、现状和结构进行介绍,其后阐述用水管理设备,重点介绍无线 IC 卡预付费水表、IC 卡水电双重计量控制器、远程抄表采集器等设备的开发与应用,最后给出设施农业用水计量与调度系统、村镇集中供水远程控制系统等三种农业用水管理软件系统。

5.1　概　　述

5.1.1　农业用水信息化管理的意义

农业用水信息化管理的意义表现在以下几个方面。

1) 农业用水信息化为农业用水管理提出一个科学的解决方案

过去,我国许多地区对农用井的用水缺乏管理规范,没有相应的农用井用水依据,农用井用水收费只按电表计价。由于我国各地电价有差别,这样可能会造成电价低的地区水资源浪费严重,而高电价地区农民的负担较重等问题。随着地下水资源日趋匮乏,近年来,我国已经在许多地区安装了农用井水表,实现了"一井一表"的按表收费的管理制度,这种方式虽然解决了水资源浪费问题,但是上门收费的收费方式不仅给水务部门带来繁重的工作量,也难以保证及时准确地收取水费(云洁等,2005)。信息化管理系统通过集成地理信息系统、无线通信技术和网络技术,形成网络化的信息管理系统,为水务管理人员提供了一个方便的管理平台,减轻了工作人员繁重工作量,同时也为水务管理部门和用水者搭起了相互交流的平台。

2）为农业用水规划和决策提供依据

信息化的农用井用水管理系统,可实现对农用井的动态监测和管理,系统的查询和分析功能,可以形象生动地反映出不同地区的用水状况,及时了解和掌握各地区的地下水变化趋势,及早调整用水规划,作出正确的部署。此外,系统采集的真实、精确的用水数据是进行下一步研究和分析的重要资料,可以帮助研究人员结合各地区土壤熵值、降雨量等自然环境数据进行综合分析,为指导各地区科学用水和节水方案的制订提供重要的数据来源。

3）促进农业用水管理的系统化、科学化和规范化

信息化的农业用水管理技术是针对农业用水计量、管理和调度等多个环节设计的综合技术体系,依据该技术体系设计的方案能够实现农业用水管理的规范化,实现科学用水、科学节水,彻底改变农田灌溉粗放、计量计费不准、拖欠水费严重的被动局面,省工、节水、节电、增产、增收,是促进农业高效用水的新技术手段。

5.1.2　农业用水管理技术现状

为了鼓励节约用水,确保安全用水,以色列对水资源进行了严格的管理,通过立法的形式保证全国的工业、农业、生活用水统一管理,实现全国降雨、地表水、地下水和再生水的统一分配应用,全国统一水价,全部实行定额管理,农民必须根据供水量进行作业布局和组织周年生产,国家鼓励农民节约用水,采用不同用量不同水价。违法规定给予严厉处罚的措施,以保证水资源的高效利用(申茂向,2000)。

在 1985 年以前,我国大部分地区用水几乎是无偿的,而后,我国开始对部分用水加收水费,虽然费用较低,但是走出了计收水费的第一步,为后来大规模计收水费提供了经验。近年来,我国在城市供水方面进行了价格改革,开始对定量以内的用水实行低价,超过基本用水量的部分实行超量累进加价,即“阶梯水价”,目前国内外很多地区和城市均采取该方法,美国、日本、以色列以及我国台湾、香港地区等早已实行阶梯式计量水价,近年来,我国天津、银川、大连、深圳等城市也先后实行了阶梯式计量水价。

北京市目前已完成机井装表数量是可装表机井的 97%,并制定了《机井水表安装维护规程》,规范机井水表的选用、安装和维护;以区县为单位,编制《机井管理手册》,做到管理底数清楚、管理对象明确。以此为基础,北京市将全面实行用水计量收费,实现用水总量控制、定额管理、一井一表,以量计收,并建立了农业用水月统月报制度。农业用水量由过去的推算变为准确计量,使农民认识到水是稀有资源,提高了农民的节水意识,减少了水资源的浪费。但是,北京目前有 4 万口农用机井遍布各个郊区县,如果采用人工方式采集机井的相关信息,将是一个庞大的工程,造成管理人员的野外工作强度加大,而且无法保证数据的准确性与及时性。所以必须寻找一种经济可行的农用井信息自动采集操作方式(吴文彪,2008)。

经过多年的研究和建设,我国灌溉水的管理水平有了很大的提高,但由于我国农业从业人员文化素质偏低,农民一家一户的土地承包耕作,使得一些先进管理方法难以具体实施。同时,人们的节水意识不高,田间水的管理水平较低,浪费水的现象严重。如果能采

用智能化的设备,让农民像使用"傻瓜照相机"一样,通过简单操作便能实现科学管水、科学灌溉,则可大大提高节水效果。采用智能卡控制用水开启并自动进行水费和电费核算,是实现这一目标的途径之一。

5.1.3　用水管理系统

作者研发团队通过集成通信、电子和计算机技术,研究农业用水管理的关键技术,建立了开放式农业用水管理平台。该系统由监控中心、传输网络和不同类型监测站点共同构成,实现了农业用水情况信息的采集。系统以移动通信环境为基础,可实现远程数据采集,整套系统可以安全、高效、准确地对农业用水信息进行实时采集和数据发布,实现多点分布式用水信息的监测和发布。

整套系统主要由三部分组成,即现场采集设备、传输系统和监控中心软件系统,其结构图如图 5-1-1 所示。

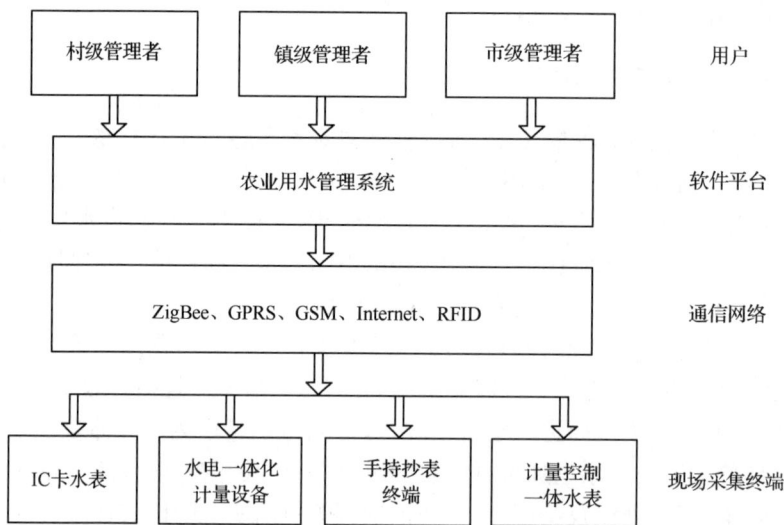

图 5-1-1　农业用水管理系统结构图

5.2　用水管理设备

用水计量管理产品包括无线 IC 卡预付费水表、IC 卡水电双重计量灌溉控制器、GSM/GPRS 无线抄表以及手持无线抄表器(张石锐,2010)等,可分别实现设施农业用水计量收费、大田灌溉机井管理和收费、农业用水远程抄表统计等功能。

5.2.1　无线 IC 卡预付费水表

无线 IC 卡预付费水表是为解决设施农业用水计量、收费和灌溉调度而开发的一款多功能智能水表,该水表采用一体化设计,电子模块部分与电动球阀集成在一起,防水防潮,水表和阀门采用螺纹连接,安装更换方便,集成无线通信模块,兼具 IC 卡预付费功能和无线远程控制功能,可以实现用水计量、IC 卡预付费、用水集中控制、用水自动统计等功能,是解决目前设施农业用水计量、收费、灌溉调度的理想方案。图 5-2-1 为无线 IC 卡水表外形图。

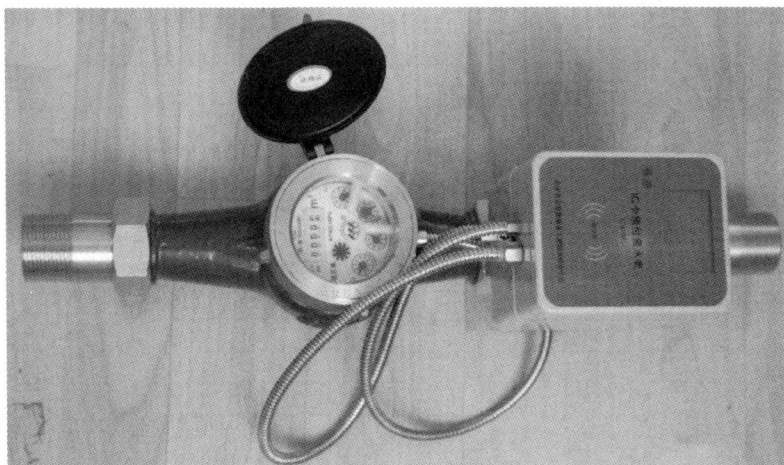

图 5-2-1　无线 IC 卡水表外形图

无线 IC 卡预付费水表具有预付费和无线集中控制两部分功能,具体包括如下内容。

(1)预付费功能:用水计量,计量精度 0.01m³;LCD 显示屏,可以同时显示剩余水量、用水总量、阀门状态等信息;欠费关阀和阀门保护功能,具有电池电压检测、欠压指示、报警、低功耗保护、防拆、防剪断、防磁干扰等功能。

(2)无线通信功能:采用低功耗无线通信技术,可以通过控制中心进行用水查询、余额查询、充值、阀门控制等,同时水表可以定时或定量上传用水信息,通过与计算机软件的配合,可以实现用水统计、调度的自动化。

1. 总体结构

无线 IC 卡水表由控制器、脉冲水表、电机阀门三部分组成,其中控制器为水表的控制核心,其结构如图 5-2-2 所示。水表控制器以单片机 MSP430F149 为核心,通过脉冲采集电路实现用水计量,通过阀门驱动电路实现电机阀控制,使用 MFRC522 实现 IC 卡读写,集成无线通信模块实现无线数据传输,并采用低功耗电源电路控制设备功耗。

无线 IC 卡水表采用非接触式智能 M1 卡,该卡以其高度安全保密性、通信高速性、使用方便性而广泛应用于水、电、气三表行业。设计中 IC 卡读写芯片采用 Philips 公司最新推出的 Mifare 非接触 IC 卡读写芯片 MFRC522,该芯片是一款非接触式低功耗读写基站芯片,采用先进的调制和解调概念,完全集成了 13.56MHz 下所有类型的被动非接触式通信方式和协议。MFRC522 支持 ISO14443A 所有的层协议(马晓颖,2008),传输速率最高达 424kbit/s,具有 SPI、UART、I²C 三种与主机通信接口模式。

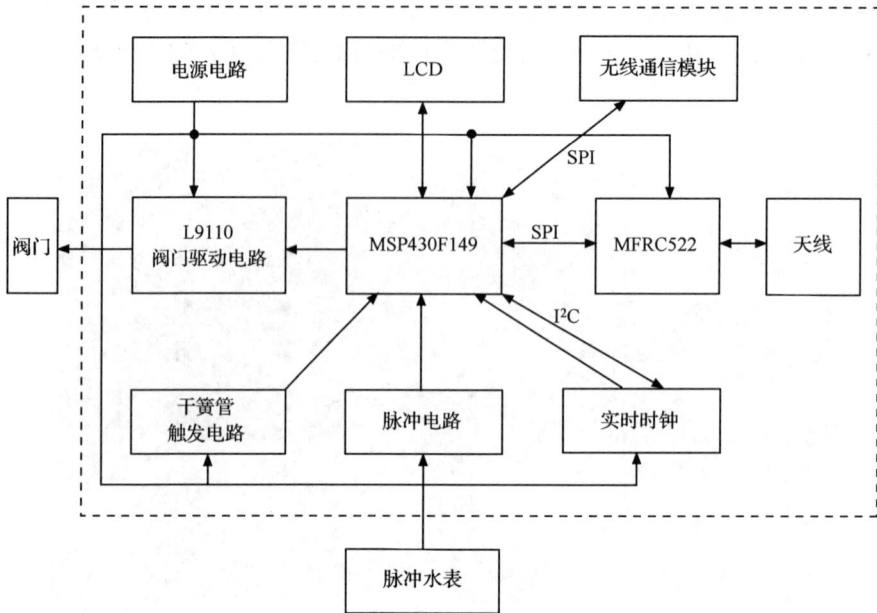

图 5-2-2　无线 IC 卡水表结构图

2. 关键技术

1）功耗控制技术

为了保证系统独立性,无线 IC 卡预付费水表使用内置的锂电池供电,但无线 IC 卡水表需要进行 IC 卡读取、水量计量和无线通信,而正常模式下这些工作功耗都较高,所以必须通过独立控制、分时工作等技术来降低功耗。无线 IC 卡水表的设计从两方面进行功耗控制,如图 5-2-3 所示。

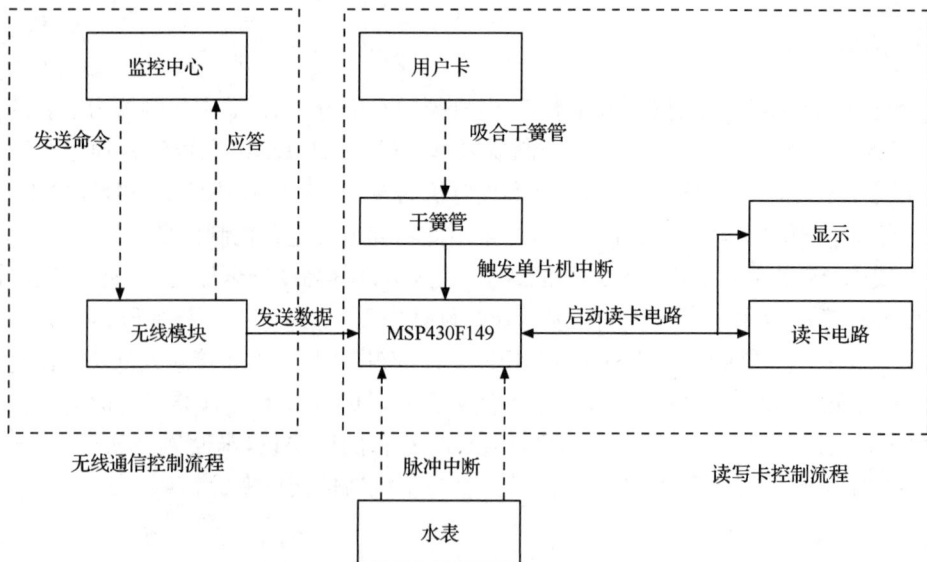

图 5-2-3　无线 IC 卡水表功耗控制结构

首先,降低系统的静态功耗,主要是电源芯片、单片机部分,由于水表采用锂电池供电,输入电压与输出电压压差较小,设计中采用了静态功耗极低的低压差线性电源芯片 RH5RL30A,其静态功耗为 0.1μA;同时,采用功耗极低的单片机 MSP430F149,其休眠状态功耗为 1μA,由此有效地保证了系统的静态低功耗。

其次,对于大功耗模块,设计采用分时工作、独立控制的方式实现,所有的模块仅在需要工作时才启动,工作完成后即进入关闭或休眠状态。如在 IC 卡读取方面,水表采用具有磁芯的 IC 卡,同时安装有干簧管触发机构,当 IC 卡靠近水表刷卡区后,在磁场的作用下干簧管被吸合,其检测电路由高电平跳变为低电平,从而触发单片机中断,随后单片机启动读卡电路,完成后续读卡动作。在无线通信方面,水表采用休眠、唤醒、接收、应答的工作模式,无线模块以间隙方式检测信号,当检测到有效的信号后,无线模块开始接收数据,接收完成后,通过中断唤醒单片机,并将数据发送给单片机。通信完成后,无线模块再次恢复间隙工作方式。

2) 无线通信部分设计

无线部分采用频点为 433MHz 作为通信频段,属于国家免费开放允许频段,在无线领域里相对于其他频点有着特殊的优点,传输距离远,不易被干扰,波形容易发生衍射,从而穿透能力比较强,在业界内得到广泛使用。

射频部分采用超低功耗半双工微功率射频芯片 SX1212,因为 SX1212 的集成度很高,所以其所需的外网元件很少,控制电路结构也比较简单,其电路的关键在于 RF 前端的匹配电路的设计,无线水表中处于信号最前端的是声表滤波器,该器件用来进行带通滤波,衰减频带以外的信号,其后的匹配电路为一个 T 形的阻抗匹配网络,用来匹配电路的输入输出阻抗,电路结构如图 5-2-4 所示。

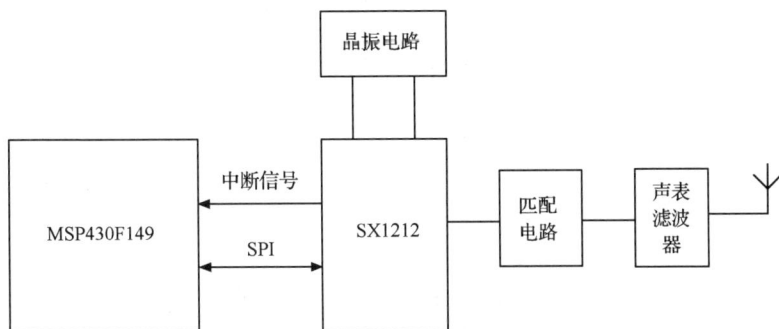

图 5-2-4　无线 IC 卡水表无线通信电路

系统采用高效循环交织纠检错编码技术,其编码增益高达近 3dBm,纠错能力和编码效率均达到业内的领先水平,远远高于一般的前向纠错编码技术,抗突发干扰和灵敏度都有较大的改善。同时编码也包含可靠检错能力,能够自动滤除错误及虚假信息,抗干扰和灵敏度都大大提高。提供多个频道的选择,可在线修改串口速率、发射功率、射频速率等各种参数。

3. 软件实现

为保证无线 IC 卡水表的低功耗，水表软件采用事件触发模式，即根据外部事件的请求启动相应的处理，其他情况都处于休眠状态。水表中共设计了刷卡、水表脉冲采集、数据命令和秒定时四种事件，其中刷卡事件由磁感应干簧管触发，水表脉冲事件由脉冲式水表触发，数据命令由 SX1212 芯片触发，秒定时事件由实时时钟芯片触发。在正常状态下，单片机处于休眠状态，当有触发事件时，单片机被唤醒并处理相应的事件，其后继续进入休眠状态。软件流程如图 5-2-5 所示。

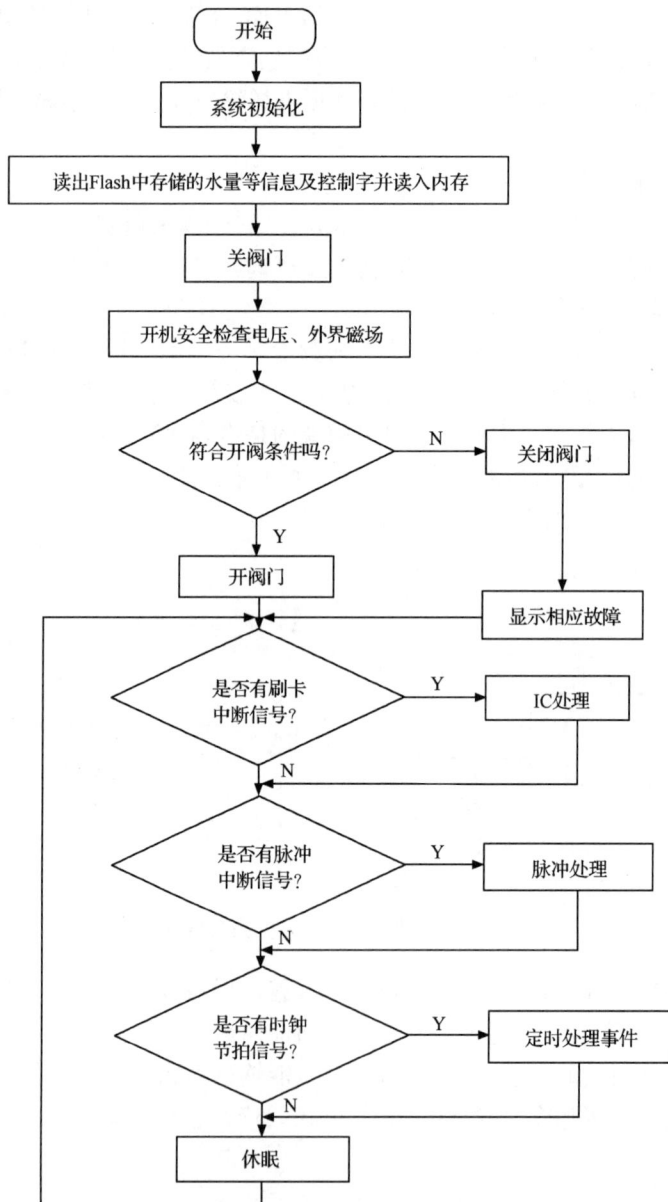

图 5-2-5　无线 IC 卡水表软件流程图

4. 设备应用

设施农业是农业大量用水的一个领域,随着设施农业面积和设施农业园区规模的不断扩大,设施农业园区用水需求增加,园区内供水能力不足的矛盾逐渐凸显。不断增多的温室也极大地增加了入户抄表和收取费用的难度,而无线 IC 卡水表很好地解决了这一问题。无线 IC 卡水表在北京设施农业中得到了广泛应用,图 5-2-6 为某设施农业园区用水管理系统结构图。在该园区中,共有 30 个温室,在每个温室的首部安装了无线 IC 卡预付费水表,并建立了监控中心。园区内用户使用 IC 卡购买灌溉用水,同时,监控中心通过无线信号与各水表通信,可以实时获取用户用水总量、剩余水量等信息,并可以根据需要控制用户的用水时间,实现灌溉调度,避免出现多用户同时用水引起的供水压力不足。

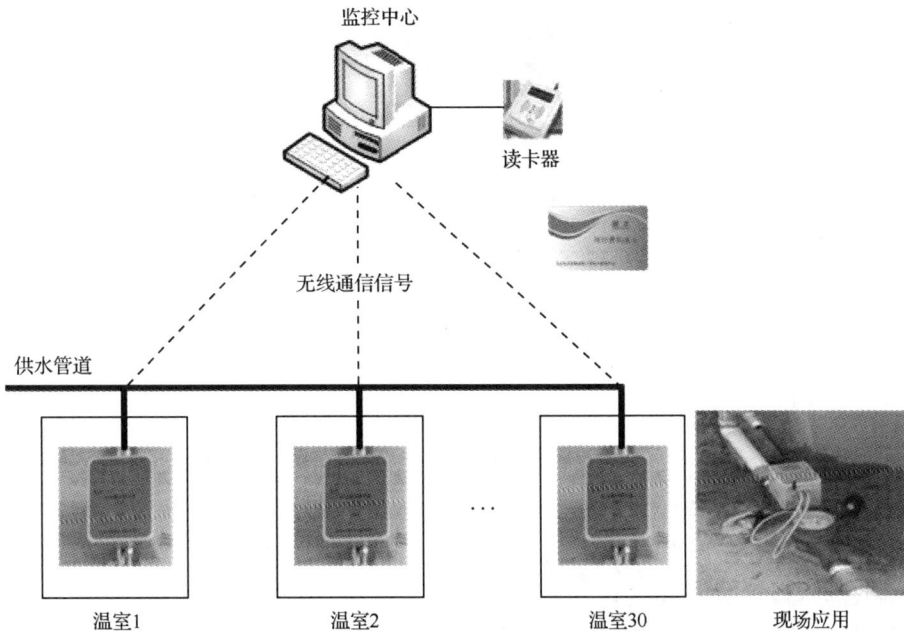

图 5-2-6　IC 卡水表现场安装图

5.2.2　IC 卡水电双重计量灌溉控制器

IC 卡水电双重计量灌溉控制器是为了解决农田机井灌溉用水计量、收费和统计而开发的一款多功能机井控制器,该设备具有灌溉用水计量、用电计量、水位监测、远程传输等多种功能,不仅可以解决农田灌溉用水收费问题,还可以有效保护机井,防止过度使用地下水,其外形如图 5-2-7 所示。

IC 卡水电双重计量灌溉控制器的功能包括以下几个方面。

(1) 灌溉控制:用户需要使用 IC 卡进行灌溉,可以选择依据水或电计量,支持 100 个 IC 卡用户,每个用户通过刷卡启动或停止灌溉,在当前用户灌溉期间,可以预约下一个用户。

图 5-2-7 IC 卡水电双重计量灌溉控制器

（2）机井监控：可以扩展 GPRS 远程传输模块，实时监控水井用水状况；可以安装机井水位传感器，监测水位情况。

（3）大容量存储功能：可以保存 10 万条灌溉记录。

1. 总体结构

IC 卡水电双重计量灌溉控制器包括控制器、脉冲水表、脉冲电量计量模块、接触器、蓄电池、外部保护电路等模块，其中脉冲水表用来计量用水信息，脉冲电量计量模块用来计量用电信息，接触器用来控制水泵供电电源，蓄电池作为系统备用电源，而控制器为设备的控制核心，整体结构如图 5-2-8 所示。

控制器箱体采用防雨、防晒、防雷设计，内部电路板部分采用 12V 电源，为了防止外部交流 380V 电压断电，控制器内部数据丢失，配有 17A·h 的蓄电池，用以保证系统外部掉电控制器也不会出现数据丢失和其他故障。控制器可同时计量水量和电量，并记录水量和电量的转换关系。可连接水位传感器，实现对水井的水位监测。可通过有线或无线方式将数据上传到数据中心，实现远程数据实时监控。

控制器中 12V 外接电源，分别为内核和输出控制部分提供电源。其中读卡模块、LED 以及单片机部分共用一个电源，串行通信部分使用单独的可控电源，由单片机控制开关，只有在必要的时候打开这部分的电源，这样可大幅度地降低控制器总体功耗。控制器通过继电器驱动电路控制继电器，并由继电器控制外部的接触器，从而控制大功率水泵或电磁阀。

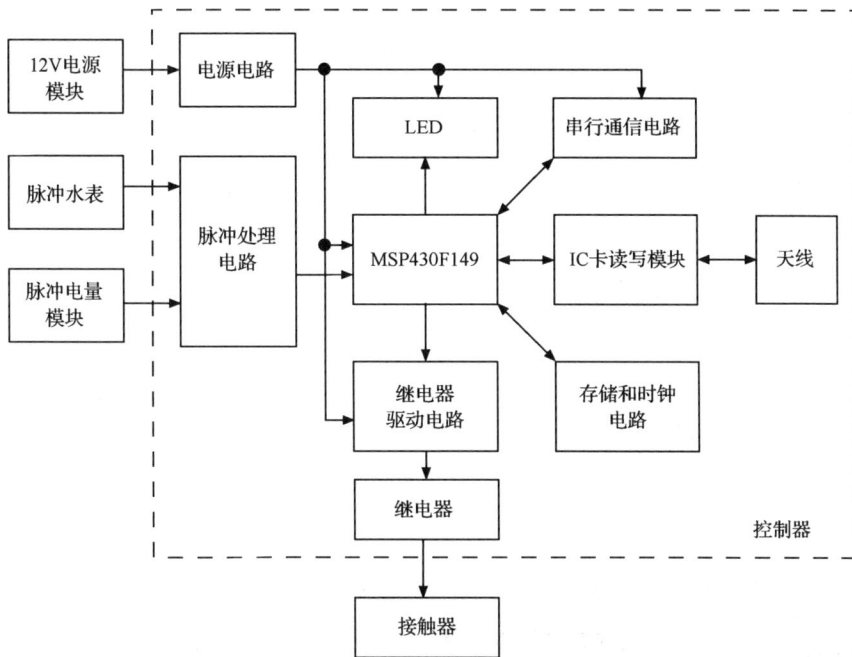

图 5-2-8　IC 卡水电双重计量灌溉控制器

2. 关键技术

1）多用户多计量方式实现技术

根据我国农村农田灌溉控制的实际需求,控制器设计为支持多用户使用的灌溉控制系统,用户通过刷卡用水,如果控制器正处于空闲状态时,用户可以通过刷卡启动灌溉,否则该用户自动加入预约序列预约下一个灌溉,即当前用户刷卡结束灌溉后,预约的用户在规定时间内刷卡则可以优先开始灌溉。如果已经有预约用户,则其他用户将无法刷卡启动灌溉。控制器还具有以电计量或以水计量两种方式的选择功能,即使在同一个控制器上,也可以针对不同用户选择使用不同的计量方式,为了实现这些控制规则,控制器在 IC 卡存储内容、控制器状态转换上采用了多种技术。

为实现两种计量方式的选择,系统在用户 IC 卡上设计了两个存储分区,分别存储电量和水量,当用户充值时,工作人员选择按水销售或按电销售,并根据选择将信息写入到 IC 卡内,同时在有效的存储分区上写入有效标志,当用户在控制器上刷卡时,控制器将读取水电两个分区,获取到有效标志后即按照相应的计量方式进行计量。

为支持多用户使用,控制器设置了空闲状态、灌溉状态、锁定状态三种状态,在空闲状态,用户刷卡时会将用户卡号、余量等信息读入控制器内,并在用户卡内设立启动灌溉标志,其后进入灌溉状态,在当前状态,依然可以允许其他用户刷卡,控制器会记录该用户的信息,控制器产生预约信息,在当前用户再次刷卡结束灌溉后,控制器将用户余量写入用户卡内,并取消启动灌溉标志。此时,如果预约信息有效,则控制器进入锁定状态,等待预约用户刷卡启动灌溉,如果预约用户未能及时刷卡,则控制器返回空闲状态,该流程如

图 5-2-9 所示。

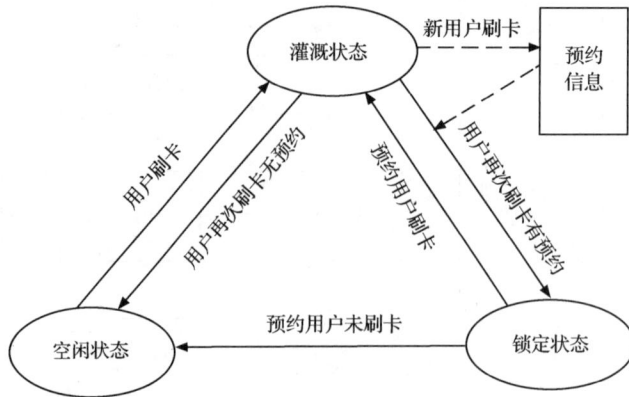

图 5-2-9　IC 卡水电双重计量多用户灌溉控制流程

2）继电器驱动电路

IC 卡水电双重计量控制器具有三路开关量控制接口，通过外接交流接触器可以控制功率较大的设备。控制器的控制对象为水泵，功率较大，启停时会产生较大的冲击，为提高设备的适用性，减少对控制电路的冲击，控制器通过单片机端口控制 ULN2003，由后者驱动继电器，然后由继电器控制后端的接触器，并最终由接触器控制水泵。如图 5-2-10 所示，芯片 ULN2003 是一个高电压大电流达林顿晶体管阵列，由七个硅 NPN 达林顿管组成，内部集成了一个 2.7kΩ 的限流电阻，可以直接与 TTL 和 CMOS 电路连接，同时其内部还集成了一个反电动势二极管，可以有效保护电路。

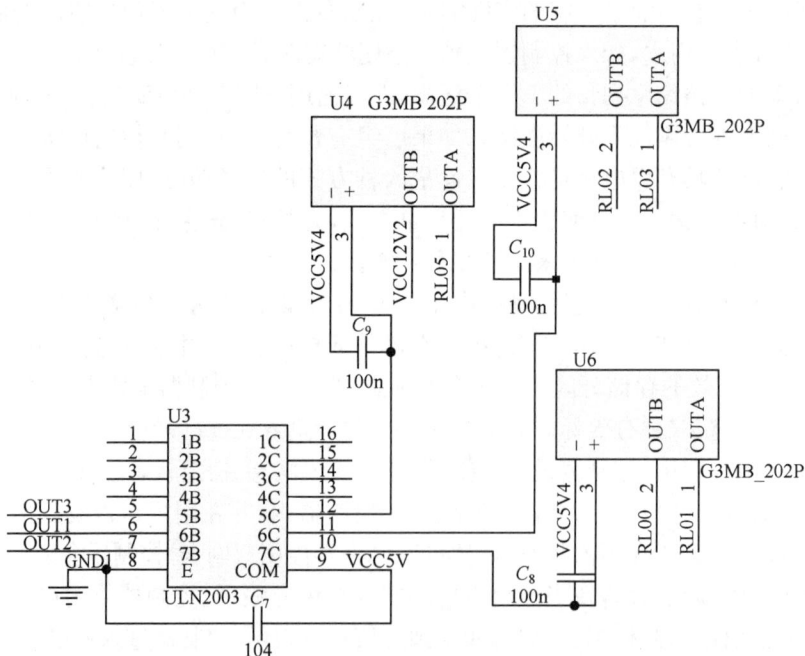

图 5-2-10　IC 卡水电双重计量灌溉控制器继电器驱动电路图

3. 软件实现

IC 卡水电双重计量控制器的软件基于有限状态机设计,根据设备工作的几种状态,分别建立初始化、空闲、灌溉、锁定四种工作状态,并通过刷卡、定时、通信三个事件推动状态机转移,从而实现控制器的控制逻辑,如图 5-2-11 所示。

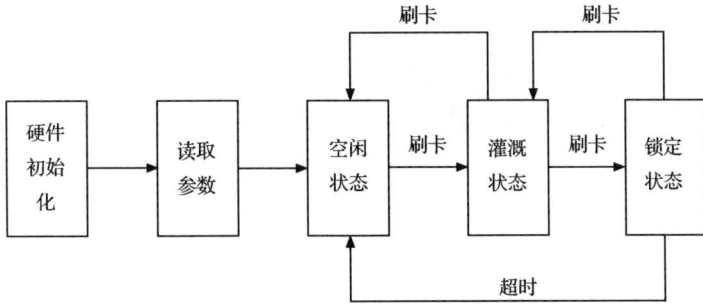

图 5-2-11　IC 卡水电双重计量灌溉控制器软件流程图

4. 设备应用

IC 卡水电双重计量灌溉控制器可以有效解决农田灌溉机井的用水计量和收费问题,在农用井监测、灌溉控制等方面得到了广泛应用。图 5-2-12 为控制器在北京某地机井灌溉控制中的应用结构图和现场设备图。该地共有 13 口农用机井,传统灌溉需要管水员人工操作打开水泵,并上门收取水费,工作强度大,通过安装控制器,并配合 GPRS 远程通信模块,实现了灌溉用水 IC 卡预付费和机井用水状态、用水量、水位的自动监测和统计,有效地解决了水费收取难、机井管理难的问题。

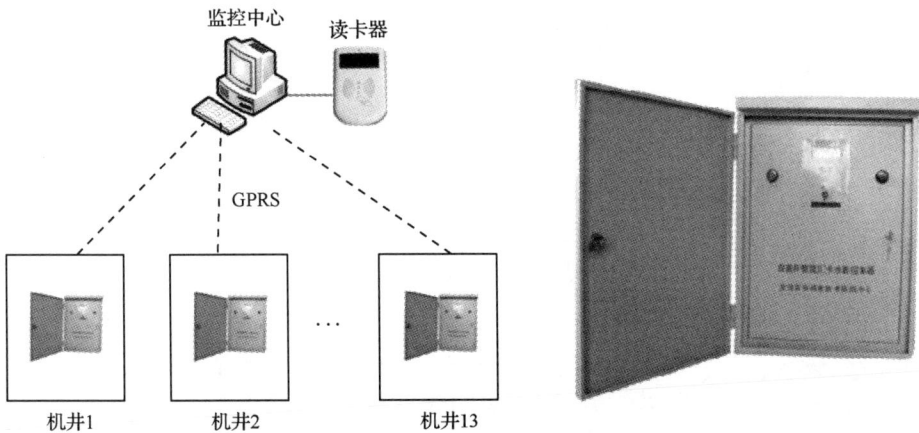

图 5-2-12　IC 卡水电双重计量灌溉控制器现场应用

图 5-2-13　GSM/GPRS 抄表设备核心板

5.2.3　GSM 和 GPRS 远程抄表设备

北京市农业用井 4 万多眼，水资源管理部门需要对辖区内每年利用多少地下水灌溉进行统计，如果采用人工方式上报数据，效率十分低下，而且容易出错，为落实实行严格的水资源管理制度的要求，作者研发团队开发了基于移动通信技术的无线远程抄表设备，该设备适用于农村农用机井分布比较偏远的情况，可以实现定时上报和实时遥测，如图 5-2-13 所示。

1. 总体结构

远程抄表系统的硬件拓扑结构如图 5-2-14 所示，该系统通过应用 GSM 网络实现了计算机与远程水表的通信。远程抄表终端由嵌入式微控制器 ATmega32、标准 RS232 接口、GSM 模块、双电源切换电路和 A/D 转换模块等组成。系统使用太阳能与备用电池供电的双电源供电方式，平时采用太阳能供电，在无人值守的情况下对监测点进行长期测量，当长期阴天太阳能供电不足的时候，系统自动切换到备用电池供电。GSM 模块通过串口与微控制器相连，实现短信的收发。备用电池采用大容量锂离子电池，维持外部供电掉电状态下的脉冲采集。

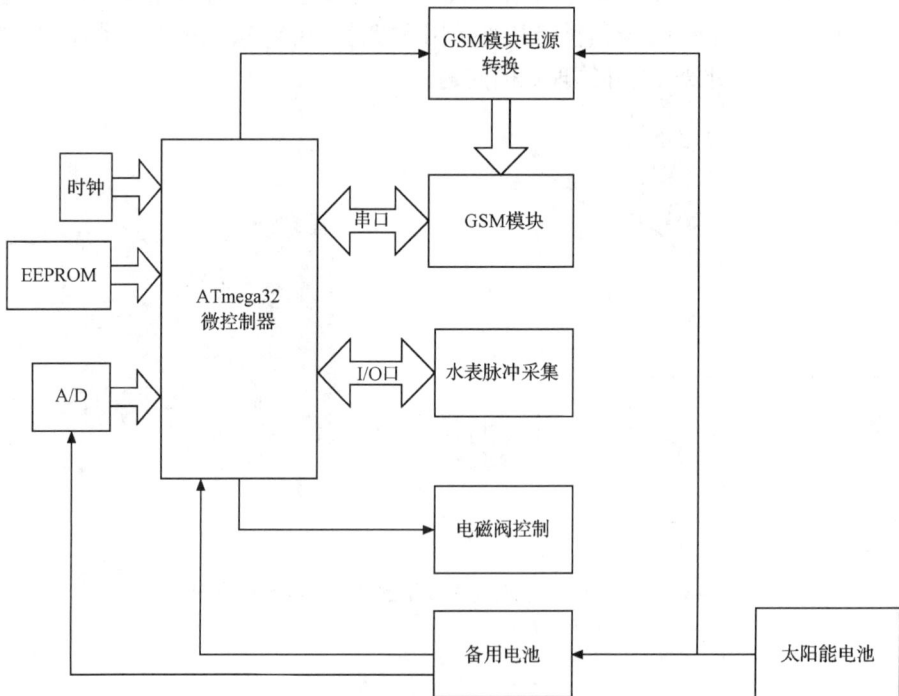

图 5-2-14　GSM/GPRS 远程抄表系统框图

2. 关键技术

1) 短信模块接口

手机模块共有 40 个引脚,这 40 个引脚可以划分为 5 类,即电源、数据输入/输出、SIM 卡、音频接口和控制。图 5-2-15 为短消息模块接口连接图,通过 ZIF 连接器分别与电源电路、启动与关机电路、数据通信电路、语音通信电路、SIM 卡电路、指示灯电路等连接。SIM 卡接口,手机模块与 SIM 卡相关的引脚共有 5 根,分别是电源、地、复位、时钟、数据,可以直接与相关的 SIM 卡管脚相连。EMERGOFF 管脚可以通过外部电压来控制手机模块的关断,MVDD 用来检测手机模块是否启动。

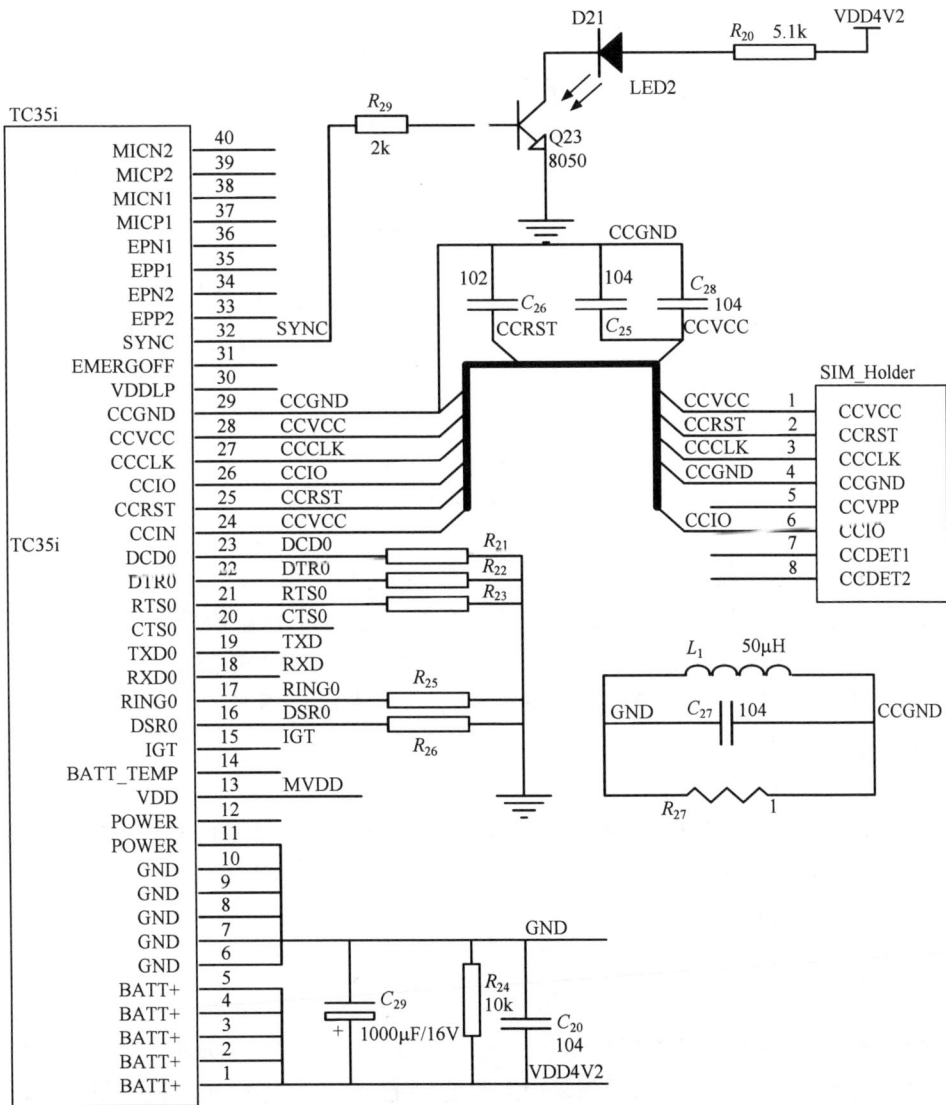

图 5-2-15　短信模块接口电路原理图

2) 电源方案

系统采用双电源供电,为了保证系统正常运行,需要实现双电源切换。如图 5-2-16 所示,AD0 可以输入 A/D 转换来测量电池电压,+3.6V 是外部输入电源,BT1 是后备电池,POWER_IN 是接单片机的中断引脚,通知单片机外部上电了。如果外部供电断电,MOSFET 管的栅极电压为 0,VGS 为负,MOSFET 导通。如果外部供电有电,VGS 为正,则关断 MOSFET 管电流通道,系统电源 VCC 由外部电源提供。其中采用的 MOS-FET 管为 P 型 MOSFET 的 CEM9435A。

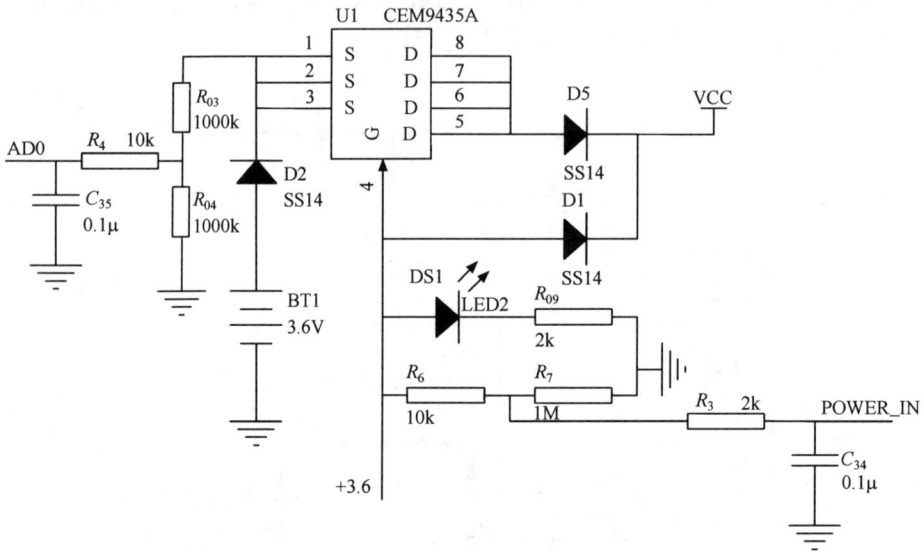

图 5-2-16　电源部分电路原理图

3) 备用电池电压测量

电压的测量采用微控制器自带的 A/D 转换器,电压基准使用内部 2.54V 电压基准。采样电压在 MOSFET 管的源极,被测电压经过电阻分压后接入微控制器的模拟通道,由于 MOSFET 管相当于一个开关,在断开的情况下,该端电压不受后端电压影响,可精确测量出备用电池的电压。

4) 水表脉冲测量

发讯水表的脉冲为无源双脉冲方式,水表还有一个单独的防剪信号线,这些信号经外部电阻上拉后接入微控制器的外部中断管脚。与信号相连的电阻电容组成一个消除振荡和尖峰脉冲低通滤波器。

3. 软件实现

远程抄表设备实现的功能包括水表脉冲计数、数据存储、定时通过短信发送数据、接收监控中心短信命令并应答,且设备采用太阳能供电,对功耗有比较严格的限制,故采用了消息驱动机制的软件设计方法,在消息循环中,分步检查是否有新短信、是否到达定时时间等信号,检测到相应信号即进行处理,其后返回消息循环。水表脉冲以中断形式进行处理,在水表脉冲产生中断后,单片机进行水量计数,流程如图 5-2-17 所示。

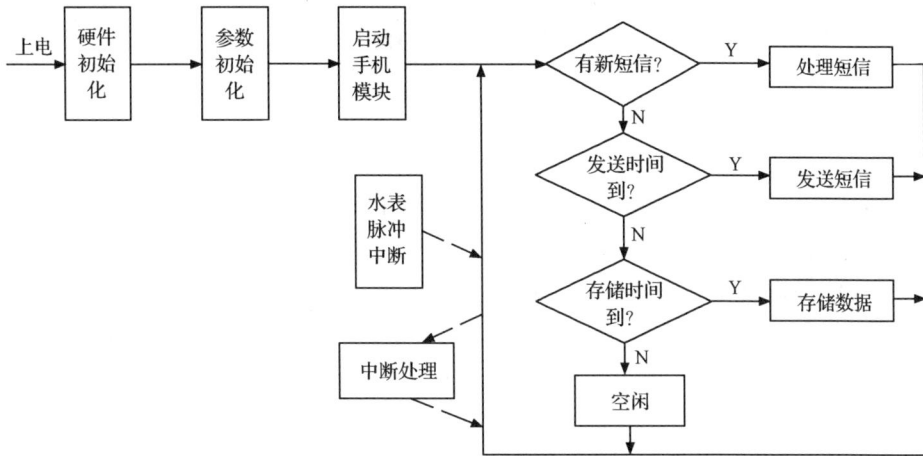

图 5-2-17　远程抄表设备程序流程图

4. 设备应用

GSM/GPRS 抄表设备特别适合分布式系统应用,具有安装成本低、费用低廉等优点。图 5-2-18 为 GSM/GPRS 抄表设备在北京大兴庞各庄镇农用机井抄表系统的应用,该系统包括 13 个村级采集控制点和 1 个控制中心,系统具有地下水井计量、收费、管理等多项功能。

图 5-2-18　GSM/GPRS 抄表设备的应用

5.2.4　手持无线抄表终端

手持无线抄表终端是 IC 卡预付费水表系统中的一部分,主要是为了实现水务管理人员直接对 IC 卡预付费水表进行无线控制以及抄表,可以设置卡片级别的操作,实现清零、设置、充值、转移、校正、控制等功能。

手持无线抄表终端采用嵌入式体系结构设计,具有良好的人机交互界面,操作直观方便。手持抄表终端通过无线数传模块与 IC 卡预付费水表进行通信,设备结构简单,通信可靠,为水务管理人员提供了易于操作的现场管理设备。

1. 总体结构

手持无线抄表终端采用 ARM 嵌入 Linux 操作系统的体系结构,同时添加无线数传模块,实现无线通信功能。利用 Qtopia core 作为图形界面库(GUI)编写应用程序,为系统提供良好的人机交互界面。

手持无线抄表终端硬件整体结构如图 5-2-19 所示。手持终端的硬件主要由中央处理器(CPU)及其外围扩展电路、无线通信模块和人机交互单元组成。

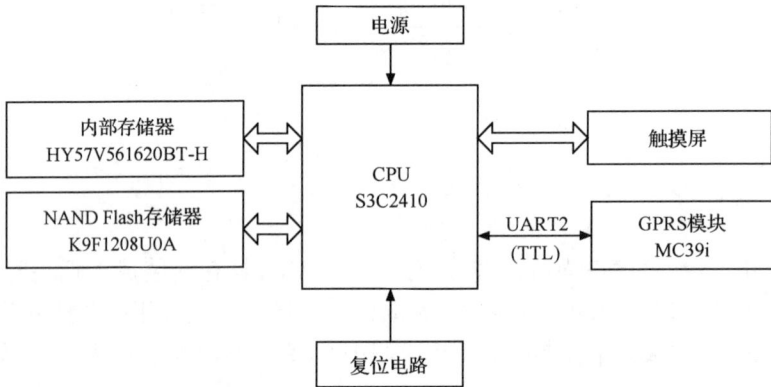

图 5-2-19 手持无线抄表终端的硬件结构

手持无线抄表终端的 CPU 采用三星公司生产的 ARM9 处理器 S3C2410,外围扩展电路主要包括电源、复位电路、由两组 HY57V561620BT-H 组成的内部存储器和 K9F1208U0A 64M NAND Flash 存储器。

手持无线抄表终端采用 KYL-1020U 无线数传模块与 S3C2410 的串口相连,实现无线通信功能。手持无线抄表终端的人机交互设备是 3.5 寸分辨率为 320×240 真彩色 LCD 触摸屏。

如图 5-2-20 所示的手持无线抄表终端软件主要由操作系统层、硬件驱动层、图形用户接口层和应用程序层组成。操作系统层由 Bootloader、Linux 内核和文件系统组成;硬件驱动层主要提供 NAND Flash 存储器驱动、LCD 显示屏驱动、触摸屏驱动、串口驱动等驱动程序,以保证各种驱动设备的正常运行;图形用户接口层(GUI 层)为 Qtopia core;应用程序层主要包括系统初始化程序和手持抄表软件,其中系统初始化软件主要包括端口初始化、触摸屏校正程序等。

2. 关键技术

无线数传模块与串口相连,透明传输串口发出的数据,实现无线数传的关键是串口的设置。在 Linux 中,串口被作为终端 I/O,它的参数设置需要使用 struct termios 结构体,

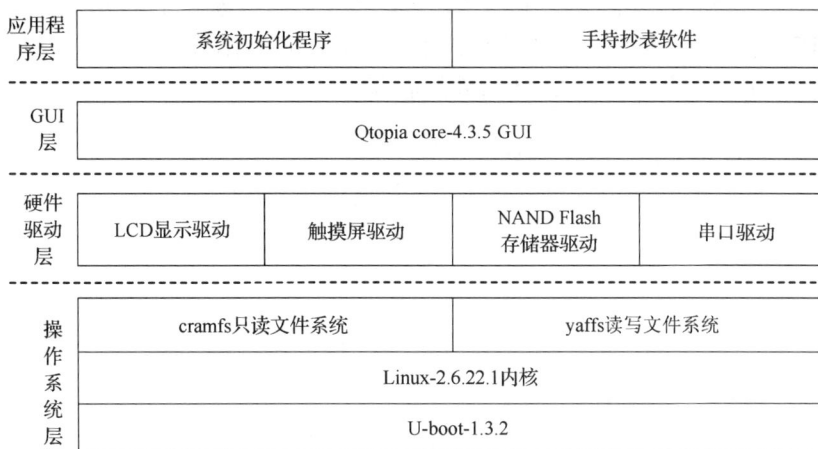

图 5-2-20　手持无线抄表终端的软件结构

这个结构体在 termios.h 文件中定义。需要将结构体参数设置为与无线模块串口速率一致。另外还需要设置数据位为 8,无奇偶校验位,不支持软、硬件流。这里特别要说明的是,为了保证收发数据的准确性,不以接收到 CR 或 LF 后传输数据,需要设置输入模式为行输入模式;为了保证输出数据 0x0A 和 0x0D 的正确性,应将串口输出模式设置为原始数据。串口参数的设置见表 5-2-1。

表 5-2-1　串口参数的设置

标志位	设置值	说明
c_cflag	| =CS8	数据位 8
c_cflag	& =~PARENB	禁用奇偶校验
c_iflag	& =~INPCK	禁用奇偶校验
c_iflag	& =~(IXON|IXOFF|IXANY)	禁用软、硬件流控制
c_lflag	&= ~(ICANON|ECHO|ECHOE|ISIG)	设置行输入模式
c_oflag	&=~OPOST	输出原始数据

3. 软件实现

　　手持无线抄表终端的应用程序采用支持 Qtopia core 的 kdevelop 平台编写,主机的操作系统为 ubuntu-8.04。kdevelop 是运行在 Linux 操作系统上的软件集成开发环境,利用 kdevelop 进行 Qtopia core 程序开发需要的配置是将 kdevelop 的图形界面设计器配置为 Qt Designer,将工程项目管理工具配置为 Qtopia core 中的 qmake 文件,将编译器地址配置为 Qtopia core 编译器所在的位置。配置好后就可以方便地进行 Qtopia core 图形界面应用程序的开发和交叉编译,实现图形界面程序在嵌入式 Linux 系统上的运行。软件中无线数据的发送通过对嵌入式系统中串口设备节点文件的读写实现。

　　手持无线抄表终端的应用软件主要由用户登录、功能选择、阀门操作、抄表充值、卡片管理等功能模块组成。用户登录模块为设备使用的安全性提供保障。登录后用户通过功能选择模块进入相应的功能界面,阀门操作可以直接对阀门进行开关,水表操作可以对水表进行充值和校准,IC卡操作可以更改水表所对应的 IC 卡编号。在操作成功后,系统对所进行的操作进行保存,图 5-2-21 为软件的流程图。

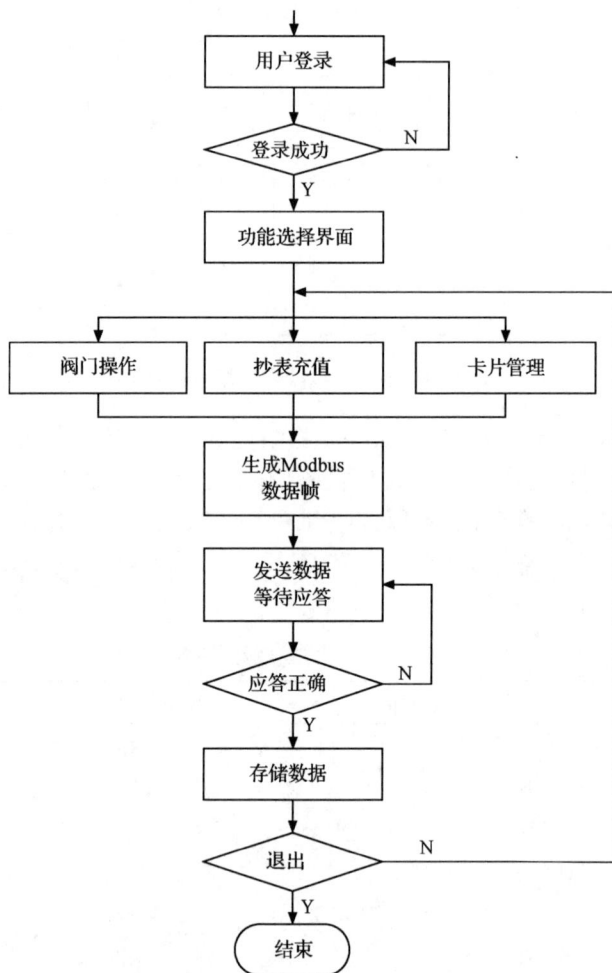

图 5-2-21　手持无线抄表软件流程图

4. 设备应用

手持无线抄表终端主要应用在安装了 IC 卡无线预付费水表的灌区内,方便水务管理人员对 IC 卡无线水表进行现场的管理。目前随着 IC 卡无线预付费水表系统的推广,手持抄表终端已经在北京周边的主要灌区得到实际应用。图 5-2-22 为手持无线抄表终端软件的主要界面和设备的实物图。

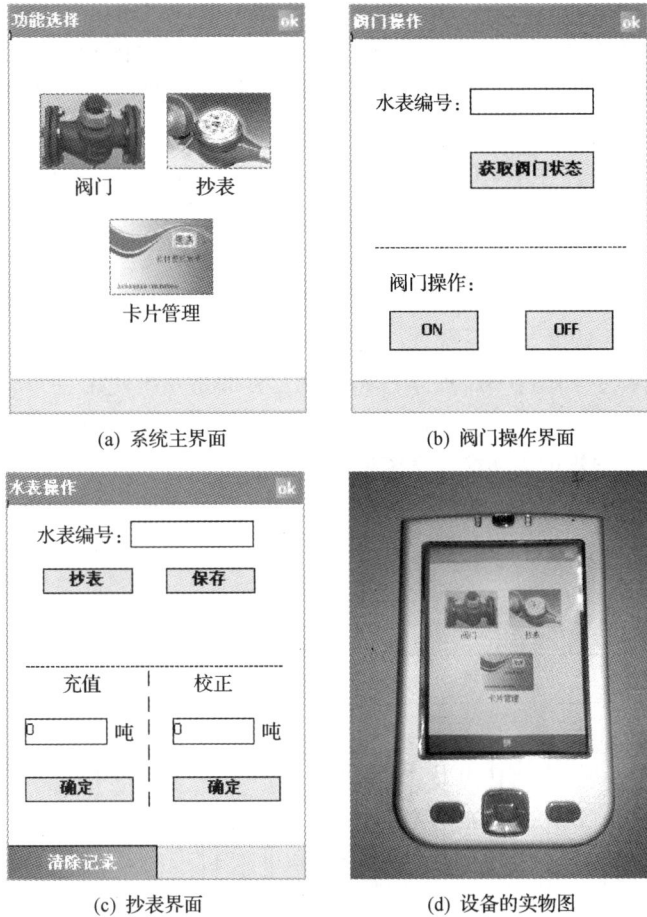

(a) 系统主界面　　　　　　　　　　(b) 阀门操作界面

(c) 抄表界面　　　　　　　　　　(d) 设备的实物图

图 5-2-22　手持无线抄表终端软件的主要界面和设备的实物图

5.3　农业用水管理软件系统

应用软件建设是农业用水信息化建设中非常重要的一环,是农业用水管理信息化能否充分发挥作用的关键所在。为了实现农业用水信息化管理,作者研发团队研制开发了农业用水管理软件系统。

不同用水管理部门对软件的功能需求有所不同,村镇一级的用水管理部门比如村委会等对售水、充值、抄表和调度更为关注,镇一级水务主管部门的农业用水管理主要对村镇集中供水自来水厂用水的计量管理,市县一级则更关注水资源的调度、用水计划、用水分析。针对不同的用户需求,农业用水管理软件系统包括多个子系统,分别是用水计量收费管理系统、农村集中供水远程控制系统和基于 GIS 的农业用水计量管理系统等。

5.3.1　农村用水计量与调度管理系统

针对目前农户温室用水管理中存在的问题,作者研发团队设计并开发出一套适合农村温室大棚的用水计量与调度管理系统,此系统采用预付费用水管理软件和无线智能水表相结合的方式,为水务部门管理农业用水提供一个很好的解决方案。实现了"先预付水费,后限额用水"的用水管理体制,使水务部门的收费及时到账,减少拖欠水费的损失;实现了无线抄表,提高了抄表效率,节省人力资源及日常开支;实现了"一卡多表"的管理模式,一张卡可以管理多个水表,方便了农户的使用;管理人员通过策略调度管理水表的开关,合理安排灌溉用水,实现了远程用水调度;促进农业高效用水,提高了农民的节水意识(周学蕾,2010)。

农业用水管理软件系统主要实现农户温室水表的售水管理、村镇用水量的统计分析以及温室用水的统一调度。本系统软件总体框架可分为三个层次:人机接口层、系统应用层和系统信息支撑层,如图 5-3-1 所示。系统交互界面是系统使用者与应用软件之间的人机接口。系统应用层是本系统的业务核心,提供售水所需的各种业务、无线数据接收处理、用水量统计分析、数据管理等功能。系统信息支撑层保障整套系统共用数据的安全存储和安全访问。按数据获取的时间来分,分为实时数据和历史数据。系统主要有以下功能。

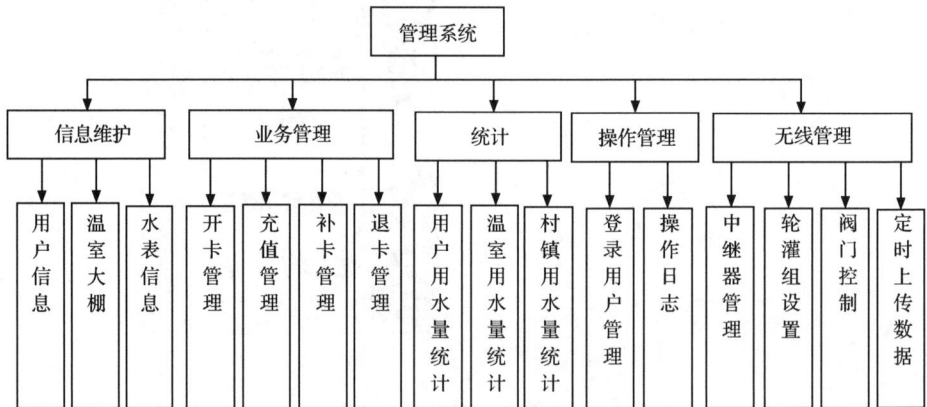

图 5-3-1　农业用水管理软件系统框架

1. 售水管理功能

售水管理支持"一卡多表",一张卡可以管理多个水表,不但节约了成本,而且方便管理。多水表用户无须刻意去记住每个水表所对应的卡片,只需开一张卡即可。售水管理由基本信息管理、业务管理和 IC 卡管理几个主要模块组成。基本信息管理包括温室信息的维护、用户信息的维护、水表信息的维护。业务管理包括用户开卡、水表充值、补卡和销卡。IC 卡管理包括设置卡、管理卡、转移卡等各种功能卡制作。

1)信息维护功能

该模块实现对水费类型、村镇信息、温室大棚、水表信息、用户的基本信息进行维护。因为存在不同的用水类型,如农业用水、生活用水、灌溉用水等,应对水费进行基本信息维护,从而实现对水价的阶梯式管理。用户信息包括用户姓名、联系电话和用户的温室信息,包括温室名称、用水类型等。软件可以增加、删除用户管理的温室,并可以对用户的信息进行修改,如图 5-3-2 所示。

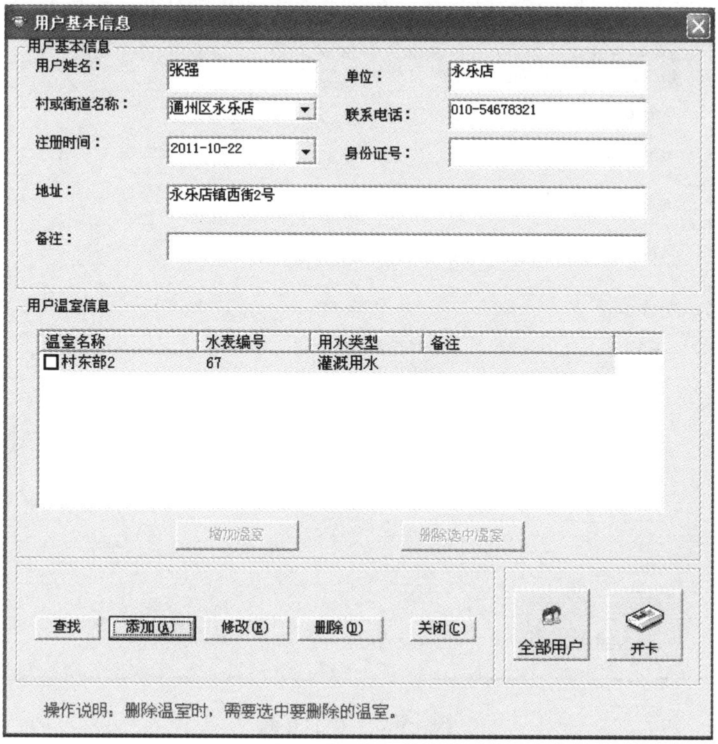

图 5-3-2　用户管理界面

2）开户功能

用户用水量充值使用的是用户卡，每个用户拥有一张或多张用户卡。首先通过用水管理软件对卡进行初始化操作，完成用户卡的加密。图 5-3-3 为用户开卡界面。软件根据用户拥有的温室数量和用水类型进行注册，最后生成一张用户卡给用户。用户卡中记录着用户编号、温室对应的水表号以及相应的购水量等信息。

3）充值功能

在水务管理中，很重要的一项工作就是交纳和收取水费。系统采用预付费方式，用户提前交费，这样不存在水费的拖欠问题。当用户交费时，软件系统可将用户购水量写入用户卡中，工作人员可以直接打印交费凭证给用户。图 5-3-4 为充值界面，系统将同时向数据库中添加用户的购水记录，以备日后的查询。

2. 无线调度管理功能

在机井出水量一定情况下，使用微灌设施时，由于温室阀门打开数量没有限制，水量不能保证，频频出现争水现象。而通过无线组网的多用户无线灌溉调度管理系统，可以很好解决争水问题。它是将管网上取水口的启闭看成独立的随机事件，按照随机用水计算管道的设计流量。系统运行时，软件根据随机用水公式进行校核，取水口的流量等于设计流量时，打开阀门数为最大限值。取水口数目超过该值时，取水口流量减小，系统提醒新打开阀门不能正常工作。

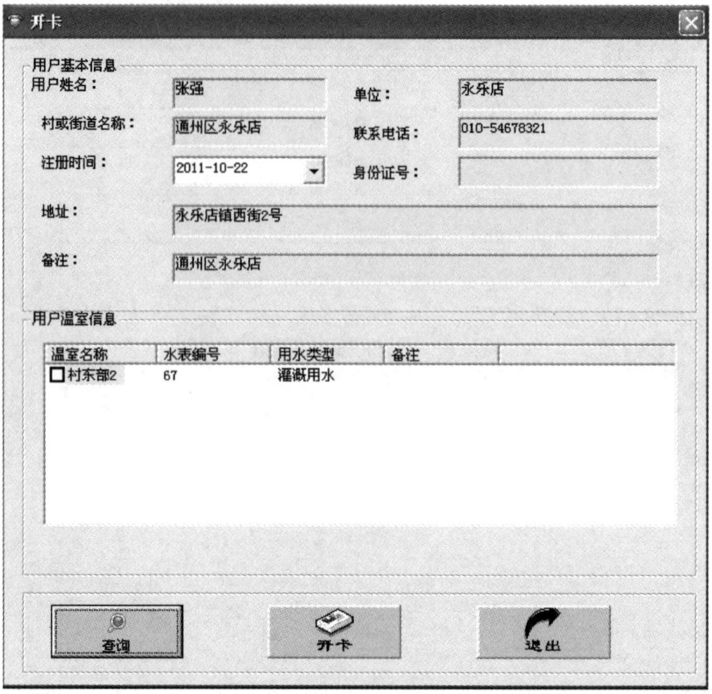

图 5-3-3　开卡界面

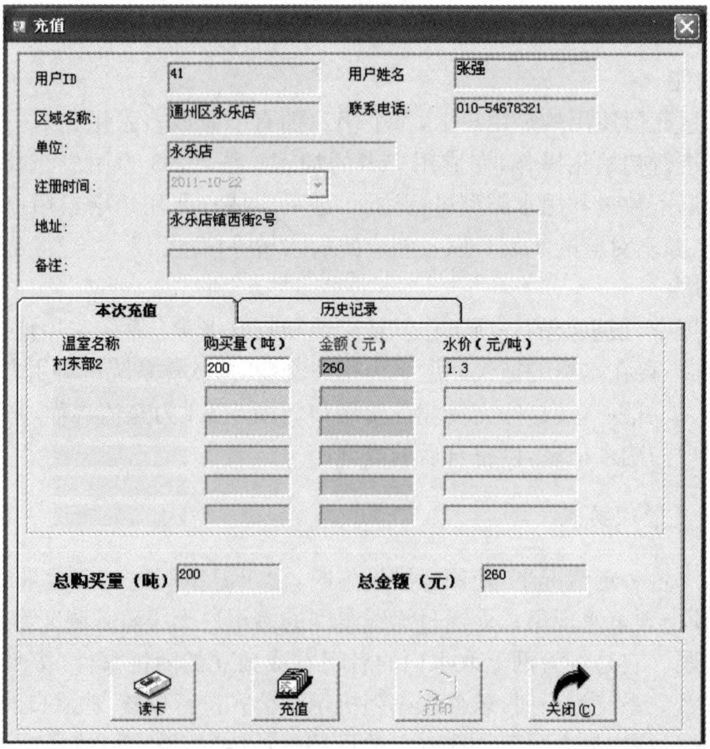

图 5-3-4　充值界面

无线调度管理系统可以分为温室管理、无线抄表、无线充值、灌溉组自动灌溉控制四个模块。图 5-3-5 为无线水表管理软件界面。

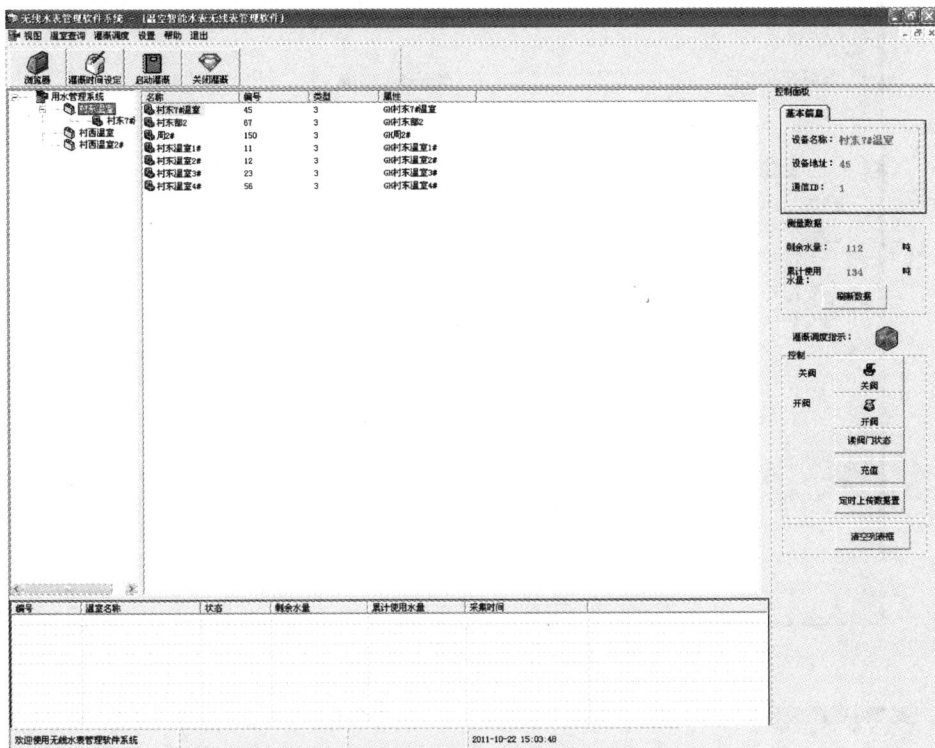

图 5-3-5　无线水表管理软件界面

温室管理用于设置温室属于哪个中继器。一个中继器可以管理 10～15 个邻近的温室。无线抄表用于读取各个温室水表的剩余水量、累计使用水量以及阀门状态。无线充值用于为水表进行远程充值。无线水表管理子系统可以实现各个温室用水的中央式统一调度。统一调度采用轮灌组方式进行管理。

1）灌溉组自动灌溉控制

要想实现温室在设定的时间里自动灌溉，管理人员可以建立轮灌组，给不同轮灌组分配温室，并分别设定轮灌组灌溉开始时间和结束时间，则可实现灌溉时无须值守自动灌溉，节省了时间且提高了灌溉效率。如图 5-3-6 所示，在新建轮灌组界面中，分别给轮灌组设定灌溉时间，同时还可对所建轮灌组进行修改和删除操作，并可通过单击"轮灌组信息"来查看详细的轮灌组信息。

自动开始灌溉界面如图 5-3-7 所示。软件可以给每个轮灌组分配温室。分配后的温室则按照所在轮灌组的灌溉设定时间来进行自动灌溉。设定好所有的轮灌组以及温室，点击"启动灌溉"，则在如图 5-3-7 界面的右侧可看到灌溉调度指示灯变为绿色，表明灌溉开始启动。每个轮灌组到达设定的灌溉开始时间，则自动开始进行灌溉。

图 5-3-6　新建轮灌组界面

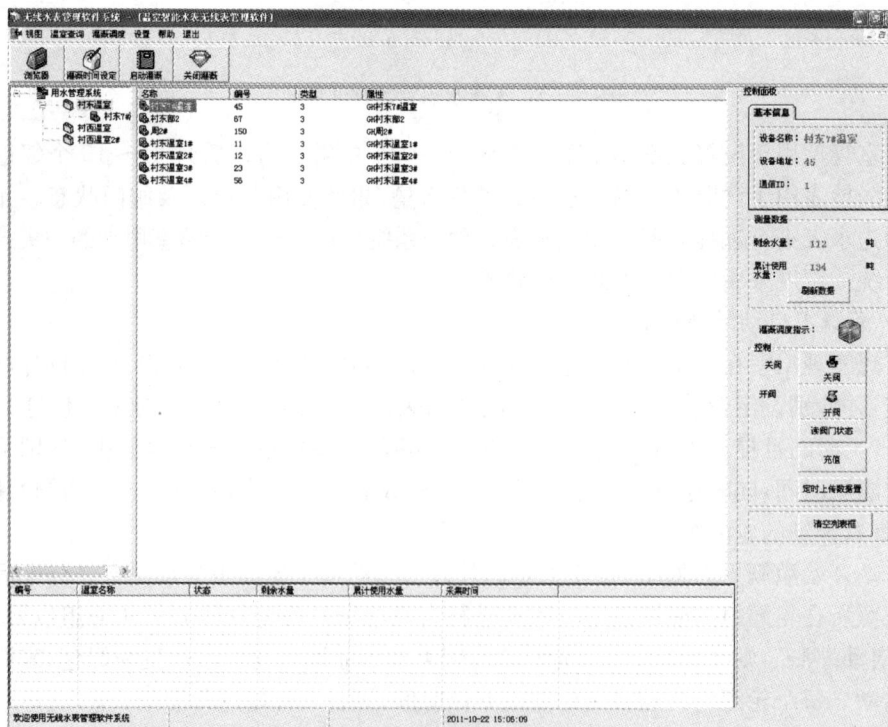

图 5-3-7　灌溉状态显示界面

2）无线抄表

管理人员可随时查看某个温室中水表阀门的开关状态，选中要查询的温室，单击图 5-3-7界面中的"读阀门状态"，在界面中最下边的方框中可以看到水表阀门状态。同样通过单击图 5-3-7 中"刷新数据"可查看水表内的剩余水量和累计使用水量，查看每个用户的用水情况，以此为基础决策分析村中的总体灌溉用水状况，实现合理的用水调度。

5.3.2 村镇集中供水远程控制系统

镇一级的水务管理部门主要管理水厂供水单位的远程用水计量与收费管理。作者研发团队以现代计算机技术、网络技术、通信技术、多媒体技术为基础，研发了基于 GIS、GSM 平台的集中供水管理系统，该系统具有水井计量、收费、历史数据查询、系统管理等多项功能。上位机软件结合 GIS，采用 C/S 方式运行，用户可以查看每一口井的当前用水量和总的用水量，用户还可以远程控制阀门开启和定时开启阀门（方桃，2009）。软件结构示意图如图 5-3-8 所示。系统功能介绍如下。

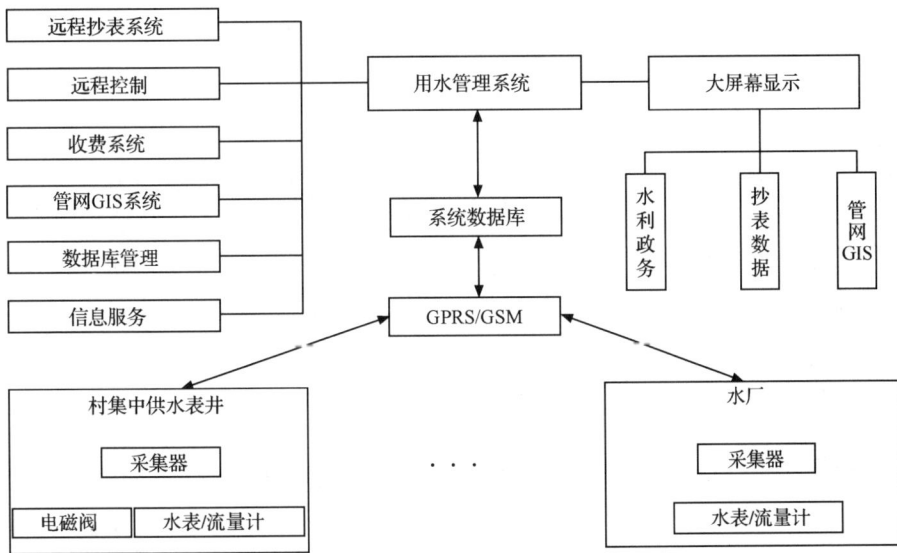

图 5-3-8 软件结构功能示意图

1.供水系统监测

系统由远传压力表、流量信号采集器、智能水位控制仪等设备组成。该系统监测供水管网压力，接收井群系统、加压泵监控系统上传数据，智能调度井群水泵、加压水泵；采集供水量向客户终端计算机输送数据；实时监控蓄水池水位变化，并根据设备工况状态控制井群系统工作。也可以根据用户要求对二次加压泵房设备用电量情况和水质等情况进行监控及管理。如图 5-3-9 所示。

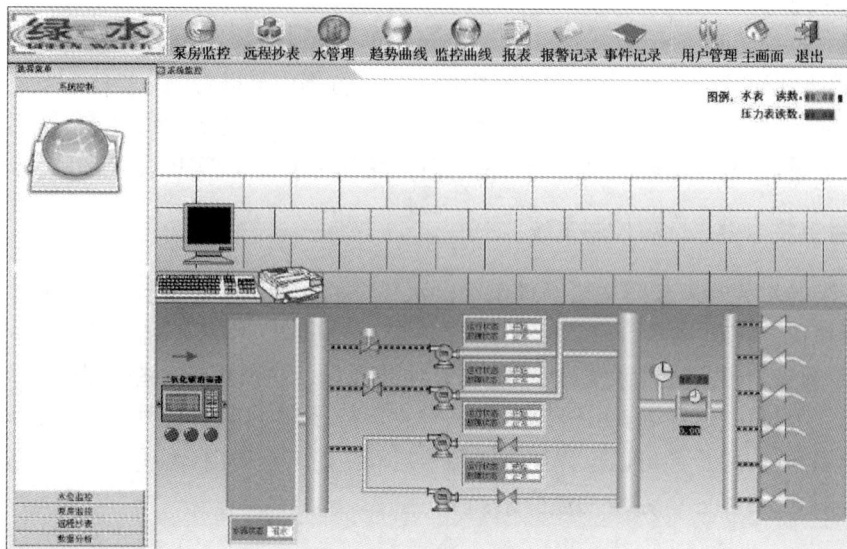

图 5-3-9　水厂系统监控示意图

2. 加压泵房监测

　　加压泵房系统由通信控制柜、计算机数字量采集器、智能仪表和控制开关组成。根据供水压力自动控制泵房内水泵的工作台数及其转速,实现加压站智能化监控、投入,以达到高效节能、恒压供水的目的。可以对泵房内每台水泵实施电流检测、电压检测、工作状态检测、故障检测、功率检测、异地远距离控制启停。同时,还可以对泵房总耗电量及总出水量进行检测,根据总水量及总耗电量实时计算二次加压泵房水泵的工作效率。如图 5-3-10 所示。

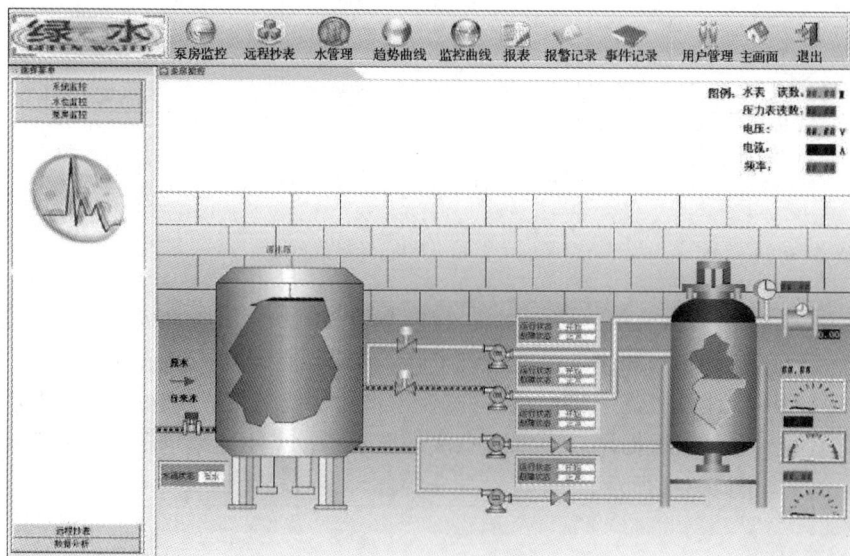

图 5-3-10　加压泵房系统监测界面

3. 水源井监测

如图 5-3-11 所示,该系统能自动采集水源井水位、工作状态检测(电流、功率、故障)、流量检测、远距离控制启停。并根据检测到的数据,进行水泵效率计算以判断运行中水泵是否在高效运行状态。并将所采取的数据实时显示记录在中央计算机上,从而实现对深井泵的智能化监控及管理。

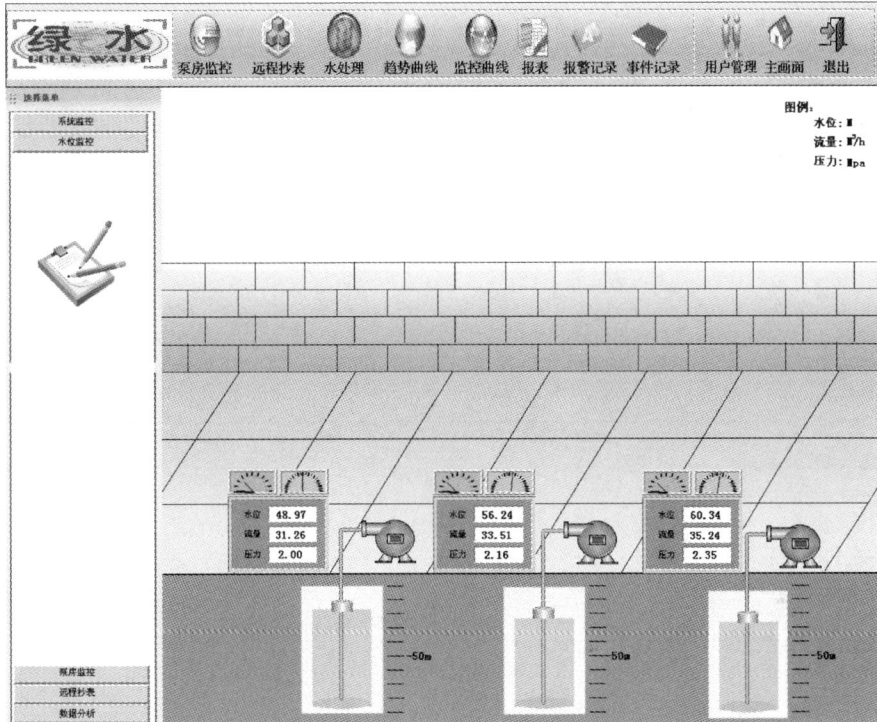

图 5-3-11　水源井系统监测界面

4. 远程抄表功能

在系统的电子地图中,系统规定用点状图元代表村集中供水水表,用户可以随时查询有关机井的详细信息。用户点击图中代表机井的图元,被选中的图元将以红色和黑色交替闪烁,并弹出窗口显示该井的属性信息(如机井编号、井深等)、当前状态(关闭、开启)、水表的当前读数。用户还可通过系统的远程控制功能来实现对井房电磁阀的开启和关闭。系统得到的所有信息都是通过指令即时得到的,确保了数据的实时性。图 5-3-12 为系统 GIS 显示界面。

5. 数据统计分析功能

如图 5-3-13 所示,基于该系统用户可以对每个用水单位任意时间段用水信息进行统计查询,也可以查询水厂历史系统工况信息,并通过曲线和表格等多种方式进行显示。

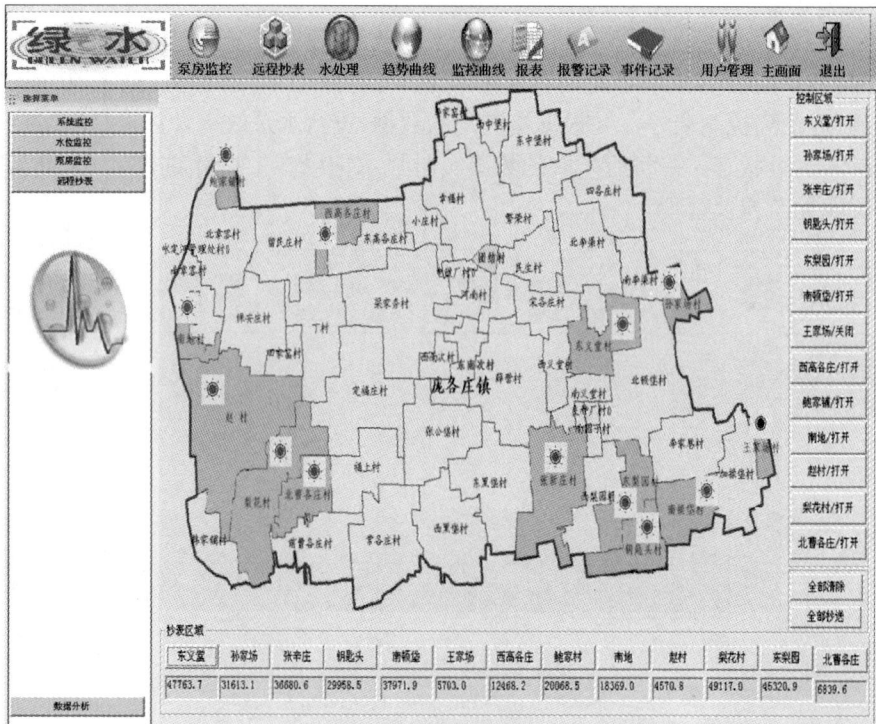

图 5-3-12　系统 GIS 显示界面

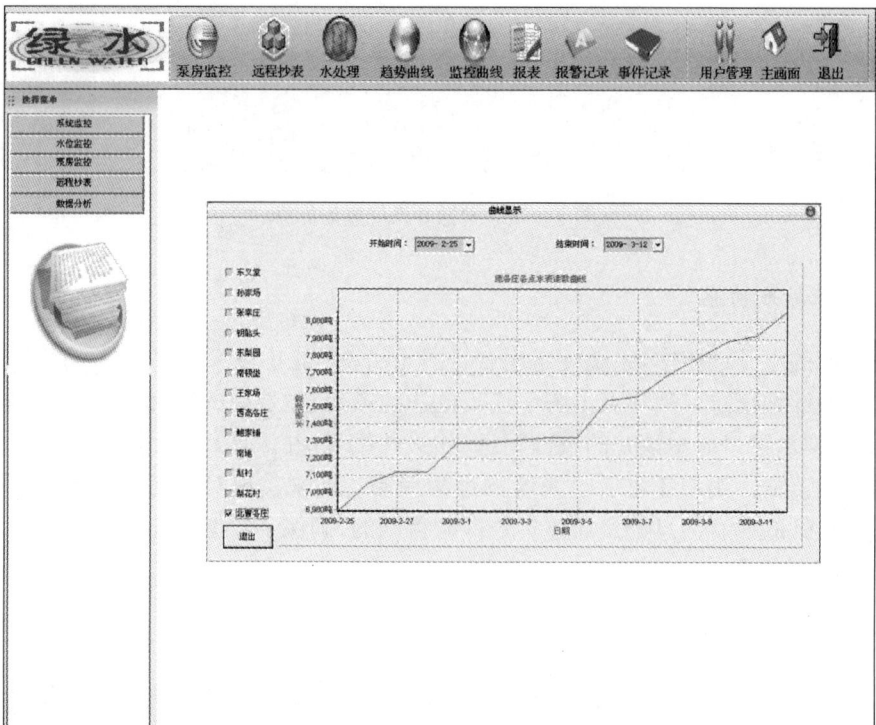

图 5-3-13　数据统计分析功能界面

GIS、C/S、GSM 等技术为平台的集中供水管理系统实现了农村供水信息的自动化采集控制、发布和管理,提供了科学、准确、及时的预报调度手段,为实现水资源的合理开发利用提供了技术支持。

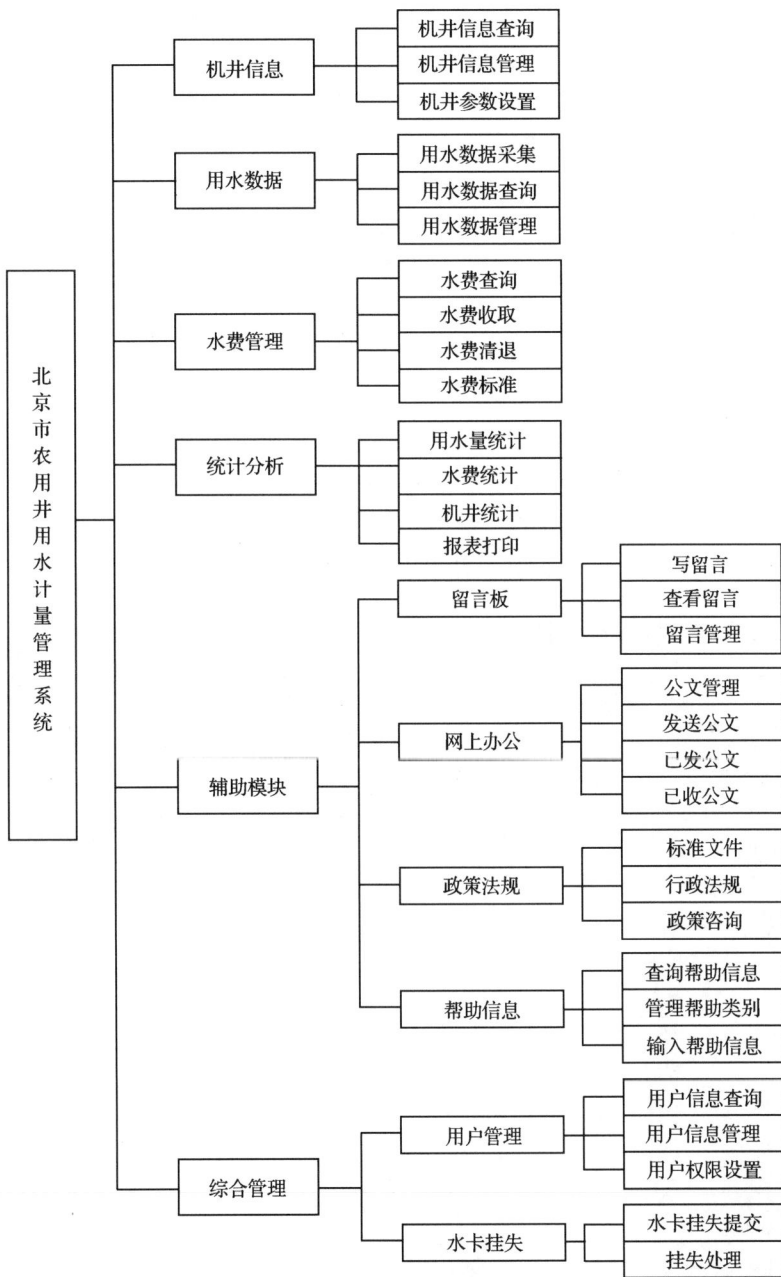

```
                            ┌─机井信息查询
              ┌─机井信息─────┼─机井信息管理
              │              └─机井参数设置
              │              ┌─用水数据采集
              ├─用水数据─────┼─用水数据查询
              │              └─用水数据管理
              │              ┌─水费查询
              │              ├─水费收取
              ├─水费管理─────┤
              │              ├─水费清退
              │              └─水费标准
              │              ┌─用水量统计
北            │              ├─水费统计
京            ├─统计分析─────┤
市            │              ├─机井统计
农            │              └─报表打印
用                           
井                           ┌─写留言
用            │   ┌─留言板───┼─查看留言
水            │   │          └─留言管理
计            │   │          ┌─公文管理
量            │   │          ├─发送公文
管            ├─辅助模块─┤网上办公┤
理            │   │          ├─已发公文
系            │   │          └─已收公文
统            │   │          ┌─标准文件
              │   ├─政策法规──┼─行政法规
              │   │          └─政策咨询
              │   │          ┌─查询帮助信息
              │   └─帮助信息──┼─管理帮助类别
              │              └─输入帮助信息
              │              ┌─用户信息查询
              │   ┌─用户管理──┼─用户信息管理
              └─综合管理─┤     └─用户权限设置
                  │          ┌─水卡挂失提交
                  └─水卡挂失──┴─挂失处理
```

图 5-3-14　系统功能框架图

5.3.3　基于 GIS 的用水计量管理系统

在我国水利信息化建设的进程中,对水资源的量化管理和优化配置一直是一个需要重点解决的问题。由于历史原因和管理体制的问题,我国的水资源管理一直比较粗放,管理手段需要更新,计量设施建设远不能满足水资源量化管理的需要,迫切需要研究水资源管理的实用技术。充分利用现代信息技术,研制和开发基于 GIS 技术的水资源监控管理系统,为水资源的实时监测、信息管理、决策支持和远程监控等提供统一的系统平台是实现水资源管理信息化的重要途径。为此,国家农业信息化工程技术研究中心采用 GIS 和 GSM 技术,建立了一套用水计量管理系统。系统主要功能如图 5-3-14 所示。

系统开发采用 ASP 技术、Javascript 脚本语言和 GeoBeans 二次开发平台相结合进行,开发了基于 B/S 模式的用水计量管理系统。工作人员通过网络就可以实现系统的操作,包括地图的浏览,用水信息的查询、统计和分析,用水的控制等,功能详细介绍如下。

1. 地图操作功能

地图的基本操作包括地图漫游、缩放,图层按比例控制显示,任意图层可控制显示、选择、编辑属性;多样的地图实体选取、属性信息查询、空间信息获取;灵活的实体标注功能,支持普通标注、智能标注、浮动标注。所有的地图、属性数据、编程工作都在服务器端进

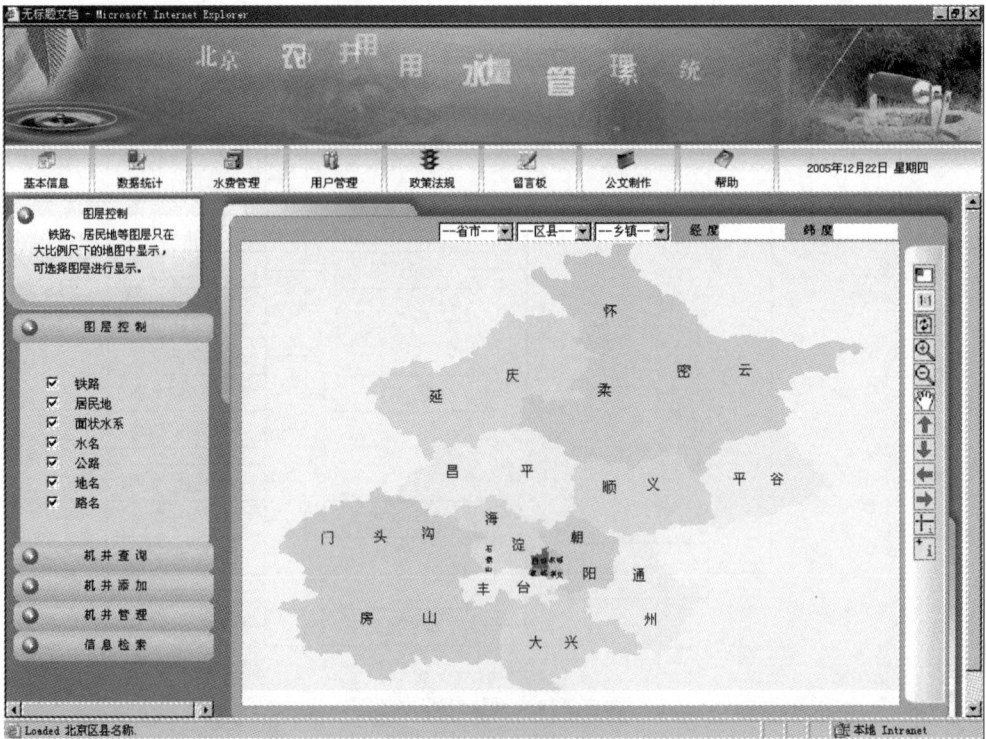

图 5-3-15　系统运行主界面

行,客户端只要能上网即可,对硬件无特别要求,无须安装任何插件。工作人员对服务器发出各种请求,服务器接受客户端的请求后,在服务器端进行分析处理,向客户端传回结果图像,同时回传检索结果数据。系统主界面如图 5-3-15 所示。

2. 远程抄表功能

用户可以通过地图随时查询机井的基本信息,用户点击图中农用井的图元符号,会弹出窗口显示该井的位置、深度、基本情况等属性信息,以及总流量和当前流量,用户还可以在浏览器端通过点击属性信息中控制农用机井的按钮来实现开启与关闭的转换。如图 5-3-16所示。

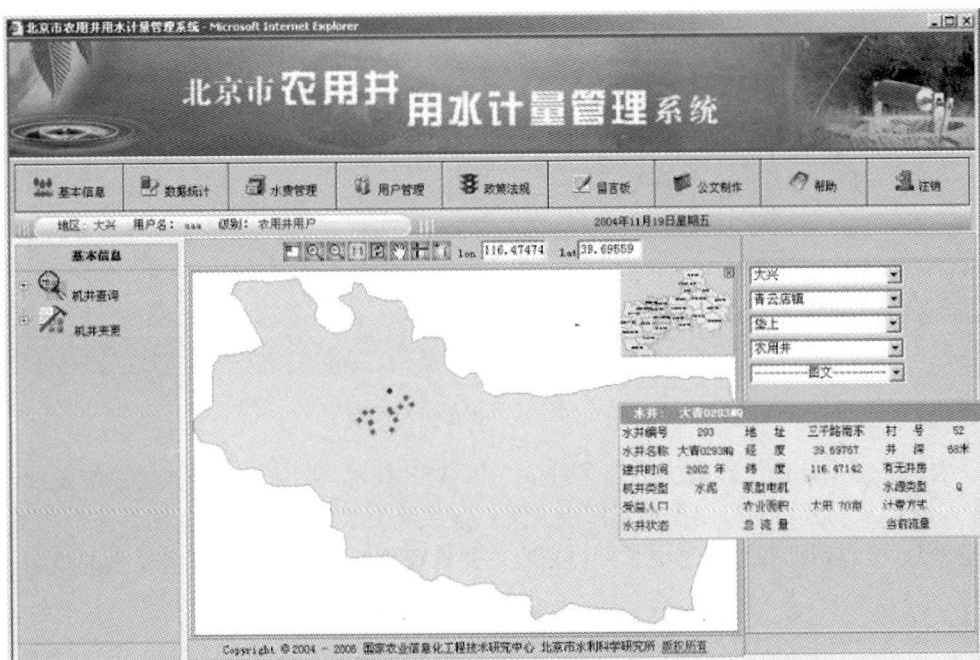

图 5-3-16 远程抄表界面

3. 机井动态添加功能

系统在实际运行过程中,对农用井的管理是一项很重要的内容。当地方新增机井、废除机井、变更机井时,工作人员都要及时地更新机井信息。系统可以通过地图实现农用机井的添加、删除和变更的可视化管理。工作人员可以通过直接输入经纬度坐标和地图选择添加两种方法进行机井动态添加。如图 5-3-17 所示。

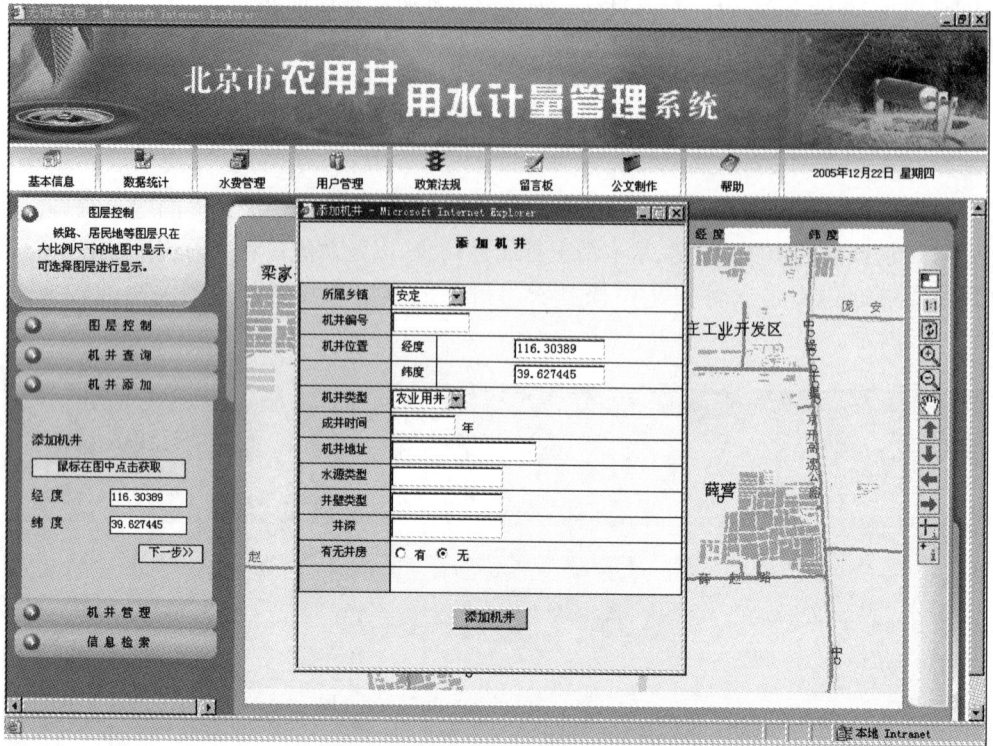

图 5-3-17　机井添加运行界面

农用井用水计量管理系统结合 WebGIS 与 ASP 技术，采用 B/S 模式的系统设计，为 WebGIS 在水利方面的应用提出了解决方案。该系统为水务管理人员提供了一个方便的管理平台，可以帮助各地区解决长期以来农用井管理落后和上门收费任务繁重的难题。

第6章 水质监测与调控技术

在农业生产中,不仅需要及时、高效地进行农田灌溉,更需要保障农业用水的质量安全。采用污水灌溉,将对土壤中微生物水平和农作物生长产生不良影响,破坏菌种平衡,降低土壤肥力,造成农产品毒素积聚,带来食品安全隐患,影响人类健康,甚至导致食物中毒事件。近年来,我国水资源的污染使得农业用水供需矛盾日益突出。即使在水资源比较丰富的地区,由于经济的快速发展和人口的增长,污染物排放量持续增加,造成了质量安全的灌溉水短缺和食品安全方面的问题(钱国明等,2008)。农业用水的水质监测和调控技术逐渐成为一项必需技术,在需求的日益增加中迅速发展。

本章主要介绍农业用水的水质监测和调控技术,重点讨论用于灌溉水水质信息感知的常用传感器技术原理和设计方法、水质监测系统结构和工作原理、农业用水消毒技术。

6.1 概　　述

6.1.1 水质监测与调控的意义

随着经济的发展,工业污染、生活垃圾污染、畜禽粪便、过量施肥和使用农药等对天然水水质造成影响,致使自然状态的水源受到不同程度的污染。严重污染的水不仅不能净化饮用,也不能直接用于农作物灌溉。我国农业用水中的主要污染物类别、来源及其对农业的危害情况如下(王云宝,2006)。

1) 氯化物

氯化物来自生活污水、工业排水、矿床水(来自地层)和天然的地面排水,目前的饮用水多采用氯气消毒,故氯化物残存较为严重,是我国农业用水中普遍存在的物质。氯化物具有一定的毒性,对农作物生长具有较大的危害,当采用含氯化物超标的水进行灌溉时,作物的叶片会发生枯萎,从而造成减产。

2) 钠

过量钠盐会使部分作物产生中毒反应,造成作物大面积枯萎。钠盐不仅会危害农作物的生长,还会对土壤造成难以恢复的损害,使其长期不适于耕种。部分工业废水含钠较多,当用于灌溉时,应对其钠含量进行测定。

3) 硼

硼主要来源于清洁剂,清洁剂从生活污水和某些工业排水流入江河和溪流,硼是一种农作物生长需要的基本微量元素,是作物生长的营养元素,但稍有超量就会对农作物生长造成严重危害,中毒的典型症状是"金边",即叶缘最容易积累硼而出现失绿状。欧洲灌溉水标准中明确了硼的含量不得大于 3.0mg/L。

4）钙

钙不直接危害植物，但它能间接产生有害的影响。碳酸氢钙暴露在空气中会转变成溶解度较低的碳酸钙，它能引起喷水管堵塞，并在叶子和果实上形成白色斑点。

5）硝酸盐和亚硝酸盐

我国生活污水的硝酸盐和亚硝酸盐含量较高。如果采用含硝酸盐和亚硝酸盐过多的污水灌溉，会对作物造成严重危害。我国曾发生多起因高亚硝酸盐含量水灌溉造成的作物大规模减产事件，以及因养殖水域亚硝酸盐含量过高而引起的大批水产品死亡事件。硝酸盐和亚硝酸盐在人类肠道中会形成亚硝胺，亚硝胺是一种致癌物质。

6）铁

铁溶解于一些地下水中。在与大气相接触时，铁以氢氧化铁的形式沉淀出来，产生棕色叶片状黑点，由于铁是非溶解性的，它会使喷水管嘴堵塞。当铁含量过高的水用于灌溉时，会在农作物表面形成斑点。欧洲灌溉水标准规定灌溉水的铁含量不应大于1.0mg/L。

7）氟化物

降水中的氟化物含量极高，当植物暴露于氟化物中时，其光合作用会受到抑制。荷兰科学家研究发现，当一些花卉作物氟化物含量为 1.0mg/L 或更高时，会使花卉寿命大幅度缩短。

8）其他元素和微量金属

我国部分水域含有过量的重金属或其他微量元素，也会对农作物、土壤造成严重破坏。

我国于 1992 年 1 月制定了《农田灌溉水质标准》(GB 5084—92)，并于同年 10 月开始实施。在该标准中，将灌溉水质按灌溉作物分为三类：一类为水作，如水稻等；二类为旱作，如小麦、玉米、棉花等；三类为蔬菜，如大白菜、韭菜、洋葱、卷心菜等。标准中规定灌溉水质应满足表 6-1-1 各项标准。

标准指出，当地农业部门负责对污水灌溉区水质、土壤和农产品进行定期监测和评价，为了保障农业用水安全，在污水灌溉区灌溉期间，采样点应选在灌溉进水口上。化学需氧量(chemical oxygen demand，COD)、氰化物、三氯乙醛及丙烯醛的标准数值为一次测定的最高值，其他各项标准数值均指灌溉期多次间测定的平均值。近年来，我国农业部门、环境保护部门日益重视灌溉水质量安全，要求各级机构严格执行灌溉水质标准，对不达标的水质进行净化。

长期以来，我国主要采用实验室化学分析的手段对灌溉水质进行采样、分析，以确定其是否符合标准。但由于水质信息具有时效性强的特点，特别是水质预警预报要求快速、准确、实时地采集和传递监测信息，以实验室为主的检测手段已经不能满足农田灌溉水资源保护的多方位、高水平管理的要求，也无法满足快速准确和实时测报水质信息的需要。因此，发展灌溉水水质的自动监测技术势在必行。同时，我国都市型现代农业的发展，要求发展优质、高效、高产农业，对农业用水的水质提出了更高的要求，因此，迫切需要发展农业用水水质监测和调控技术，以保证我国现代农业的快速高效发展。

表 6-1-1 灌溉水质标准

序号	项目		作物分类		
			水作/(mg/L)	旱作/(mg/L)	蔬菜/(mg/L)
1	生化需氧量(BOD5)	≤	80	150	80
2	化学需氧量(CODcr)	≤	200	300	150
3	悬浮物	≤	150	200	100
4	阴离子表面活性剂(LAS)	≤	5.0	8.0	5.0
5	凯氏氮	≤	12	30	30
6	总磷(以 P 计)	≤	5.0	10	10
7	水温(℃)	≤	35		
8	pH	≤	5.5~8.5		
9	全盐量	≤	1000(非盐碱土地区)2000(盐碱土地区)有条件的地区可以适当放宽		
10	氯化物	≤	250		
11	硫化物	≤	1.0		
12	总汞	≤	0.001		
13	总镉	≤	0.005		
14	总砷	≤	0.05	0.1	0.05
15	铬(六价)	≤	0.1		
16	总铅	≤	0.1		
17	总铜	≤	1.0		
18	总锌	≤	2.0		
19	总硒	≤	0.02		
20	氟化物	≤	2.0(高氟区) 3.0(一般地区)		
21	氰化物	≤	0.5		
22	石油类	≤	5.0	10	1.0
23	挥发酚	≤	1.0		
24	苯	≤	2.5		
25	三氯乙醛	≤	1.0	0.5	0.5
26	丙烯醛	≤	0.5		
27	硼	≤	1.0(对硼敏感作物,如马铃薯、笋瓜、韭菜、洋葱、柑橘等) 2.0(对硼耐受性较强的作物,如小麦、玉米、青椒、小白菜、葱等) 3.0(对硼耐受性强的作物,如水稻、萝卜、油菜、甘蓝等)		
28	粪大肠菌群数(个/L)	≤	10000		
29	蛔虫卵数(个/L)	≤	2		

引自:《农田灌溉水质标准》,中华人民共和国国家标准,GB 5084—92,国家环境保护部 1992-01-04 批准,1992-10-01 实施。

6.1.2　水质监测技术现状

目前，全球水质感知设备高端市场被国外拥有近百年发展历史的跨国水质监测设备生产商所垄断，比较有代表性的跨国生产商是美国的哈希（HACH）公司、法国的普利梅特龙（Polymetron）、瑞士的斯万（SWAN）、美国的霍尼韦尔（Honeywell）、德国的 E+H、瑞士的 ABB 公司，它们具备先进的技术优势和强大的研发实力，每年都在不断推出新品：生产的产品具有优秀的品质，深得用户的好评；另外产品的类别较广，包括导电度表、pH表、溶氧表、钠表、铁表、铜表、硅表、磷表、氯表和浊度计等，覆盖的范围很广。更为重要的是所具有强大的品牌推广力量，依靠强大的品牌优势，已在业界家喻户晓，占据着全球最有优势的市场地位，每年获得丰厚的回报。

我国的水质监测技术起步较晚，现有的自主研发类传感器尚停留在电化学传感器阶段。一些传统的水质传感器，如 pH、水温、电导率等传感器已有商业化产品。但相对复杂的传感器，如溶解氧、叶绿素、微量元素的传感器和监测仪表长期依赖进口。随着国内经济多年来的快速发展，现代农业的需求日益加大，给国内水质监测行业带来了黄金般的市场机会，水质监测行业迎来了快速发展的机遇期。

值得说明的是，水质监测技术是一项多学科交叉的技术领域，很多新技术在逐渐完善后被应用于水质监测。如美国等发达国家 20 世纪大多采用电化学技术实现溶解氧、pH等水质参数的感知。随着光学技术、生物传感技术的发展，目前的电化学传感器大多被光学传感器、生物传感器所取代。纳米技术、微机电系统（MEMS）技术也在逐步应用于水质监测。因此，水质监测技术是随着其他支撑性技术的发展而逐步完善的。总体来说，水质监测仪器的发展趋势是智能化、在线化、微型化、低成本化。

6.1.3　水质监测和调控系统的组成

1. 水质监测系统

农业用水的监测方法可分为两类：一种为化学分析方法，即取水样后，在实验室进行分析，以获得其成分，常用色谱法、质谱法、滴定法等，其特点是耗时长、不能实现原位测量，样本的测试过程中往往会发生化学成分的变化；另一种为在线监测法，即通过专用传感器，实时获得水中的成分信息，将其以电信号的形式提供给使用者。本书主要讨论在线监测法。

按照监测方法所依据的原理，水质监测常用的方法有化学法、电化学法、原子吸收分光光度法、离子色谱法、气相色谱法、等离子体发射光谱法等。在抽检分析中，化学方法采用较多；在水质监测仪器中，大部分采用电化学法和光学法。

正确选择监测分析方法，是获得准确结果的关键因素。我国已编制 60 多项包括采样在内的标准分析方法，这些方法比较经典、准确度较高，是环境污染纠纷法定的仲裁方法。

典型的水质监测系统由水质传感器、水质信息采集设备、水质信息融合与处理部分、结果显示部分、通信部分组成。图 6-1-1 为典型水质监测系统的结构示意图。

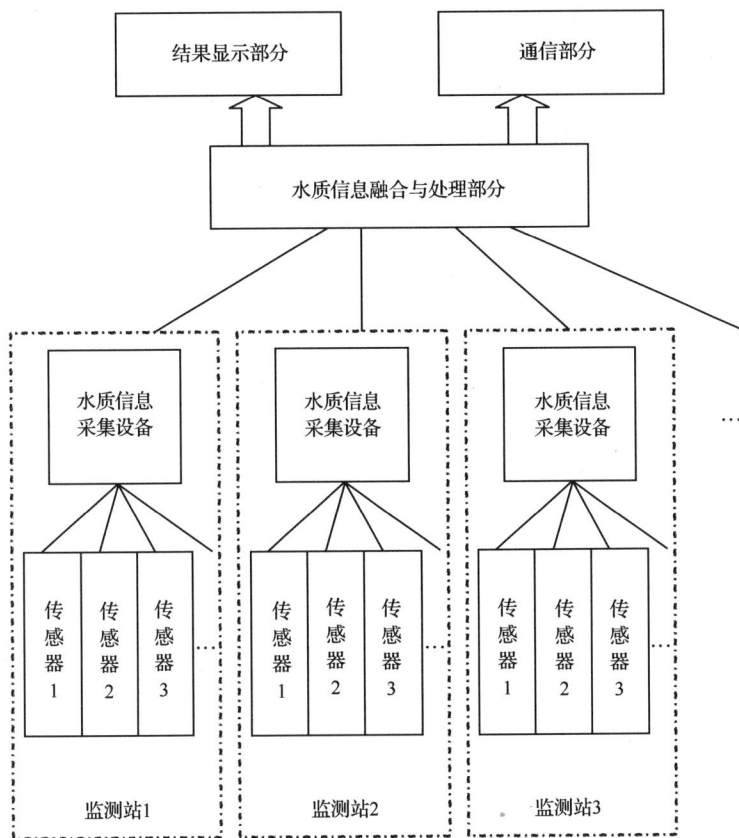

图 6-1-1　典型水质监测系统

2. 水质调控系统

典型的农业用水水质调控系统包括进水系统、消毒设备、检测系统、控制器和出水系统，如图 6-1-2 所示。

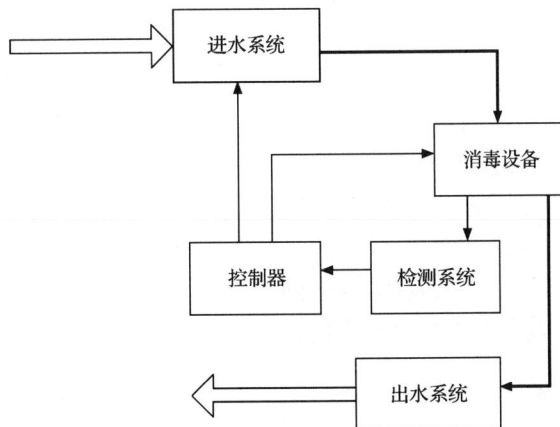

图 6-1-2　典型水质调控系统

灌溉水经进水系统进入水质调控环节。消毒设备用于对水质进行净化,目前消毒技术的主要目标是去除水中的微生物和毒素,或对水质进行过滤。接下来,检测系统对水质,以及由消毒设备引起的杂质进行检测,并将检测结果反馈给控制器。控制器根据检测结果,对进水系统和消毒设备进行闭环控制。最后,经过适当消毒的灌溉水经出水系统流出。

6.2　水质监测传感器技术

农业用水的水质监测内容主要包括水温、氨氮、溶解氧、pH、盐度、亚硝酸盐等。针对这些指标,人们发展了多种传感技术(周娜等,2009),研制了多种类型的传感器,构建了监测系统用以实时获取水质信息。这些传感技术有的基于电化学方法,有的基于声学方法,有的基于光学方法,在应用方面各具优势。

在实际工作中,应根据需要选择合适的传感器技术,以获得满足要求的水质信息。现将部分重要传感器技术介绍如下。

6.2.1　水温传感器技术

在农业灌溉中,水温对农业生产至关重要,是必须进行测量的指标之一。水温不但直接影响农作物,而且影响其他环境条件,从而又间接地对农作物发生作用,几乎所有的环境指标都受水温的影响。水温也是最传统和最容易测量的水质信息。

在水质测量仪器中常用的温度传感器是热电式传感器,主要有两种:一种是将温度转换为电势大小,称为热电势式温度传感器(热电偶);另一种是将温度转换为电阻值的大小,称为热电阻式温度传感器(热电阻)(张立宝,2007)。

热电偶的测温原理是把两种不同的端点连接,组成闭合回路,将两个接点中的一个进行加热,则在回路中即会产生电流,测出电流大小就可间接求得被测温度值。当使用热电偶测量水温时,应将一个接点放置于待测水体中,这个接点称为热电偶的热端或测量端;让另一个接点处于已知恒温条件下,称此接点为热电偶的冷端或参考端。若参考端随环境温度变化,则需采用电桥补偿法等进行冷端温度补偿。

热电阻是利用导体的电阻随温度变化而变化的特性测量温度的。因此要求作为测量用的热电阻材料温度系数要尽可能大和稳定,电阻率高,电阻与温度之间最好呈线性关系,并且在较宽的测量范围内具有稳定的物理和化学性质(杨明欣等,2002)。

水温传感器与常规温度传感器技术类似,设计方法可参照工业中常用的温度传感器设计,本书中不再作过多阐述。此外,温度传感器是工业中最为常用的传感技术之一,随着半导体工艺的发展,温度传感技术已经逐渐走向微型化。目前,国外很多半导体公司均推出了专用于温度测量的芯片,其成本低、体积小,且功耗极低。在其基础上开发的温度传感器完全适用于灌溉水水体的温度测量。

6.2.2　pH传感器技术

pH是灌溉水的重要指标之一。水质pH的测定方法有比色法和玻璃电极法(奚旦立等,1996)。本书主要介绍电极法。

pH 电极是电化学电极中较为成熟的一种。目前在测量仪器中普遍应用玻璃电极法测定 pH,它以玻璃电极为指示电极,饱和甘汞电极为参比电极,并将二者与被测溶液组成原电池。工作时,指示电极发生化学反应,产生电势差。通过测量玻璃电极和甘汞电极之间的电位差,反映待测水体的 pH。需要说明的是,测量过程中,温度会对电极的化学反应产生影响。因此,应进行温度补偿以提高测量精度。

目前,国际上常用的 pH 测量传感器采用差分式五线制电极,传感器内集成了用于温度补偿的处理电路和前置放大器。因为信号通过前置放大器输出,阻抗较低,所以可以远距离传输,抗干扰能力强,可靠性较高。采用分子腐蚀工艺的玻璃电极,可以有效地克服其他离子引起的误差,适当调节传感器的不灵敏带宽度,可以克服中和过程中 pH 变化的非线性引起的问题。图 6-2-1 为上海精密科学仪器有限公司生产的 E-201-C 型塑料壳可充式复合 pH 电极实物。

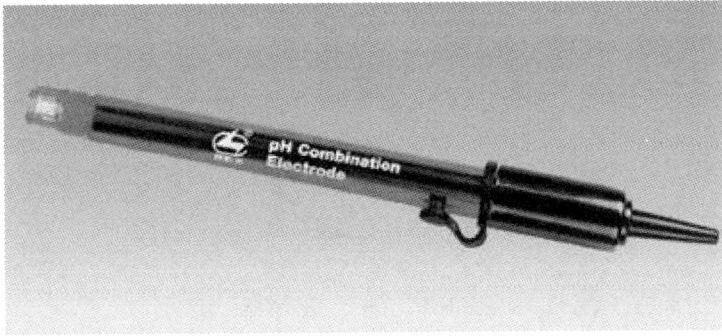

图 6-2-1　pH 电极实物

据测试,温度对玻璃电极电化转换系数的影响约为 0.1983mV/℃。因此在不同温度下测得的同一溶液的 pH 是不相同的。在 pH 测量中使用者必须把温度补偿器线标放在被测液温上,选择该温度下标准缓冲溶液对应的 pH 作定位的示值,然后再测被测液的 pH。在设计 pH 传感器和监测仪表的时候,除了附加温度补偿电路,还建议在软件中作温度系数校正。

6.2.3　盐分传感器技术

水溶液的盐度也是影响水质的另一个重要指标。长期以来人们对此进行了广泛的研究和讨论(孙晓东等,2006)。

与其他水质检测方法类似,盐分的检测最初也依赖于实验室内分析,如常用的硝酸银溶液滴定法。这些方法存在误差较大、精度不高、操作复杂、不利于仪器配套等问题,尽管还在某种场合下使用,但逐渐被电化学传感器法所代替。

由于水体的盐分和电导率存在线性关系,现多用电导率传感器反映盐分。部分商业化的水质监测仪器同时带有盐度和电导率指标,其中盐度是通过电导率和水温测算得到的。盐度和电导率的关系已被国际标准确定。由于水的电导率是盐度、温度的函数,通过电导法测量盐度的同时,还必须获得温度值,对测量值进行补偿。

　　盐度(电导率)传感器(图6-2-2)通过测量流过两个固定电极之间的电流,从而间接测量电导率。电导率与溶液中离子的浓度有关,离子浓度越高,溶液的电导率越大。因而电导率传感器的数值变化能说明溶液中离子浓度变化情况。而盐分是反映溶液中总离子浓度的一个指标,因而盐分可以用此方法测量。

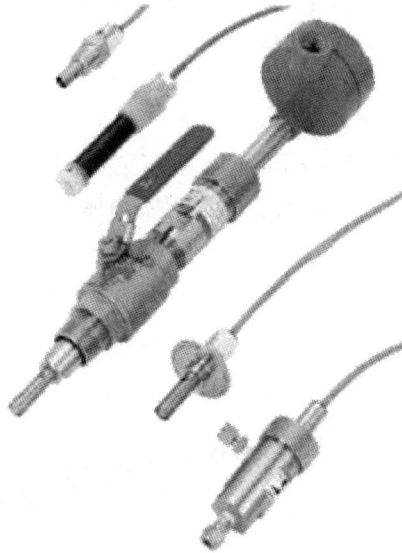

图 6-2-2　电导率传感器

　　电导率式盐度传感器由电导电极和电子单元组成。电导电极由两片金属片构成,目前常用的材料是铂、金等导电率较高的金属。电导池常数大小决定于两金属片的面积和间距。将电导电极浸入溶液内,在两个电极上施加激励信号,即可测得电导率。电子单元采用适当频率的交流信号进行激励,将信号放大处理后换算成电导率。同时配备温度测量系统,对温度效应进行补偿,从而正确反映溶液的盐度。

6.2.4　溶解氧传感器技术

1. 溶解氧测量方法

　　溶解氧(dissolved oxygen)是指溶解于水中分子状态的氧,即水中的O_2,用DO表示,是衡量水产养殖水质的重要指标。自20世纪以来,针对溶解氧监测的传感器技术研究已经成为水质监测领域的重要研究内容之一,多个研究机构开展了基于不同原理的溶解氧传感器研究,不同类型的溶解氧传感器逐步由实验室走向市场。溶解氧传感器是经济效益最为明显的水质传感器之一,水产养殖行业对其有大量的需求。

　　就测定原理来说,溶解氧的测定主要包括Winkler滴定分析法、电流测定法(Clark溶氧电极)以及荧光淬灭法。Winkler滴定分析法属于取样分析方法,不能实现溶解氧的在线监测,不在本书讨论范围之内。电流测定法和荧光淬灭法均可实现传感器,形成在线监测仪器。

　　Winkler 滴定分析法是国家标准中指定的标准溶解氧测量方法,它是基于硫代硫酸盐滴定反映混合物释放出碘的量,是一种非手工取样分析方法。这种方法较准确,但是需要很多的样品,并且非常费时费力且不能实现连续在线监测。溶解氧传感器在进行标定时,一般采用 Winkler 滴定分析法。

　　电流测定法的测量速度比碘量法快,它是基于检测电极上氧化还原反应产生的电流的原理。在水质检测项目上的国际标准为 ISO 5814—1984《水质——溶解氧的测定——电化学探头法》。

　　目前的电流测定溶解氧方法大多使用 Clark 溶氧电极。Clark 溶氧电极是一种极谱电极,采用一种用透气薄膜将水样与电化学电池隔开的电极来测定水中溶解氧。该方法可测定水中饱和百分率为 0～100% 的溶解氧。当今世界上主流的溶解氧传感器生产商,如 HACH、YSI 等,每年均销售大量的 Clark 溶氧电极传感器。Clark 溶氧电极的氧化还原反应也易受到温度的影响,所以一般采用温度补偿方法对其进行修正。图 6-2-3 为国家农业信息化工程技术研究中心研制的基于 Clark 溶氧电极的溶解氧监测仪表。

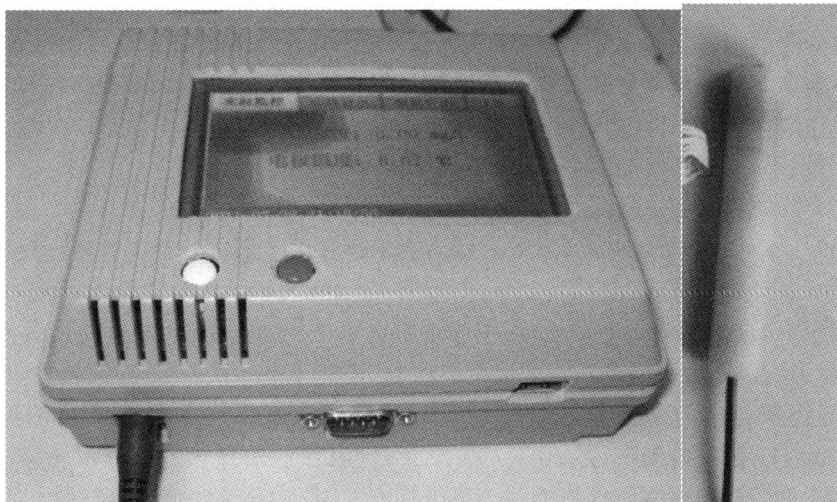

图 6-2-3　基于 Clark 溶氧电极的溶解氧监测仪表

　　随着电化学工艺的发展和成熟,Clark 电极的一致性越来越高,成本越来越低。电流测定法虽能够在线监测氧的浓度,但它的透氧膜和电极比较容易老化,而且它是依靠电极本身在氧的作用下所发生的氧化还原反应来测定氧浓度的特性,所以测定过程需消耗氧,致使它的测量精度和响应时间都受到扩散因素的严重限制。常用的溶解氧电极往往 1～2 个月需要标定,1 年需要更换。

　　极谱电极型溶解氧传感器的标定一般至少要进行两个步骤的测量和校准:一是零点标定,即将电极置于饱和亚硫酸钠溶液中(饱和亚硫酸钠溶液中理论上无氧存在),测量电极的零点,对其漂移量进行扣除;二是斜率标定,即测量电极在固定浓度氧含量水溶液中的响应数值,校正传感器的斜率。

2. 荧光淬灭型溶解氧传感器

20 世纪 70 年代以来,光纤技术获得了飞速的发展,出现了大量关于测量氧气和生物需氧量(biochemical oxygen demand,BOD)的光化学传感器的研究报道。光纤传感技术在氧气测量领域的应用越来越普遍。荧光淬灭型溶解氧传感器是近年来常用的一种溶解氧在线测量手段,克服了传统技术的缺陷。

荧光淬灭是指荧光物质分子与溶剂分子或溶质分子之间所发生的导致荧光强度下降的物理或化学作用过程。荧光淬灭有各种机理,包括静态淬灭、动态淬灭、共振能量转移、内过滤等。多数溶解氧传感器采用的是动态淬灭机理,即与自发的发射过程相竞争从而缩短激发态分子寿命的过程,其反应过程可简单描述如下:

(1) 吸光过程。荧光敏感膜吸收来自外界的激发激光的光子。

(2) 荧光过程。荧光膜产生与激发激光波段不一致的荧光。

(3) 淬灭过程。受到溶液中氧分子的阻碍,荧光被淬灭或衰减。

水体中的氧分子越多,淬灭效应越强。淬灭的程度和时间与氧分子含量近似呈线性关系。因此,可以设计一种光学结构,定量化计量特定波段荧光在照射水样中的荧光物质后的淬灭时间或淬灭强度,从而求出水体中的溶解氧浓度。根据这个原理,以美国为首的发达国家在近年相继开展了光学式溶解氧传感器技术研究,开发了新型的长寿命、高稳定性溶解氧传感器和在线监测仪器。一些成熟产品相继问世,如美国 YSI 公司的水质监测仪器,同时提供了电化学型和荧光型溶解氧探头。

我国一些研究机构也陆续开展了荧光淬灭型溶解氧传感器的研制工作。2005 年,国家海洋局第一海洋研究所的李文龙等在国内首次研制出适用于各种水域中现场检测水体溶解氧的水下光学溶解氧分析仪。该仪器采用 465nm 的蓝光作为激发光,照射到传感膜上激发出中心波长为 620nm 荧光,其中的一部分荧光与水中的溶解氧发生荧光淬灭效应,淬灭剩余的荧光反射回来由光学监测器接收,进行光电转换后被信号处理系统接收处理,从而最终获得溶解氧质量浓度的信息。仪器测量水体中溶解氧质量浓度范围为 0.05~20mg/L,测量精确度为 0.5%。2010 年,国家农业信息化工程技术研究中心成功研制出通用型荧光淬灭溶解氧传感器。该传感器采用钌络合物为敏感膜材料,用溶胶-凝胶方式将其固化在滤光片上。以 460nm 的超亮蓝光 LED 为光源,对膜进行照射。光学系统接收 650nm 的红色荧光,通过荧光的调度反演水体的溶解氧含量。传感器采用脉冲调制方法,降低了环境光线对其精度的影响。同时,传感器考虑了温度对荧光效应的影响,采用温度补偿提高了精度。其原理图如图 6-2-4 所示。

相对于电化学型溶解氧传感器,荧光型溶解氧传感器具有如下优势:

(1) 不需依赖化学反应,测量过程中不消耗氧,测量精度得到了大幅度提升;

(2) 测量过程为光学过程,反应快,获取测量结果的时间短;

(3) 由于没有化学反应的参与,稳定性高,使用寿命长;

(4) 没有基线漂移现象,不需对其进行校准。

受钌络合物成本的影响,目前荧光型溶解氧传感器的敏感膜成本较高。随着膜工艺的发展,荧光型溶解氧的成本将进一步降低,并逐步取代电化学型溶解氧传感器。

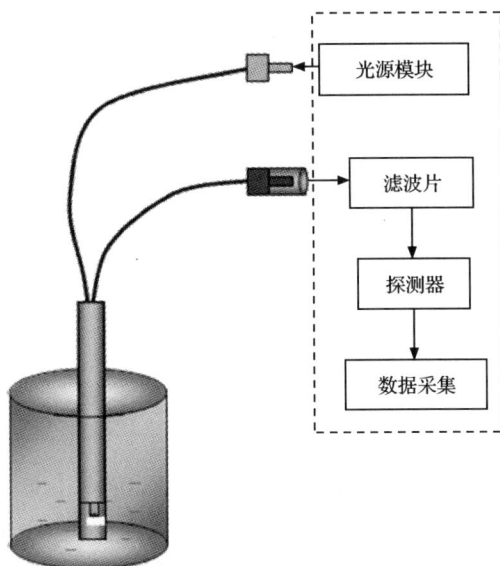

图 6-2-4　光学溶解氧分析仪

6.2.5　水深传感器技术

在一些应用领域,需要实时对水深进行测量。水深的传感一般有两种方法:一是超声法,二是激光测距法。但由于水下地形复杂,水体的透射率不定,激光易受到干扰。目前在对水深的测量中,多参照超声波测距的原理,利用超声波传感器完成对水深的测量。

超声波测深传感器的工作原理是根据超声波能在均匀介质中匀速直线传播,遇不同介质面产生反射的原理设计而成的,即测量超声发出到返回的时间差。超声水深传感器是以水体为超声波媒介,测深时将超声波换能器放置于水下一定位置,换能器到水底的深度可以根据超声波在水中的传播速度和超声波信号发射出去到接收回来的时间间隔计算出来。超声波测深仪(以下简称测深仪)的测深原理示意图如图 6-2-5 所示。

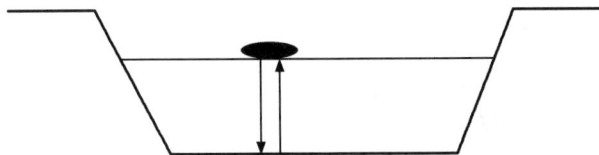

图 6-2-5　超声波测水深原理

超声波发射器向某一方向发射超声波,在发射的同时开始计时,超声波在空气中传播,途中碰到障碍物就立即返回来,超声波接收器收到反射波就立即停止计时。超声波在空气中的传播速率为 1450m/s,根据计时器记录的时间 t,就可以计算出发射点距障碍物的距离(s),即 $s=1450t/2$。

为了研究和利用超声波,人们已经设计和制成了许多超声波发生器。总体上讲,超声波发生器可以分为两大类:一类是用电气方式产生超声波,一类是用机械方式产生超声波。电气方式包括压电型、磁致伸缩型和电动型等;机械方式有加尔统笛、液哨和气流旋笛等。它们所产生的超声波的频率、功率和声波特性各不相同,因而用途也各不相同。目前水深传感器中较为常用的是压电式超声波发生器。

压电式超声波发生器实际上是利用压电晶体的谐振来工作的。它有两个压电晶片和一个共振板。当它的两极外加脉冲信号,其频率等于压电晶片的固有振荡频率时,压电晶片将会发生共振,并带动共振板振动,便产生超声波;反之,如果两电极间未外加电压,当共振板接收到超声波时,将压迫压电晶片作振动,将机械能转换为电信号,这时它就成为超声波接收器了。

6.2.6　亚硝酸盐的光纤倏逝波传感器技术

1. 光纤倏逝波传感器

光纤倏逝波是一种新型的传感器技术。它利用溶液中不同物质对光纤倏逝场的影响来计量溶液中物质的浓度。由于光纤的制作工艺日趋完善,成本越来越低。光纤倏逝波传感器虽尚处于发展阶段,但具有广阔的市场前景,是近年来发达国家主攻技术之一。因此,本书对此内容略作介绍。

物质对光有吸收作用,不同物质具有不同的吸收特征波长。因此,可以根据物质的特征波长处有无吸收和吸收多少对物质进行定性和定量分析。光纤倏逝波传感器是利用暴露于光纤纤芯表面的倏逝波与其周围吸收介质作用,使得纤芯表面的倏逝波被吸收介质吸收,从而造成倏逝波能量的衰减。不同浓度情况下吸收介质对倏逝波的吸收程度不同,因此可以通过检测倏逝波能量的衰减量来检测吸收物质的浓度。光纤倏逝波传感器由于具有体积小、高灵敏度、成本低、远距离传感、在线测量等特点,在水质检测中具有很大的潜在应用价值。

光纤中光束以全反射的方式向前传播,全反射条件下在折射率高的介质中产生驻波场并向低折射率的介质中呈指数衰减,即光纤纤芯中产生的驻波场从纤芯表面延伸到包层中并呈指数衰减。延伸至包层中的驻波场即为倏逝波,其原理示意图如图 6-2-6 所示。

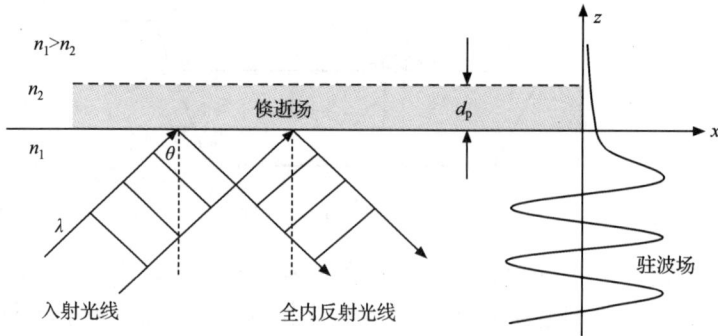

图 6-2-6　光纤倏逝波原理示意图

全反射条件下纤芯中产生驻波场并从纤芯表面向包层中呈指数关系衰减,定义光纤纤芯表面到电磁场幅度降为纤芯表面电磁场幅度的 $1/e$ 处的距离为光纤倏逝波的透射深

度 d_p，计算公式如式(6-2-1)所示：

$$d_p = \frac{\lambda}{2\pi \sqrt{n_1^2 \sin^2\theta - n_2^2}} \tag{6-2-1}$$

式中，λ 为入射光线的波长；n_1 为光纤纤芯的折射率；n_2 为包层的折射率；θ 为光线射到纤芯表面与纤芯包层交界面法线的夹角。

在实际应用过程中，光纤倏逝波传感器的传感区域通过化学试剂腐蚀去除光纤包层，光纤纤芯裸露。处理后的传感区域直接放置在待测水溶液中，使得水中的吸收介质直接对裸露纤芯表面的倏逝波吸收。式(6-2-1)中包层折射率 n_2 被吸收介质水溶液的折射率替代。倏逝波的透射深度和传感器传感区域长度直接关系到传感器的灵敏度，因此，在实际制作传感器的过程中，如何增大倏逝波的透射深度及传感区域的长度，是制作高灵敏度光纤倏逝波传感器的关键。

制作光纤倏逝波传感器，主要包括光纤的选择和光纤腐蚀。其中能够精确控制光纤腐蚀过程是制作高性能光纤倏逝波传感器的保证，因此光纤腐蚀也是制作光纤倏逝波传感器最重要的一个环节。

光纤选材要结合项目要求和实际加工工艺的条件，既可以选用普通的单多模通信光纤，又可以选用特殊的传感光纤。选择不同材质的光纤，所用的腐蚀试剂也不同。腐蚀试剂主要是由光纤包层材质决定的，石英包层光纤选择氢氟酸作为腐蚀试剂，塑料包层光纤则选择丙酮作为腐蚀试剂。使用这些化学腐蚀试剂，要注意安全防护，除了通常使用的通风设备，如需要还要有特定的防护面罩和手套，确保操作人员的安全。

光纤腐蚀过程的控制主要包括光纤腐蚀速率和光纤感应区域结构控制。光纤腐蚀速率主要与腐蚀试剂浓度和环境温度有关，高温高浓度腐蚀速率较快，反之较慢。光纤感应区域结构可以通过不同的操作工艺，分别制作成直形结构和锥形结构，结构示意图如图 6-2-7 所示。直形结构感应区域加工工艺简单，但在相同的条件下相对于锥形结构，其灵敏度较低。锥形结构加工工艺比较复杂，在加工的过程中，可以使用分段腐蚀方法进行腐蚀，根据光纤腐蚀速率，分段操作，制作不同锥度比的锥形结构感应区域。腐蚀过程结束后，使用蒸馏水对其进行清洗，去除其表面多余的腐蚀试剂。

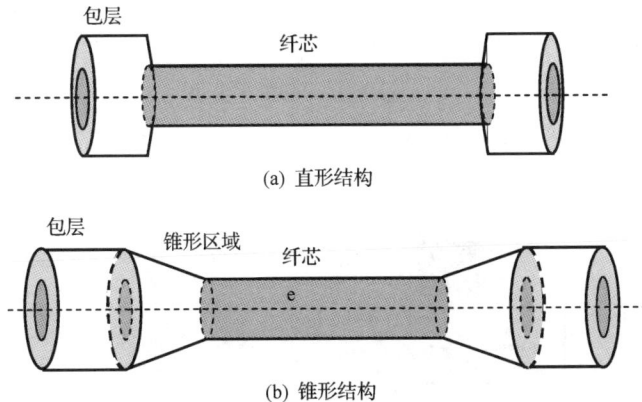

(a) 直形结构

(b) 锥形结构

图 6-2-7　传感区域常用结构示意图

2. 基于光纤倏逝波原理的水体亚硝酸盐传感器

亚硝酸盐的含量是水质检测的一个重要指标。GB 3838—2002 中规定,生活饮用水亚硝酸盐含量极限值为 0.1mg/L,农业用水水中亚硝酸盐含量极限值为 1mg/L。饮用亚硝酸盐浓度超标的水源,会导致亚硝酸盐中毒,严重者甚至死亡。亚硝酸盐也是一种致癌物质,如果农业灌溉用水中亚硝酸盐含量超标,农产品中富集过多的亚硝酸盐,同样会危害人们的健康。因此,快速有效实时地检测水中亚硝酸盐的浓度意义重大。常规的水质亚硝酸盐检测,一般采用先取样,再进行色谱分析的方式,耗时长、不能反映实时的亚硝酸盐含量。国家农业信息化工程技术研究中心提出了利用光纤倏逝波效应检测水中微量亚硝酸盐的方法,对设计亚硝酸盐、硝酸盐、重金属等水中微量元素传感器具有一定的参考价值。

对水中亚硝酸盐的检测,可以参照光纤倏逝波吸收原理,通过提供亚硝酸盐特征波长光源,利用光纤倏逝波传感器,使得水中亚硝酸盐对裸露纤芯表面的倏逝波进行吸收,从而完成水中亚硝酸盐浓度的实时检测。

印度 Kumar 等于 2002 年成功研制了基于光纤倏逝波传感器的水中亚硝酸盐的实时检测系统,探测极限达到 4×10^{-9}。Kumar 首先使用光谱仪探测亚硝酸盐的特征吸收波长,在可购置的产品范围内选用与亚硝酸盐特征波长相近的 558nm 超亮 LED 作为光源,$200\mu m/380\mu m$ 多模塑料包层石英光纤作为制作光纤倏逝波传感器原材料,PIN 光电二极管作为探测器,一系列电子器件作为信号调理电路和采集电路的元器件。通过使用氢氟酸试剂对选用的光纤进行腐蚀,制作了传感区域长度为 12cm 的光纤倏逝波传感器。通过试验验证,Kumar 等研制的这套检测系统在亚硝酸盐浓度为 $4\times10^{-9}\sim1000\times10^{-9}$ 范围内,具有很好的线性度,并且 4×10^{-9} 的检测极限远远低于 GB 3838—2002 中规定的极限值。

水中亚硝酸盐光纤倏逝波检测系统原理框图如图 6-2-8 所示,主要包括:①带尾纤光源模块;②与光源尾纤匹配的光纤接头;③传输光纤;④容器;⑤传感光纤;⑥与探测器尾纤匹配的光纤接头;⑦带尾纤探测器模块;⑧信号调理和数据采集模块;⑨计算机。

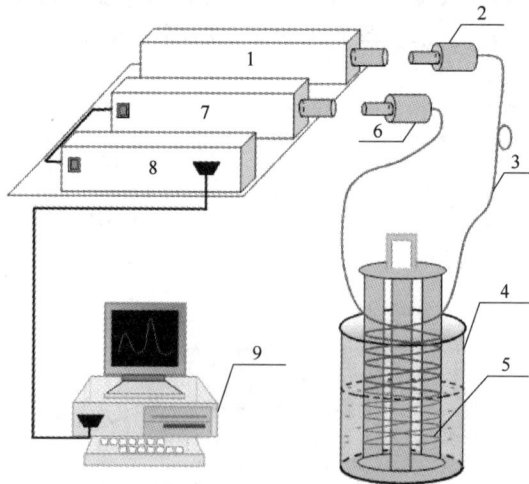

图 6-2-8　水中亚硝酸盐光纤倏逝波检测系统框图

　　据此原理,国家农业信息化工程技术研究中心研制了水体亚硝酸盐检测仪,如图 6-2-9 所示。该仪器采用普通塑料光纤,利用弱酸溶液对其包层进行腐蚀去除。以紫光为光源,通过光纤倏逝场效应测量亚硝酸盐浓度。

图 6-2-9　水中亚硝酸盐光纤倏逝波检测仪

6.2.7　水体叶绿素的荧光传感器技术

　　叶绿素(chlorophyll)作为植物光合作用的催化剂,是反映植物生长状况的主要指示物,而且也是衡量水体营养状况的主要指标。

　　国内外从 20 世纪 30 年代开始就相继发展了各种方法定量测量水体中的叶绿素浓度,主要有显微镜计数法、比色法、分光光度法、荧光方法等,实现方式经历了定位取样实验室测量、现场定点测量、现场连续走航测量和大面积遥感测量。

　　显微镜计数法是在实验室中,从取样的水体中直接利用高倍的显微镜观测叶绿素分子,并记录单位体积中的叶绿素分子数量,得出其浓度,无疑这种方法极为精确,但观测计数过程比较繁杂,对于叶绿素浓度较高的水样难以计数,现场很难实现,同时对于实际的水体,由于含有其他物质成分较多,水质混浊不易观测,现在这种方法已经很少用于测量叶绿素浓度了。比色法是利用光电比色计,以无机有色溶液为标准,用比对的方法测定叶绿素浓度。分光光度法主要有三色法和单色法,过去主要用三色法,但由于结果计算较粗,误差较大,现已较少使用。目前普遍采用由 Lorenzen 提出的单色法,此法对脱镁叶绿素 a 的干扰进行了校正,根据萃取溶液的不同,Lorenzen 单色法又分为丙酮法和热乙醚法。测量叶绿素浓度的实现主要利用已有的分光光度计(spectrophotometer)来进行测量,由于叶绿素对特定波长的光有很强的吸收,选择其特征吸收波长的光,将其通过分束器,分成两路光,一路通过叶绿素样品池,另一路通过装有纯水的样品池,然后测量两路光比值的对数来得出叶绿素浓度。

　　20 世纪 90 年代以来,部分发达国家开展了水体叶绿素的荧光传感器技术研究。该方法相对于比色法和分光光度法有其显著的优势,首先,在比色法和分光光度法中,是通过测量试样溶液中的吸光度值来确定叶绿素浓度,而吸光度的数值取决于叶绿素的浓度、光的程长、叶绿素的摩尔吸收系数,与入射光的辐射量几乎无关。荧光分析方法是通过测量叶绿素荧光辐射量的绝对值来得出叶绿素的含量,测量值不仅与叶绿素的特性和浓度有关,还与激发光的强度有关,通过增大激发光强度可以增大叶绿素的荧光辐射量,从而提高分析的灵敏度,因此荧光分析法在灵敏度方面比比色法和分光光度法高 2~3 个数量级。其次,由于荧光分析法的激发与接收波长不同,在水体中吸收激发光的物质除了叶绿素外,还有其他物质,但不一定发荧光,况且对于叶绿素特征吸收波长的光,其他荧光物质吸收后,所发荧光波长也不尽相同,所以通过检测叶绿素的荧光波长,可以消除其他荧光物质的干扰,但比色法和分光光度法是利用测量吸收度来测量叶绿素浓度,测量的光波长与激发光波长相同,因而其选择性和准确性都比荧光分析法差。

叶绿素有两个特异的强吸收带,其一位于蓝紫区(440nm),另一位于红色区(660nm),位于蓝紫区的吸收带称为索瑞带(Soret band),它是卟啉类衍生物所共有;位于红色区的吸收带只有叶绿素和其他二氢卟吩衍生物才具有。在橙光、黄光和绿光部分只有不明显的吸收带。离体叶绿素的吸收曲线和荧光峰值随溶剂的不同而不同,活体叶绿素的吸收曲线和荧光峰值与离体也有差异。

对于现场测量的叶绿素荧光测量系统,不论其实现方式上有什么区别,但基本组成几乎是相同的,主要包括:光源、激发单色仪、水下探头、荧光单色仪、探测器、采集系统、数据处理几个部分。

在发展的各类叶绿素荧光仪中,使用的光源主要有:连续和脉冲氙灯、汞灯、激光器、半导体激光器、发光二极管等。水下探头是现场叶绿素荧光仪关键部分,水下探头控制着激发光在水下的路径、角度,影响荧光的接收,因而在水下探头的实现上,各种现场叶绿素荧光仪存在较大的区别。主要是探头部分集成的内容不同,目的都是为了适合测量要求、提高测量的准确度和仪器的灵敏度。相对于背景光来说,荧光很微弱,同时探测器本身的噪声也很大,因而,荧光的探测是在强噪声背景下检测有用的微弱信号,所以现在一般采用脉冲调制技术(pulse modulation,PM)来实现荧光的检测,通过对激发光进行调制,从频域上区分荧光信号与噪声。从调制的方式来说,分为机械调制和电调制,对于用氙灯或汞灯作光源的荧光仪,一般用机械斩光盘来对激发光进行调制,而用 LED 作光源的叶绿素荧光仪,由于 LED 的控制易于实现,因而用电调制。检测电路的实现主要应用锁相放大或 Boxcar 积分器,滤除噪声,获得与光调制频率、相位相同的电信号,并将其转换为直流,通过采集系统获得数据加以分析,得出结果。

1992 年 Horwood 利用脉冲氙灯作为光源,光电倍增管接收荧光,实现了两种连续走航测量叶绿素含量的系统,一种是将传统的分立光学式荧光计放在船上,用双光纤传输激发光和荧光,从水下连续测量,在船上分析结果;另一种是把荧光计装在水下探头中,通过电缆将信号引至船上,分析处理数据,显示结果,这种方式从水下引出的是电信号,易受干扰。系统框图如图 6-2-10 所示。

Wetlab 公司产品 Wetstar 是目前应用较多的叶绿素荧光仪,实物图如图 6-2-11 所示。该传感器采用 LED 作光源,光电二极管或光电倍增管作探测器,通过蓝色滤光片作激发滤光片,红色滤光片作接受滤光片。Wetstar 具有结构简单、体积小、轻便、功耗小等优点,通过拖曳其在水体中航行,可以实现现场连续走航测量,并且探测深度可达到

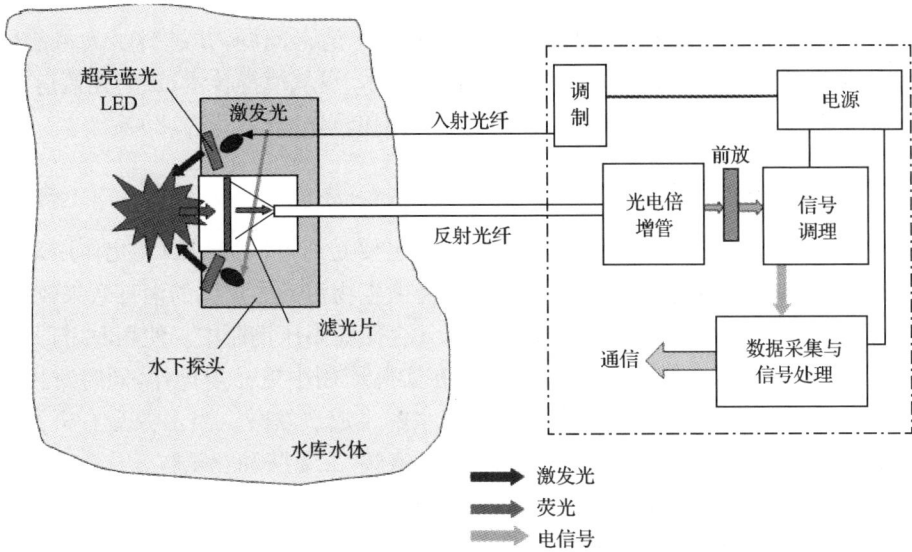

图 6-2-10　水体叶绿素荧光检测系统框图

600m，但是由于其输出的是模拟信号，必须通过外接主机实现数据采集，显示测量结果。

图 6-2-11　Wetstar 叶绿素荧光仪实物

6.3　农业用水消毒技术

随着工业化的进程，农业用水的水源地也在逐步受到破坏。在一些水资源污染严重的区域，用已经被污染的水直接灌溉会降低农产品安全水平，造成农作物减产，甚至引发中毒事件。严重污染的水体不能用于灌溉和水产养殖，轻微污染的水体可经消毒净化后用于灌溉。

自 20 世纪 90 年代以来,人们开始重视农业用水消毒问题,并进行了大量的研究工作。原用于生活用水消毒的一些技术,如氯消毒技术、臭氧消毒技术、二氧化氯消毒技术、紫外线消毒技术等,正在逐步应用于农业用水消毒和净化(刘春花等,2005)。

6.3.1　氯消毒技术

氯消毒是较早应用于水质消毒的技术之一,主要是通过次氯酸的氧化作用来杀灭细菌,破坏细菌的酶系统而使细菌死亡。因此对受微生物污染的水体的消毒效果较好。

由于液氯可大大减少存储空间,通常将氯气存储在高压钢瓶中。使用时,打开钢瓶阀门,液氯又转化为气态被释放出来,因而液氯在实际应用中更易于操作,同时对投放剂量也可进行准确控制。氯易溶于水,在水中迅速水解生成次氯酸。当水源受有机污染而含有一定的氨氮时,氯气注入后,可生成次氯酸、一氯胺、二氯胺和三氯胺。

液态氯在消毒方面具有很多优点,如运行费用低廉、不需要复杂的设备、管理方便等,因此受到普遍欢迎,被国内外大中型水处理厂广泛采用。

虽然氯消毒目前仍被广泛应用于水处理工艺中,但随着研究的深入和地表水污染的日益严重,氯消毒所产生的副产物三卤甲烷、卤乙酸等对人类健康的危害性也逐渐显现出来。地表水体中一般含有很多有机物,它们主要来源于大气降水、地表径流和耕地的水土流失。这些有机物包括天然有机物和人工合成的有机物。天然有机物主要来源于动植物残骸被微生物分解后的产物,包括腐殖酸类物质、藻类及其代谢产物,以及氨基酸等小分子有机物。进入水体的各种人工合成的有机物和天然有机物在氯消毒过程中都有可能生成消毒副产物,因此氯消毒副产物是对人类健康的极大威胁。

灌溉过程中的有机物较多,如果灌溉水中存在过量的余氯,则极易生成消毒副产物,危害作物生产,进而威胁人类健康。因此,氯气消毒技术正在逐步被其他消毒技术所取代。

6.3.2　二氧化氯消毒技术

1. 二氧化氯消毒方法原理

由于二氧化氯在水消毒中几乎不形成氯仿等有机卤代物,且杀灭细菌、病毒、藻类和浮游动物等的效果好于液氯,二氧化氯消毒法正逐渐受到科研人员的重视,其应用也越来越广泛,呈不断推广之势,被认为是可以替代液氯的理想消毒剂(杨铁保,2007)。

二氧化氯具有强氧化作用,可以杀灭细菌、病毒,对水中的微生物、被灌溉的植物影响不大。由于二氧化氯的特殊化学效应,其对细胞酶蛋白的合成可以起到抑制作用。鉴于二氧化氯在水消毒中的良好效果,自 20 世纪以来,二氧化氯消毒技术被广泛应用于自来水、灌溉水的消毒。但是,随着人类生活水平的提高和对化学物质认知能力的加深,二氧化氯的一些毒性逐步被认识到。目前,二氧化氯消毒较多应用于灌溉水,对自来水的消毒往往针对前处理过程。同时,二氧化氯不易存储,所以在应用成本上也有一定的局限性。二氧化氯消毒是目前欧洲常用的灌溉水消毒方法。

2. 二氧化氯产生方法

二氧化氯的制备主要有三类方法：氯酸盐法（还原法）、亚氯酸盐法（氧化法）和电解法。这三类方法由于技术的不断改进、所用原料的更新而又派生出多种方法。氯酸钠法是使用最早、种类最多的一种制备工艺（王海龙，2008；周春雨，2009）。

1930 年，美国的马蒂逊碱业公司成功研制二氧化氯生产工艺，用二氧化硫在酸性介质中还原氯酸钠，首次实现了二氧化氯的工业化生产，也因此被称为马蒂逊法。反应原理如下：

$$2NaClO_3 + 2H_2SO_4 + SO_2 =\!=\!= 2ClO_2 + 2NaHSO_4 + H_2SO_4 \qquad (6\text{-}3\text{-}1)$$

在此基础上，国际上多次提出该方法的改进模式，氯酸盐法是在不断改进、不断发展的过程中逐步成熟起来的工艺，其改进方向主要集中在工艺优化、提高二氧化氯的产率及如何减少废物排放问题上。

以亚氯酸钠为主要原料生产二氧化氯目前主要有三种方法：亚氯酸钠加氯气法、亚氯酸钠加盐酸（硫酸）分解法、亚氯酸钠加次氯酸钠加盐酸法。亚氯酸钠加盐酸（硫酸）分解法是较为常用的方法。

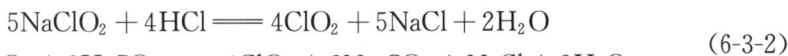

$$5NaClO_2 + 4HCl =\!=\!= 4ClO_2 + 5NaCl + 2H_2O$$
$$5NaClO_2 + 2H_2SO_4 =\!=\!= 4ClO_2 + 2Na_2SO_4 + NaCl + 2H_2O$$
$$(6\text{-}3\text{-}2)$$

此法工艺简单，设备容易操作及维护，产物二氧化氯纯度高，适合小型二氧化氯的生产。主要的不足之处是生产成本高，酸的用量大，且出口药液的 pH 小于 1。

电解法也是较为常用的二氧化氯制备方法。传统的电解法是以食盐（NaCl）为原料，通过电解食盐产生二氧化氯。电解槽内的阴极材料采用不锈钢，阳极材料一般采用被涂特殊金属氧化物的石墨制造，隔膜使用化学稳定性好、离子选择透过率高、电阻率低、有一定机械强度的离子交换膜。在低压直流电的作用下，盐水中的氯离子在阳极被氧化成氯气，氯气水解所产生的次氯酸又能进一步被氧化成亚氯酸，氯气、亚氯酸和氯离子在复杂的相互作用下生成二氧化氯。由于电解在水溶液中进行，在阳极发生的电极反应还会产生氧气、臭氧和过氧化氢。因此，最终在阳极获得的是含有氯气、二氧化氯、氧气、臭氧和过氧化氢的混合气体。再通过气体分离手段获得二氧化氯。通过对工艺的改进，在一定条件下可以电解出一种以二氧化氯为主的复合消毒剂。由于二氧化氯、臭氧的氧化能力高于氯气，在进行水质消毒时，二氧化氯、臭氧首先分解水中的有机物并进行消毒，而剩余的氯则保证水中有足够的余氯。

电解法的优点是系统设备比较简单，易于实现自动化控制。但产物属混合气体，无法精确监控；另外，此法对电极、隔膜的材料要求较高，易损部件的价格昂贵，其生产过程的运行维护工作量大。因此在饮用水消毒中应用较多，在灌溉水消毒中应用较少。

化学法二氧化氯发生器主要由供料系统、反应系统、温控系统、计量系统组成。供料系统以自动或手动方式向反应系统中投入反应需要的物料如盐酸、钠盐等。物料在反应系统中发生化学反应，产生二氧化氯等气体，并对气体进行过滤等处理。温控系统对系统的温度进行控制，使反应的过程中温度恒定，并根据用户的需求和物料的配比调整温度。计量系统用于实时测量产生气体的浓度、流速、余氯量等。图 6-3-1 为一个典型的二氧化氯消毒系统工艺流程框图（刘宏令，2007）。

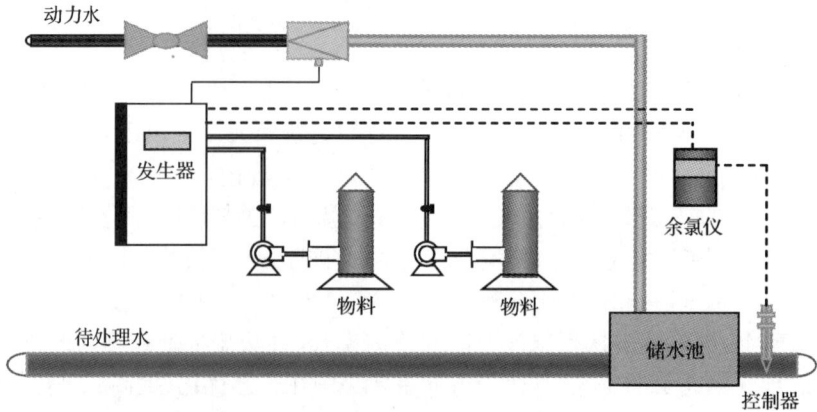

图 6-3-1　二氧化氯发生器的工艺流程框图

6.3.3　臭氧消毒技术

　　与二氧化氯类似,臭氧的消毒原理也是利用其强氧化性。从化学性质角度讲,臭氧的分子较小,更易被氧化,因此具有更强的氧化能力,也就更利于消毒。在水消毒中,臭氧的用量小,见效快,能很快改善水中的菌种平衡,使水质清洁。但臭氧具有一定的毒性,在消毒的过程中,会形成不饱和醛类、环氧化合物等毒素,对人类健康造成威胁,大量接触具有致癌作用。在国际范围内,臭氧消毒法是一种具有争议的水处理技术。在水处理工艺中,如何精确控制臭氧用量、消除臭氧氧化还原中的副作用,是至关重要的问题。美国、欧洲对臭氧消毒后副产物的含量进行了严格界定,以避免臭氧中毒事件。

　　臭氧产生的方式有多种,目前主要采用的是电晕放电法,其原理如图 6-3-2 所示。

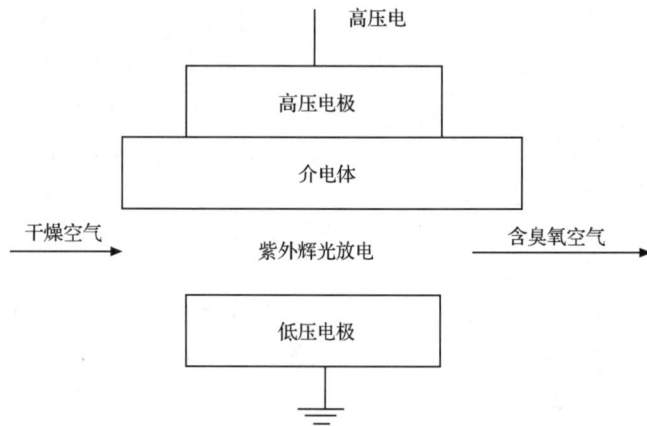

图 6-3-2　臭氧产生原理

　　电晕放电法的基本原理是对干扰控制进行电离,分离氧分子和臭氧分子。在臭氧发生器中,一对电极由介电体(通常采用玻璃)和气隙(通常含氧气体)隔开。当外加交流高压时,随着气压值的升高,气隙中发生电晕放电,间隙中的氧离子浓度急剧增加,在强大的电场力作用下,气体分子碰撞加速,氧离子和氧分子以及氧离子相互之间发生反应生成臭氧。我国自 20 世纪 90 年代以来,已自主研发多种型号的臭氧发生器,但在灌溉水质消毒中应用较少。

6.3.4　紫外线消毒技术

紫外线消毒技术是 20 世纪 90 年代兴起的一种快速、经济的高效消毒技术。其机理是:一定剂量的紫外辐射可以破坏生物细胞的结构,通过破坏生物的遗传物质而杀灭病菌(特别是水生生物),从而达到净化水质的目的(朱庆保,2004)。

从危害角度讲,紫外线消毒是一种理想方法,没有造成任何副产物。但紫外线的消毒能力不强,必须大量使用才能起到消毒作用,使用过程的成本高(李丽艳,2008)。

从物理特性角度分析,波长越短的光线穿透性越强,因此紫外线能够去除细菌,常应用于水处理中。但紫外线主要对水中的微生物起到消毒作用,而对水中的其他毒性元素,特别是一些无机物,紫外线的消毒能力不强。同时,紫外线本身具有辐射作用,长期对人进行照射时会伤害皮肤,甚至增加皮肤癌的概率。因此在使用过程中要注意隔离。

紫外线消毒技术的原理较为简单,即直接用电信号激发紫外激光器,使之产生紫外光线。需要注意的是,根据所净化水质的特点,应具体设计紫外线的波段、照射强度等指标。

以日本东芝公司的紫外线消毒装备为例。该装备主要目的是杀灭大肠杆菌等细菌,阻止其 DNA 复制,抑制细菌的繁殖。根据 DNA 的紫外线吸收率判断,波长为 260nm 左右的紫外线照射率最高。因此,东芝公司选择 250~260nm 的紫外线激光器,由内置高频发生器控制盘,实现水质的消毒(小林伸次,2003)。在具体应用中,该款紫外线消毒器可根据处理水量、水中的细菌量调节照射幅度。其原理为:每支灯设一高频发生器,内置将直流电压变成 13.56MHz 高频的电路。程序装置的控制信号(可变负载脉冲信号)可改变发光管的电力输入,从而调整紫外线照射量。

在实际应用中,紫外线消毒方法一般不单独采用,而是配合其他方法(如二氧化氯消毒法等)使用。我国大部分城市的饮用水消毒工序中包含紫外线消毒过程。

6.3.5　氯胺消毒技术

氯胺消毒是氯衍生物的消毒方法之一。在 20 世纪初,氯胺主要用于水中嗅和味的控制。近年来很多自来水厂将这种方法作为二级消毒程序,从而减少消毒副产物。

由于氯胺消毒作用缓慢,一般不能作为独立手段进行消毒。目前,氯胺消毒方法在农业灌溉用水消毒中应用极少。

随着新技术的发展,以及高新技术与水处理技术的融合,一些新型方法,如纳米消毒技术、光催化消毒技术也正在发展之中。这些技术优缺点并存,需要根据实际情况进行选择和分析。

本章主要讨论了农业用水水质的监测和调控技术,介绍了常用的农业水质传感器技术、水消毒技术。值得说明的是,随着各种新兴技术的发展以及与农业的结合,更多新型传感技术、水消毒技术在不断涌现。本章内容仅对作者所了解的技术进行了概略性描述,很多高新技术并未纳入其中。设计一个具体的水质监测和调控系统时,应根据实际情况,考虑多种技术的优缺点,从而达到节能、高效的目的。

第7章 节水灌溉自动化工程设计与施工

目前,随着我国经济的发展和科技的进步,自动控制技术在农业节水中的应用日益广泛,国内多个科研单位和企业在墒情监测、节水灌溉自动化、用水管理、水质监测等方面都开发出比较成熟的系列化软硬件系统。这些系统尽管自身特点和满足的具体需求有所不同,但是从系统结构来分析,基本上都是由传感执行部分、采集控制部分、通信部分和上位机软件四个部分组成,系统结构如图 7-0-1 所示。相同的系统结构有利于各个系统在安装、调试和维护过程中尽可能遵循共同的工程技术标准和规范。

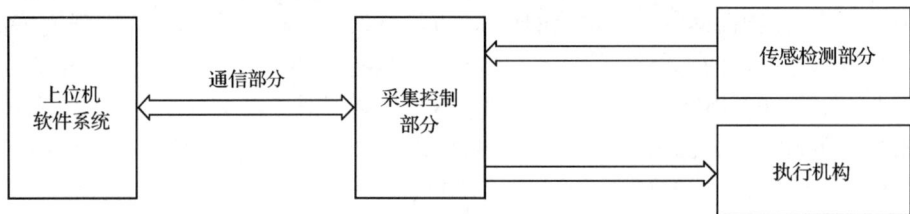

图 7-0-1 自动控制系统结构框图

目前各行业设计施工标准规范种类很多,有国际标准、国内标准和行业标准等,各种标准制定的目的都是为了保证工程安全、经济、有序、高效地执行,以保障工程项目的质量。为提高节水灌溉自动化工程在设计、安装、调试过程中的规范性,提高效率,减少因各种差错所带来的不必要的损失,避免重复性错误,保证系统能够高效、稳定运行,本章主要在参考各种标准规范基础上,结合实际工程应用,对节水灌溉工程自动控制系统的设计、安装、调试及维护等相关经验进行总结。

7.1 工程设计与施工准备

7.1.1 工程方案设计

要提出高效可行的项目施工设计方案,必须熟悉合同内容,并在经济、技术、现场状况等条件允许的情况下充分满足用户的需求。在终端用户对系统不够了解,无法明确表达自己的需求的情况下,我们应向用户展示已经实施的同类项目的图片、视频、文字等相关信息资料,加深用户对项目的直观了解,在此基础上用户会根据自身的实际情况,提出相对明确的需求。安装前期充分进行沟通,减少分歧,有助于控制项目实施的风险。项目施工方案的设计流程如下所述。

1. 现场勘查

现场勘查时,工作人员应携带长卷尺、纸、笔、相机和 U 盘等工具,与系统设计的现场勘查的侧重点不同,施工设计阶段的现场勘查重点在于确定设备器材的安装位置、连线布线的方式、系统安装图纸的测绘,内容包括传感器、采集控制器、机柜等的安装位置,走线槽架等布局和中央控制室的布局。现场勘查阶段应在与用户充分协商的基础下,明确如下事项。

1) 确定设备安装位置

结合用户的具体需求,根据工程安装和系统运行过程需要的环境条件,与用户共同确定设备的安装位置,位置的选择应避开可能干扰系统正常工作的干扰源,同时又不影响用户日常生产管理工作,确定好位置以后,认真测量尺寸距离,绘制安装图纸。

2) 确定布线标准

布线目前主要有两种,明线或者暗线(地埋线),走暗线美观但后期维护不便,且土方作业会延长工期,成本比较高,而走明线可能会影响现场整体美观,容易损坏和遭受雷击,但施工方便,而且成本相对低廉。向用户清晰讲解明线与暗线的优劣,根据现场实际情况,确定走线方式。

3) 配套设施状况

明确设备器材暂存场地、工程现场供电、施工人员食宿、防雷设备、基建设施完成等相关信息。如配套设施不够完备,应强调用户或甲方在施工前期必须在此方面进行完善,否则无法正常开展安装工作。

2. 可靠性设计

节水灌溉自动控制系统通常安装于室外或市郊简易设施内,环境相对恶劣,电磁干扰、雷击感应、测控装置间的相互干扰现象极易发生。上述现象的存在给自动控制系统带来安全隐患,如果考虑不周全,无论系统功能如何先进,都可能造成可靠性差、故障频繁,系统不能正常运行。因此,在系统方案设计过程中需要重点考虑可靠性的设计,以保证系统的高效、稳定运行。

1) 抗干扰设计

节水灌溉自动控制系统的实际运行环境中,干扰源主要是电力网络及电气设备的暂态过程、变频器及无线通信设备引入的电磁干扰。其主要方式为:直接对测控设备内部的传导和辐射,由电路感应产生干扰;对控制系统的网络进行传导和辐射,由电源及信号线路的感应引入干扰(邵丽红,2005)。

针对干扰,可采用软件和硬件两种抗干扰措施。其中,软件抗干扰可在软件设计过程中采用软件滤波、软件"陷阱"、软件"看门狗"等技术手段以增强系统自身的抗干扰能力;硬件抗干扰是施工方案设计过程中应重点考虑的内容,一般从抗和防两方面来减缓干扰,总体原则是抑制和消除干扰源、切断干扰对系统的耦合通道、降低系统对干扰信号的敏感性。具体措施中可采用隔离、滤波、屏蔽、接地等方法(刘远全等,2009)。图 7-1-1 为自动控制系统抗干扰技术综合应用示意图。

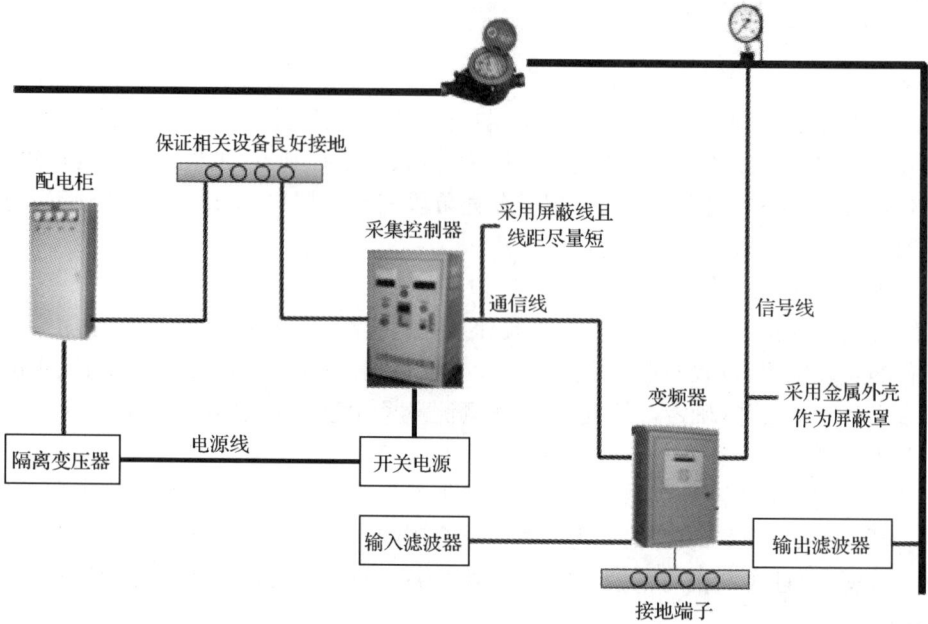

图 7-1-1　抗干扰技术综合应用示意图

（1）隔离。

系统中使用隔离变压器，主要是应对来自于电源的传导干扰。使用具有隔离层的隔离变压器，可以将绝大部分的传导干扰阻隔在隔离变压器之前，同时兼有电源电压稳压、变换的作用。在系统总电源的设计中，建议适当增加隔离变压器。

（2）滤波。

使用滤波模块或组件是为了抑制干扰信号从变频器等设备通过电源线传导干扰到电源及其他设备。在变频器输入端、输出端设置输入滤波器，可减少电磁噪声在变频器输出端对电源的干扰。若线路中有敏感电子设备，可在电源线上设置电源噪声滤波器，以免传导干扰。

（3）屏蔽。

屏蔽干扰源，可以有效防止电磁辐射，是抑制干扰的最有效的方法之一。一般情况下，变频器的外壳用铁壳屏蔽，这样可以避免电磁干扰。系统设计中对变频器有数据交互或者控制的需求时，信号线尽可能在 20m 以内，且信号线需采用双绞屏蔽线，并与主电路及控制回路完全分离，周围电子敏感设备线路也要求屏蔽。为使屏蔽有效，屏蔽罩必须保证有效接地。

（4）接地。

合理接地，可在很大程度上抑制内部噪声的耦合，防止外部干扰的侵入，提高系统的抗干扰能力。对控制系统而言，确保控制柜中的所有设备接地良好尤其重要。控制柜使用短、粗的接地线连接到公共地线上，考虑到高频的阻抗，接地线最好采用扁平导体或金属网。按国家标准规定，接地线接地电阻应小于 4Ω。另外，与变频器相连的控制设备要与公共地线共地。

（5）合理的电源选择。

选择现场采集控制器的电源时，尽量采用开关电源，因为一般开关电源的抗电源传导干扰的能力都比较强，而且开关电源的内部通常也都采用了有关的滤波器。

（6）正确安装。

① 远离干扰源。测控设备和监控中心的位置应尽量远离变频控制柜或其他强电设备所在房间，必须在同一房间内时，也应该尽量保持距离。这一点应该在现场勘查阶段就与用户沟通好。

② 合理布线。信号线尽量避免和动力线接近，动力线和信号线分开距离至少要在40cm 以上，最好是信号线与动力线分开配线，或把信号线放在有屏蔽的金属管内。如果控制电路连接线必须和动力线交叉时，应成 90°交叉布线。另外，为了避免信号失真，对于较长距离传输的信号要注意阻抗匹配。

总之，控制系统的干扰是一个十分复杂的问题，在抗干扰设计中应综合考虑各方面的因素，合理有效地抑制干扰，对有些干扰情况还需作具体分析，采取对症下药的方法，才能够使控制系统正常工作。

2）防雷及电涌防护设计

在节水灌溉自动控制系统实际运行过程中，雷电对其危害的途径主要有四种：一是直击雷。雷电直接击中现场仪表设备或连接管路，通常会损坏仪表的传感器设备并且可能损坏变送器的电路板。二是感应雷击。雷电流在其通道周围产生电磁场，通过电磁场向外辐射电磁波，电磁波与控制室的计算机、仪表和现场仪器仪表以及各类金属导体相耦合，产生感应电势或感生电流，从而造成设备故障或损坏，导致控制系统失灵。三是雷电过电压侵入。直接雷击或感应雷击都可能使导线或金属管道产生过电压，此雷电过电压沿各种金属管道、电缆槽、电缆线路就可能将高电位引入仪表系统，造成干扰和破坏。四是地电位反击。防雷装置接闪时，强大的瞬间雷电流通过引下线流入接地装置，导致地网地电位上升，高电压经设备接地线引入电子设备造成反击（李景禄等，2009）。

为降低雷电侵害，可采用外部防护和内部防护两种防雷措施。其中外部防护是指对安装自动测控装置的建筑物或设施本体的安全防护，可采用避雷针、避雷带、引下线、屏蔽网、均衡电位、接地等措施。内部防护工作是自动控制系统施工方案设计中需要重点考虑的内容，重点关注建筑物内的低压控制系统、遥控、小功率信号电路的过电压防护，其措施有：保护隔离、接地、等电位连接、屏蔽、合理布线和设置过电压保护器等（王晓春，2009）。图 7-1-2 为自动控制系统防雷与电涌防护技术综合应用示意图。

（1）电源部分防护。

对自动控制系统电源部分的雷电防护，通常采用用户总电源、用户分电源、设备工作室电源等多级保护将雷电过电压能量分流泄入大地，达到保护目的。用户总电源，处于变压器二次侧，应安装三相过电压保护器，主要泄放外线产生的过电压，作一级保护，通常由电力部门安装，现场勘查时，应注意查看并要求增加；用户分电源，通常是园区内各分建筑物的配电箱，应安装分配电压保护器，主要泄放第一级残压、配电线路上感应出的过电压和其他用电设备的操作过电压，作二级保护；设备工作室电源，在所有重要的、精密的设备以及 UPS 电源的前端安装过电压保护器或防雷插座，主要泄放前面的残压，作三级保护。

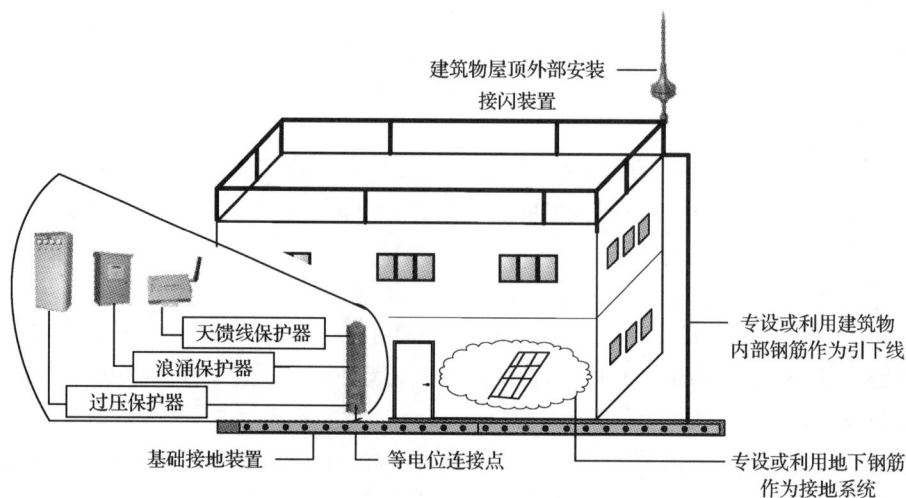

图 7-1-2　防雷与电涌防护技术综合应用示意图

另外,对于自动控制系统中常用的直流电源,应安装直流电源浪涌保护器,并联安装于开关电源直流输出侧。

(2) 通信线、天馈线部分防护。

系统通信线一般都采用屏蔽双绞线(RS485 总线)或者同轴电缆(网络),线路传输距离长、耐压水平低,极易感应雷电流而损坏设备。为了保证各种电子设备的安全运行,加浪涌保护器十分必要。当采用屏蔽双绞线时,需安装 RS485 浪涌保护器,选择此类保护器时应注意接口的传输速率,同时应选用对雷电脉冲响应迅速且残留电压低的保护器,安装时保护器应尽量靠近通信接口,以减小反射损耗。当采用同轴电缆网络通信时,需安装同轴线缆浪涌保护器,保护器选择时需考虑通信信号的线性阻抗与系统的匹配,否则会有信号反射的现象。网络通信线路避雷的最好方法是采用光纤网络,因为光缆本身为非金属线缆,并不会传导电流,所以不需要对光缆进行特别的防护处理,仅需在其进入机房的光分线盒处将内部金属加强芯及金属的防潮层作接地处理即可。

在系统采用手机模块、无线数传电台、无线网桥等设备通信的情况下,为保证通信质量,通信天线多架设在高处。大部分遭受雷击的无线通信系统故障都是由通信天线引入,加装天馈线保护器相当必要。天馈线保护器安装于天馈线的两端,其中一端为通信定向或全向天线接口,另一端安装于室内馈线与软跳线的连接处。安装时需停止设备工作,将馈线的连接头拆开,按正确的方向将浪涌保护器串接在接口处,并将浪涌保护器接地线连接到就近的接地排。

(3) 合理接地。

防雷系统的首要原则是将雷电流通过接地系统泄入大地,从而保护设备和人身安全,因此必须要有一个良好的接地系统。自动控制系统常用的接地方式有浮地、多点接地、联合接地。实际工程中,可按照需求选择合适的接地方式。

① 浮地。是指仪表的工作地与建筑物的接地系统保持绝缘,此时建筑物接地系统中的电磁干扰就不会传导到仪表系统中,地电位的变化对仪表系统无影响。但由于仪表的

外壳要进行保护接地,当雷电较强时,仪表外壳与其内部电子电路之间可能出现很高的电压差,将两者之间绝缘间隙击穿,造成电子线路损坏。

② 多点接地。是指仪表、计算机、自动测控设备的交流工作接地、直流工作地与安全保护接地分开,这种接地方式的突出优点是可以就近接地,接地线的寄生电感小。但是如果较强的雷电波通过保护地进入系统,电子电路同样会因承受高压而损坏。

③ 联合接地。即将交流工作接地、直流工作地与安全保护地相连接,并且接入防雷接地系统,是实际工程中效果较好的接地方式。

（4）等电位连接。

当雷击发生时,在雷电瞬态电流所经过的路径上将会产生瞬态电位升高,使该路径与周围的金属物体之间形成瞬态电位差。如果这种瞬态的电位差超过了两者之间的绝缘耐受强度,就会导致介质的击穿放电,这种击穿放电能直接损坏仪表、设备,也能产生电磁脉冲,干扰仪表系统的正常运行。为了消除雷电瞬态电流路径与金属物体之间的击穿放电,可在测控中心设置接地汇集环或汇集排,将现场所有仪表、设备的金属外壳、构架和建筑物的钢筋、门窗与其连接,并且与防雷接地、PE 线、设备保护地、防静电地等连接到一起,形成完善的等电位连接。

（5）正确安装。

① 避免在建筑物屋顶上敷设电缆,必须敷设时,应穿金属管进行屏蔽并接地,架空电缆吊线的两端和架空电缆线路中的金属管道应接地。

② 通信电缆以及地线的布放应尽量集中在建筑物的中部,通信电缆线槽以及地线线槽的布放应尽量避免紧靠建筑物立柱或横梁,并与之保持较长的距离。

③ 所有的信号线及低压电源线都应采用有金属屏蔽层的电缆,并要求屏蔽层沿线路多点接地或至少应在线路的首、末两端接地。

总之,控制系统的防雷是一个很复杂的问题,不可能依靠一两种先进的设备和防雷措施就能完全消除雷电过电压的影响,必须采用综合治理的方法,将各类可能产生雷击的因素排除,才能将雷害减少到最低限度。

3）冗余设计

系统的冗余设计就是在系统中增加备用关键设备,一旦系统发生故障,即以最快速度启动备用设备,从而维持系统的正常工作,防止某个设备异常引起的误动作或者数据缺失,避免不必要的误差。图 7-1-3 为自动控制系统冗余技术综合应用示意图。

（1）电源冗余。

电源是系统的关键部分,通常包括上位机及网络设备电源、现场采集控制器电源及传感器电源。一旦电源发生故障,往往会使整个控制系统处于瘫痪状态。因此,在系统设计时,不仅要慎重考虑每个电源的容量,使其具有一定的冗余度,而且还要考虑整个电源单元的冗余设计。常采用的方法是:对各个设备均采用双回路供电方式,重要环节还需采用双电源供电,并辅以 UPS 以保证系统电源正常工作,回路或电源的切换可采用电源切换开关实现。

① 双回路供电。是指由同一变压器的主相线和备用相线同时供电,正常运行时由主相线取电,当主相线故障时,由用户侧的自动切换开关将电源切换,以保障负荷的不间断

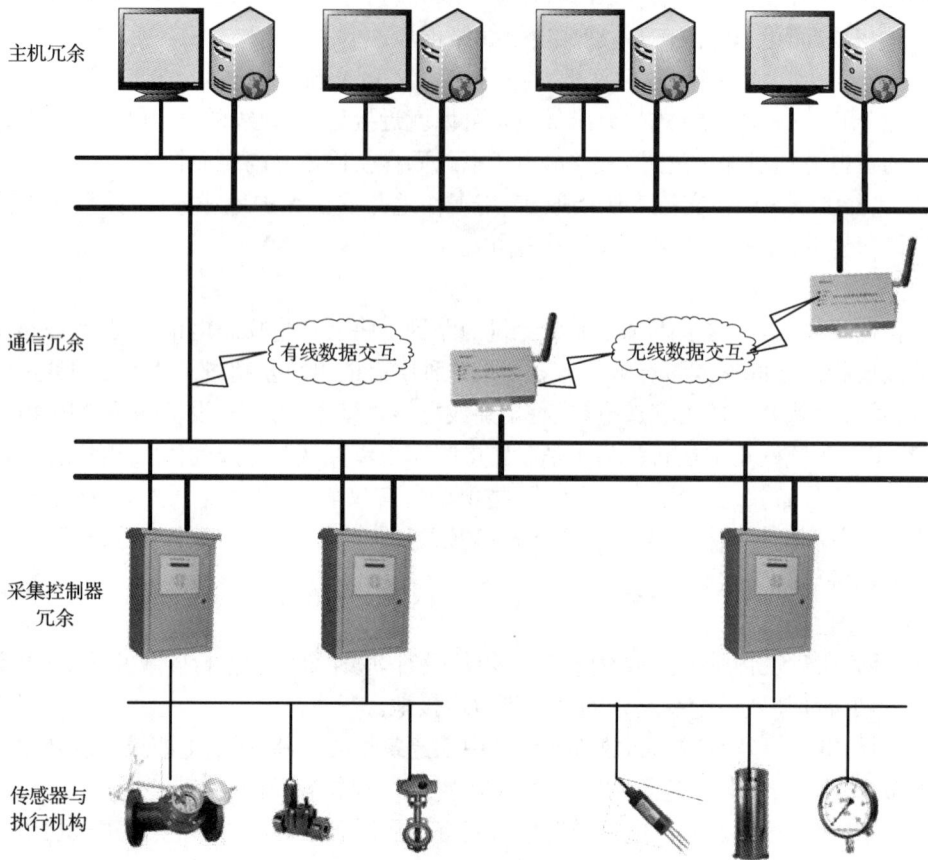

图 7-1-3　冗余技术综合应用示意图

供电。

②双电源供电。特指两回路电源来自不同的系统,通常设计为两个不同的变压器,即可避免两回路电源同时失压的情况,特别重要的场合通常还配置 UPS、柴油发电机等设备以提供应急电源。

(2)主机冗余。

自动控制系统监控中心通常都配置两台服务器,采用冗余的容错机制,在不需要人工干预的情况下,自动保证系统能持续工作。双机互备模式和双机热备模式是在众多的系统架构中运用最为普遍的模式。

①双机互备。是指两台主机同时、彼此相对独立地做着相同的工作(根据约定,先启动的机器有控制输出权)。当非拥有控制权主机出现异常时,对系统就不会有任何影响。而当拥有控制权的主机出现异常时,另一主机则主动接管异常机的控制权,继续提供服务。

②双机热备。就是一台主机为工作机,另一台主机为备份机。系统正常情况下,工作机为系统提供支持,备份机监视工作机的运行情况。当工作机出现异常,备份机主动接

管工作机的工作。

（3）设备冗余。

自动控制系统现场采集控制器负责传感器信息的采集和执行机构的控制，是整个系统性能保障的基础。根据各控制系统和设计方案的不同，控制器冗余的方式主要有以下几种形式：

①1∶1 冗余方式。是指采用两个完全相同的采集控制器，其中一台作为主控制单元承担全部的控制任务。在主控制器发生故障情况下，不需人工干预即可自动切换至备用控制器工作，系统继续运行。

② $N+1$ 冗余方式。是指在一个系统中包含 $N+1$ 个控制器，其中 N 个为主控制器，1 个为备用控制器。N 个主控制器中任何一个出现故障，系统均能立即切换到备用控制器，故障的主控制器自动退出并发出报警信号。

③ 多控制系统的冗余方式。是指两个完全独立的系统，I/O 信号通过硬接线由各自的 I/O 模块同时作用于一个控制对象。多控制系统互为冗余方式使得每个重要的控制对象都有两个互为冗余的控制系统进行控制。

（4）通信冗余。

自动控制系统中常用的通信方式分有线通信（双绞线、同轴电缆、光纤等）和无线通信（手机模块、无线数传电台、无线网桥）两种方式。通信冗余是指构建两条通信链路，正常运行时，系统能够对各通信链路进行检测，并选择其中一条作为工作链路，另一条备用。当某条链路出现故障时，系统能够自动判断并无扰动地将通信任务切换到另一条链路上以保证通信的正常进行（沈梦梦，2007）。

总之，在自动控制系统中应用冗余技术可大幅提高系统的可靠性，但应用冗余配置的系统必然增加投资。因此，施工设计过程中需考虑在满足一定技术要求的情况下，实现一种性价比高的冗余方式。

3. 施工方案内容

项目施工设计方案是依据合同的约定而制定的，是施工单位针对一个拟建工程制定的组织实施管理的基本文件，是对拟建工程的施工准备工作和整个施工过程，在人、财、物、时间、空间、技术和组织方面作出的一个全面的计划安排。项目施工设计方案是整个项目实施过程的核心，也是指导现场作业的主要依据，方案科学、合理与否将直接影响到项目的成本、工期和质量。施工设计方案的优劣，对工程施工阶段的经济效益和工程质量有着直接的、决定性的影响。

节水灌溉自动控制系统施工方案设计应包括以下内容：①编制依据。提供施工方案设计时遵循的标准和规范。②工程概况。说明现场的基本情况和系统需要完成的主要工作内容。③详细功能。说明所采用的控制系统的结构模型设计、通信网络设计的特征和实现方式，以及系统主要设备的配置和技术参数。④施工安装图纸。根据现场勘察数据绘制设备器材安装图纸，包括《自动控制系统测量与控制原理图》、《自动控制系统网络结构分布图》、《中心与现场单元布置接线图》、《室内室外电缆接线布置图》、《防雷接地系统图》等直接影响系统安装和工程预算的图纸。⑤设备材料清单。提供传感器与仪表配置、硬件配置、软件配置及其他配套设备的详细清单。⑥施工进度安排。制定各阶段性工程的完成计划、时间、预验收方案。⑦其他。如安全防护、文明施工及环保措施等。

7.1.2　工程施工准备

完成项目施工方案设计并经过审核确认后，需尽快开展工程的施工准备工作，工程项目施工准备是项目施工的重要组成部分，是搞好工程施工的基础和前提条件。合理的施工准备可以加快施工速度、提高工程质量、降低工程成本、保证工程合同履约。反之，则会给工程施工带来种种麻烦和损失，出现工序施工不衔接、窝工等局面。

1. 物资准备

根据《设备材料清单》制定采购计划，采购项目涉及仪表和自控设备、通信设备、工控机、其他配套设备以及安装用附件。设备采购工作是施工准备阶段的第一步，其工作将直接影响后续工作，因此必须做到以下几点：

(1) 型号、规格准确，不漏项。必须提前订货，且应有适当的余量。

(2) 供方技术支持，对于数目较多的设备，或者特殊的设备，供方不仅仅提供货物，双方还要签技术支持协议，保证供方对需方在工程过程中的持续技术支持。

(3) 采购时机，对于购置周期较长或需特殊定制的设备，应注意掌握好采购时间，以免贻误正常施工进度。

(4) 合理购置安装附件(如线管、固定件等)，应注意就地取材，尽可能利用当地或附近的建材市场，减少运输。

(5) 模拟测试，物料备齐后，在去现场前应对所有设备进行模拟测试运行，将系统软硬件按照工程实际环境构成模拟系统，模拟操作和运行，以便发现各种故障，提前解决，杜绝在施工现场进行测试调试的现象。另外，需做好仪器工具的准备工作，对配备的仪器设备进行精确度和标准化校对，检查工具、仪器是否有故障。

2. 人员组织

自动控制系统工程与其他工程的人员投入情况有一定的区别，有特殊的要求。首先，除了具有高素质的现场项目管理人员外，还需要两类主要人力资源，即设计人员和安装熟练的技术工人。其次，劳动力的主要投入阶段有一定的规律。在设计阶段主要投入的为系统设计人员和项目管理人员，负责系统的设计和计划的安排；在线路施工阶段除了项目管理人员外，主要是熟练的技术工人；在设备安装阶段主要为技术支持人员和工程技术安装调试人员；项目收尾阶段以管理人员和技术人员为主，进行系统的培训及项目的总结和交接；最后为项目竣工后的售后技术服务，投入劳动力较少。

技术工人投入主要是电工、机电自动化、计算机、设备安装等类的工种，要求熟悉电工电气、自控、计算机硬件类设备安装规范，计算机软件的设计规范及安装规范，能够正确使用各类仪表及检测仪器。人员投入根据工程量、工程施工进度和质量等关键要素由项目经理进行动态控制和安排。项目经理应提前向负责安装的技术工程人员进行技术交底，以保证工程项目严格按照设计图纸、安全操作规程和施工质量验收规范等要求进行施工。

3. 施工现场准备

现场准备是工程施工前的最后一项工作,项目经理应加强与甲方的沟通,需指定专人赴现场检查,符合下列要求方可进场施工:

(1) 保证"三通一平",施工现场路通、水通、电通和场地平整。

(2) 保证线缆敷设条件具备,地埋走线的沟槽开挖情况、空中走线的线杆架设情况符合施工要求。

(3) 保证控制中心外部防雷、接地工作及相关基建设施施工完毕。

(4) 明确设备器材暂存及施工人员食宿场地。

7.2　工程施工与验收

节水灌溉自动控制系统的工程施工是一项综合性的工作,不但要配备具有自控专业知识和技能人才,还要配备具有一定水平的其他专业技能人才,如电工、管工、钳工、焊工等。无论怎样理想的设计方案,如果没有相应水平的施工人员去实现它,也达不到设计的预期目的。

7.2.1　工程施工

工程施工应严格按照正式设计文件和施工图纸进行,不得随意更改。若确需局部调整和变更的,须填写《设计变更审核单》,经甲方、监理单位批准后方可施工。施工过程中,需注意文明施工及成品保护管理,确保工完、料净、场地清。严格遵守国家规范和施工现场的各项安全规定,确保人身安全和设备安全。

1. 线缆敷设

在自动控制系统工程中,各类线缆是连接测控中心、现场采集控制器和传感执行设备的神经。实际施工中,室外通常采用架空或地埋方式,室内采用线槽或线管方式敷设线缆。线缆敷设工作必须精心设计、精心组织、精心施工才能最终保证系统的畅通无阻。一旦出现纰漏,则必然导致大量返工,影响施工进度和工程质量。施工过程中,应注意下列事宜:

(1) 所有线缆在敷设前要进行导电检查与绝缘测试,防止短路或断路现象,其绝缘电阻应大于 $20M\Omega$。

(2) 线缆敷设原则上遵循先远后近、先集中后分散的原则。敷设前先实测长度,两端预留 2～3m。敷设过程中进入分支管线或转向弯头时,宜用钢丝引导,严禁强拉硬拽以防止管口锐角毛刺划伤线缆,或线缆变形而影响使用。

(3) 施工过程中,各种电源线、信号线和控制线应尽量避免有中间接头,必须出现接头时,应注意线序,用气焊熔接或压接。有屏蔽层时,应确保屏蔽层连接良好,并进行绝缘胶带和防水胶带双重处理。光缆熔接应由受过专门训练的人员操作,熔接时应采用光功率计或其他仪器进行监视,使熔接损耗达到最小,熔接后应安装光缆接头护套做好保护。

（4）电缆直接埋地敷设时,其上下应铺 10cm 厚的砂子,砂子上面盖一层砖或混凝土护板,覆盖宽度应超过电缆边缘两侧 5cm;电缆应埋在冻土层以下,当无法满足要求时,应采取防止损坏电缆的措施,但埋入深度不应小于 70cm。架空敷设时,应预设安装钢丝锁,每隔 50cm 设置挂钩,以支撑线缆,保证安全、牢固安装。

（5）关键线路或隐蔽线路应留有备份线。

（6）在线缆敷设完成后,要再次对线缆进行相应的测试。对各类线缆要作相应的通断测试和绝缘电阻测试。并应做好详细的测试记录。

线缆的敷设需横平竖直、整齐美观,不宜交叉,始终与施工图纸一致,并一一做好记录,以备复核和检查。在设备安装前,务必将超出管线以外的线缆绑扎起来,做好半成品的现场保护工作,以防交叉施工中砸伤或人为破坏。

2. 设备安装

设备安装是自动控制系统能否可靠运行的关键环节,各种设备都有特定的作业方式和工作顺序,实际安装过程中,必须严格按照正常流程进行安装,避免急于求成,工序颠倒。现场设备安装过程中,应注意以下事项:

（1）仪表、设备安装前按照设计图纸的型号、规格、材质、位号进行核对,设备齐全、外观完好,并经单体调校和试验合格后方可开展安装工作。

（2）仪表的中心距地面的高度宜为 1.2～1.5m。就地安装的显示仪表应安装在手动操作阀门时便于观察仪表指示值的位置。

（3）安装在工艺管道上的仪表,如远程水表、流量计或者电磁阀等安装必须便于操作、维护、拆卸,且仪表外壳上的箭头指向必须与水流方向一致。

（4）仪表或设备接线盒的引入口不应朝上,避免油、水及灰尘进入盒内,引入口必须朝上时应采取密封措施。

（5）仪表、设备接线过程中,剥绝缘层时应避免损伤线芯;多股线芯端头需烫锡或采用接线片。采用接线片时,电线与接线片的连接应压接或焊接,连接处应均匀牢固、导电良好;电缆(线)与端子的连接处应固定牢固,并留有适量的冗余;接线应排列整齐、美观。

3. 系统调试

系统调试是指对整个自动控制系统设计方案、施工及产品质量的试验检测,目的是"查漏补缺",使其达到设计方案预期的功能和技术指标。节水灌溉自动控制系统的调试流程如下所述。

1）电缆接线检查

（1）首先查看电缆绝缘电阻测试记录,必要时抽查实测。

（2）其次核对所有电源线、信号线、通信总线等连接是否无误,标志是否清晰。

2）硬件设备检查

（1）测控中心设备、现场采集控制器等各种设备型号准确、安装位置正确。

（2）传感器和执行机构安装正确,特别注意有方向要求的传感器和设备。如脉冲水表和电磁阀安装时应注意与水流方向相同。

3）接地电阻测试

从控制室接地板上拆开各接地母线,用接地电阻测试仪分别测量其接地电阻,须符合设计要求。若不符合要求,增加接地极根数,直至符合设计要求为止。

4）单机测试

断开传感器、执行机构与现场采集控制器连线,将现场采集控制器单独通电运行,按说明书进行人机交互操作,判断该设备本身的性能状态。检测设备的 I/O 口状态,在相应端子排上用精密信号发生器载入相应的模拟量信号,用数字信号发生器载入数字信号,检查现场设备 I/O 口是否正常工作。

5）本地测试

连接传感器与执行机构,利用笔记本电脑充当监控中心,与现场采集控制器通信。利用监控软件对现场采集控制器进行操作,查看监控数据,并对执行机构进行操作,操作无误后可进行系统联调。

6）系统联调

将所有现场采集控制器断电,在监控中心设备通电后,逐个打开现场采集控制器,调试合格后打开下一采集控制器进行测试,避免因通信不畅而导致的系统故障。

7）48h 连续运行

自动控制系统在完成系统联调后,需进行 48h 的负荷运行,如负荷运行合格,无故障,则说明该系统工作正常。

系统调试过程中,参加调试的人员要认真做好各项记录,包括单机、本地测试和系统联调的各种记录、测试结果等。这些记录均是工程验收和日后维修、维护所不可缺少的技术文件资料。另外,系统调试过程中,可邀请甲方指派的系统使用或维护工程师共同参与,使其熟悉设备的安装位置、安装方法、调试过程及性能要求,以利于这些人员迅速掌握设备的操作使用方法、故障诊断技巧,方便今后的日常检修和维护工作。

7.2.2　工程验收

自动控制系统经系统调试正常后,提交建设单位(业主)进行试运行。试运行期间,项目施工单位应积极配合,记录并解决试运行期间出现的各种故障,并对有关人员进行操作技术培训,使系统主要使用人员能独立操作,同时帮助建设单位建立系统值勤、操作和维护管理制度。

系统经试运行达到设计使用要求并经建设单位(业主)认可后,应由施工单位向建设单位(业主)报告提请验收,并提供一式四份的竣工报告,其中一份在竣工验收合格后退还给施工单位,竣工报告应包括以下主要内容:①工程概况,说明已建系统的各种基本情况、施工过程等相关信息;②工程设计变更单;③随工检查和中间验收签证记录;④系统调试记录;⑤竣工图纸;⑥已安装的设备明细表;⑦系统使用说明书,包括系统涉及主要设备的软件使用说明书、硬件使用说明书与其他相关文件。

系统经验收通过或基本通过后,施工单位应根据验收结论提出的建议与要求提出书面整改措施,并经建设单位认可签署意见。经确认后,对系统进行最后完善,交付业主使用。

7.3　常见故障处理方法

系统故障的分析处理,在系统建造和运行过程中是不可避免的,也是经常遇到的工作,故障的分析处理能力是衡量工程建设方水平的重要标志之一。在故障处理前需要和建设方进行沟通,得到认可后方可执行,在处理过程中,应妥善保存故障元件、材料并做好系统维护记录。

自动控制系统常用的分析判断方法如下所述。

1) 调查法

调查法是通过对故障现象和故障产生发展过程的了解,分析判断故障原因的方法。一般需了解如下几个方面:

(1) 故障发生前的情况、有何征兆。

(2) 故障发生时有无打火、冒烟、异常气味等现象。

(3) 供电电压和供水水压情况。

(4) 过热、雷电、潮湿、碰撞等外界情况。

(5) 有无受到外界强电场、磁场的干扰。

(6) 是否有使用不当或误操作情况。

(7) 是正常使用中的故障,还是在修理更换元器件后出现的故障。

(8) 以前是否发生过类似故障情况及原因。

采用调查法分析故障,要深入细致,对现场操作人员反映的情况要核实。

2) 直观检测法

直观检测法是通过眼、耳、鼻、手各种感官观察故障设备,分析故障原因的方法。一般需了解如下几个方面:

(1) 连线有无断开,各接插件是否正常连接,电路板插座上的簧片、排针是否弹力不足导致接触不良。

(2) 各继电器、接触器的接点是否有错位、卡住、氧化、烧焦粘死等现象。

(3) 电源保险丝是否熔断,电子元件是否损坏,如晶体管外壳涂漆是否变色、断极,电阻是否烧焦,线圈是否断丝,电容器外壳是否出现膨胀、漏液、爆裂现象。

(4) 印刷板敷铜条是否断裂、搭锡、短路,各元件焊点是否良好,有无虚焊、漏焊、脱焊现象。

(5) 机内有无高压打火、放电、冒烟现象。

(6) 有无振动并发出噼啪声、摩擦声、撞击声。

(7) 变压器、电机、功放管等易发热元件及电阻、集成块温升是否正常,是否烫手。

(8) 机内有无特殊气味,如绝缘层烧坏的焦煳味、示波管高压打火使空气电离所产生的臭氧气味。

带电观察时,手不要离开电源开关,如发现异常要及时断电。带电设备要特别注意人身安全。在电路中大容量滤波电容有充电电荷时,要防止触电。

3) 断路法

断路法是将怀疑有故障的部分与系统或单元电路断开,看故障是否消失,从而断定故障所在的方法。断路法是查找故障点的常用方法,对单元化、组合化、插件化的仪表故障检查尤为方便,对一些电流过大的短路性故障也很有效。

4) 短路法

短路法是将所怀疑发生故障的某级电路或元器件暂时短接,观察故障状态有无变化来判断故障部位的方法。该方法用于检查多级电路时,短路某一级,故障消失或明显减小,可判断故障在短路点之前,故障无变化则在短路点之后;如某级输出电位不正常,将该级的输入端短路,如此时输出端电位正常,则该级电路正常;或者将可控硅控制极和阴极短路判断可控硅是否失效。

5) 替换法

替换法是通过更换某些元件、线路板或设备以确定故障部位的一种方法。用规格相同、性能良好的元器件或设备替换所怀疑的元器件或设备,然后通电试验,看故障是否消失,即可确定所怀疑的元器件或设备是否为故障所在。在替换前,先要认真分析,不要盲目替换,如故障是由短路或热损造成的,则替换上好的元器件或设备也可能再被损坏。

6) 分部法

分部法是查找故障的过程中,将电路和部件分为几个部分检查判断故障原因的方法。一般现场采集控制器电路可分为外部回路(由采集控制器的接线端往外到传感器或控制执行机构为止的全部电路)、电源回路(由交流电源到电源变压器的全部电路)、内部回路(除外部回路、电源回路外的全部电路)三大部分。分部检查划分出来的各个部分,采取从外到内、从大到小、由表及里的方法检查各部分,逐步缩小怀疑范围,找到故障部位。

7) 电压法

电压法是用万用表(或其他电压表)适当量程测量怀疑部分的方法,分测交流电压和直流电压两种。测交流电压主要是交流供电电压,如交流 220V、交流稳压器输出电压、变压器线圈电压及振荡电压等;测直流电压指直流供电电压、半导体元器件各级工作电压、集成块各引出脚对地电压(TTL 电平)等。

8) 电流法

电流法分直接测量和间接测量两种。直接测量是将电路断开后串入电流表,测出电流值与仪器、设备正常工作状态时的数据进行对比,从而判断故障。间接测量不用断开电路,测出电阻上的电压降,根据电阻值的大小计算出近似的电流值,进行故障判断。电流法与电压法相互配合,能检查判断出电路中绝大部分故障。

9) 电阻法

电阻检查法即在不通电的情况下,用万用表电阻挡检查仪器仪表整机电路和部分电路的输入输出电阻是否正常,各电阻元件是否开路、短路、阻值有无变化,电容器是否击穿或漏电,电感应圈、变压器有无断线、短路,半导体器件正反向电阻,各集成块引出脚电阻等。

故障是随机发生的,故障处理具有多样性和重复性的特点。在进行故障处理前,要认真阅读产品数据手册或使用说明书,对其工作原理、技术特性、注意事项全面了解掌握,然后分析故障原因,解决问题。

第8章　典型应用案例分析

随着我国经济快速发展和农业生产水平的不断提高,农业节水技术得到广泛应用,信息节水的理念日益为人们所接受,农业节水信息技术正逐渐得到普及应用。国家农业信息化工程技术研究中心的有关农业节水信息技术产品,在全国许多省市的设施农业、大田生产、果园生产、水产养殖等不同领域得到广泛应用。

本章主要介绍作者研发团队的农业节水信息技术研究成果在全国不同种植规模、不同种植特点的典型示范园区应用的情况,从基地需求、系统概要设计、详细实施以及取得的效益情况等不同方面进行阐述,以期为从事农业节水信息技术研究应用的科技工作者和同类型的生产基地提供借鉴参考。

8.1　温室节水灌溉控制系统

8.1.1　基本情况与需求分析

温室节水灌溉控制系统选择"大兴区农业科技成果展示基地综合监控系统"为例进行介绍。该基地坐落在北京市大兴区长子营镇永和庄村,建设宗旨在于全面展现大兴种植业当前最前沿的优新品种、新技术以及科技推广手段。园区始建于 2008 年,总占地面积约 100 亩。拥有日光温室 10 栋,春秋棚 8 栋,联栋温室 2100m²。基地由大兴区农业科学研究所负责管理,以中国农业科学院、北京市农业技术推广站、北京市农林科学院等科研院所为技术依托,集中展示了西甜瓜、蔬菜、甘薯、花生、食用菊花等农作物新品种以及香蕉、木瓜、火龙果等南方作物。种植南方作物的目的在于摸索南果北种生产技术,开展创新型都市观光农业园区方面的研究,以推动大兴区都市观光农业的发展。

针对基地内设施综合环境调控能力差、智能化程度低、管理技术水平落后的现状以及基地高新技术展示自身定位的需求,大兴区农业科学研究所提出将现代生物工程技术、农业工程技术、环境工程技术、信息技术和自动化技术引入设施农业生产中,根据动植物生长所需最适宜生态条件在现代化设施内进行环境自动控制,实现生产自动化、标准化和智能化设施生产管理,保证农产品周年生产和均衡上市,形成农产品生产高速度、高产出和高效益的生产模式(张露等,2010)。

8.1.2　系统设计

"大兴区农业科技成果展示基地综合监控系统"是一套集对象感测、数据采集、信息传输、分析决策、智能控制等多层次结构的现代化综合监控系统。系统在采集基地内的气象信息、温室内的环境信息、土壤含水量信息的基础上,综合分析作物生长的环境和水肥需求,通过大屏幕显示、声光报警方法,指导技术人员进行环境和水肥调控,为作物生长提供一个良好的气候小环境。

整套系统采用分层分布式结构,主要包括1个气象信息采集点、12个语音型温室环境信息采集点、10个日光温室测控点、1套联栋温室测控分中心及综合控制中心。系统配套了高清视频监控设备,实现了基地内10个日光温室、联栋温室以及园区4个关键点视频信息的24h不间断监控。监控系统的应用有助于科研工作者及时跟踪作物生长情况,对作物生长的关键环节进行追踪,并及时发现作物的病虫害疫情情况。

各采集点与测控点采集各类传感器数据,通过RS485总线和网络将数据上传到综合控制中心;综合控制中心接收到数据后,对数据进行处理分析,形成决策指令,并将指令发送到各采集点与测控点;接收到指令后,语音型环境信息采集点通过语音方式,提醒日光温室用户进行人工通风、遮阴、覆盖保温被等工作,而日光温室测控点通过控制指定电磁阀,进行湿度和水分调节;联栋温室测控分中心通过配电控制柜间接控制,实现温室内通风、遮阴或者灌溉;系统可同时对数据进行对外发布,远程用户只需录入指定网址,通过密码登录,即可了解现场实时数据,并掌握整个系统的运行情况。图8-1-1为综合监控系统整体结构框图。

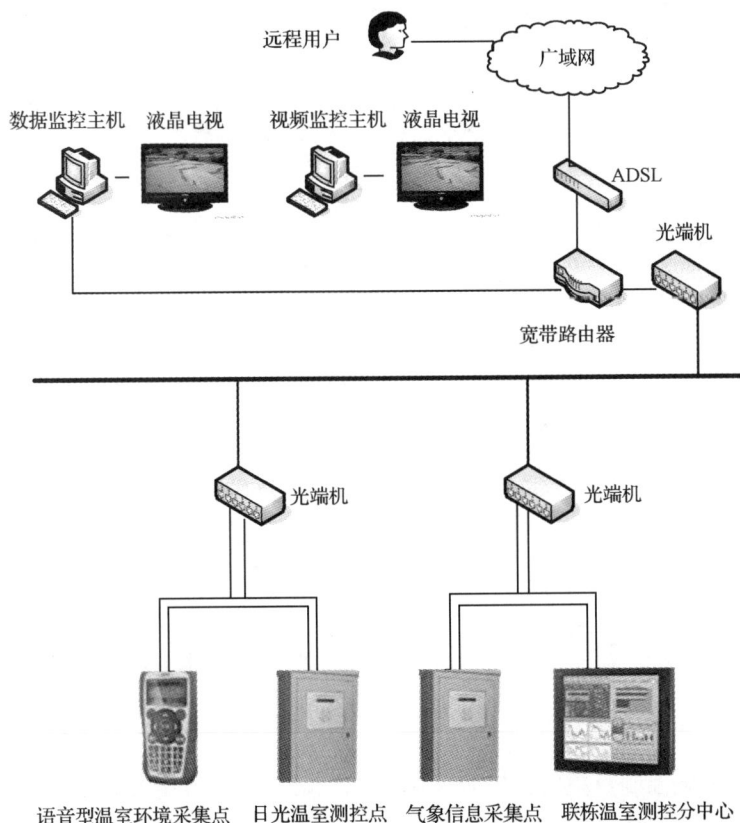

图 8-1-1　系统整体结构框图

8.1.3　系统实现与效果分析

1. 气象信息采集点

气象信息采集点由采集模块、气象信息传感器及安装支架组成,利用 RS485 总线经光端机与综合控制中心连接。气象传感器监测空气温度、湿度、风速、风向、辐射、降雨量6 种信息。图 8-1-2 为气象信息采集点实物图。

图 8-1-2　气象信息采集点实物图

2. 语音型温室环境信息采集点

语音型温室环境信息采集点由温室娃娃主机和各种环境信息传感器组成,利用RS485 总线经光端机与综合控制中心连接。环境信息传感器监测温室中空气温度、湿度、露点、光照强度和土壤温度 5 个环境参数。图 8-1-3 为语音型温室环境信息采集点实物图。采集的数据传输到监控中心统一控制管理,也可以在采集终端进行上、下限报警参数设置,超过设定范围,温室娃娃会通过语音方式进行报警,提示用户进行相应操作。

3. 日光温室灌溉控制点

日光温室灌溉控制点主要由控制模块、土壤水分传感器、电磁阀及相关附件组成,利用 RS485 总线经光端机与综合控制中心连接,控制点实物图如图 8-1-4 所示。每个温室内有两个电磁阀,分别控制微喷和滴灌两路设备。系统可以根据土壤水分上下限或者时间进行灌溉。

图 8-1-3　语音型温室环境信息采集点实物图

图 8-1-4　日光温室灌溉控制点实物图

4. 联栋温室测控分中心

联栋温室测控分中心由平板电脑、测控模块、各种传感器、电磁阀、配电控制柜及安装附件组成,利用 RS485 总线经光端机与综合控制中心连接。联栋温室内传感器监测空气温度、湿度、土壤温度、土壤水分、光照强度及二氧化碳浓度等参数。控制设备包括内遮阳、外遮阳、风机、湿帘、水泵、顶窗、电磁阀等设备。图 8-1-5 为联栋温室测控分中心实物图,可以在监控中心对其控制,也可以通过现场的平板电脑进行数据采集和控制。

图 8-1-5　联栋温室测控分中心实物图

5. 综合控制中心

综合控制中心由服务器、多业务综合光端机、视频服务器、液晶电视、UPS 及配套网络设备组成。系统实际建设时,综合考虑了数据监控与视频系统的有机融合。图 8-1-6 为综合控制中心实物图。

6. 中央控制软件

中央控制软件是本系统的核心,采用力控组态软件开发,具有安全管理、传感器参数集中显示、数据查询和统计分析、日光温室自动灌溉控制、联栋温室环境调控设备控制、数据远程发布等功能。图 8-1-7 为系统界面。

"大兴区农业科技成果展示基地综合监控系统"于 2010 年 5 月投入使用,系统运行以来,稳定可靠,单位面积的劳动生产率和资源利用率显著提高,设施内温、光、水、肥、气等诸因素综合协调到最佳状态,确保了园区生产活动科学、有序、规范、持续地进行。

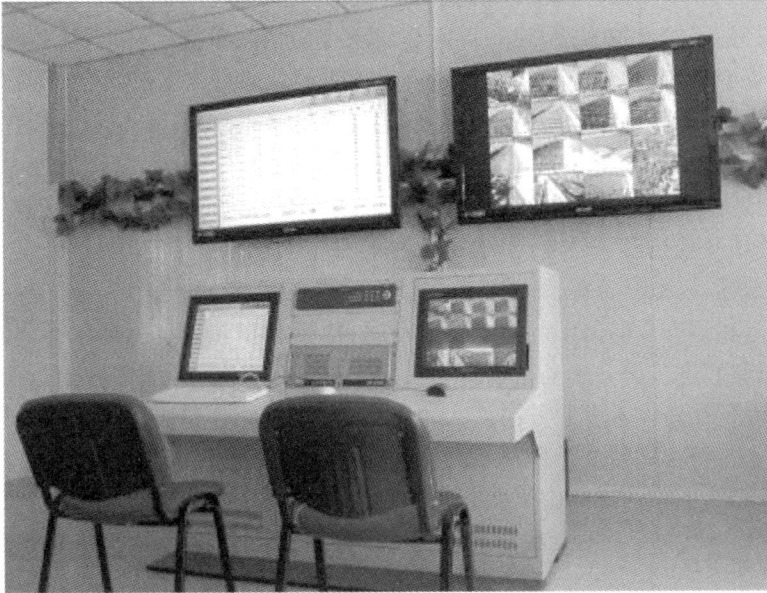

图 8-1-6　综合控制中心实物图

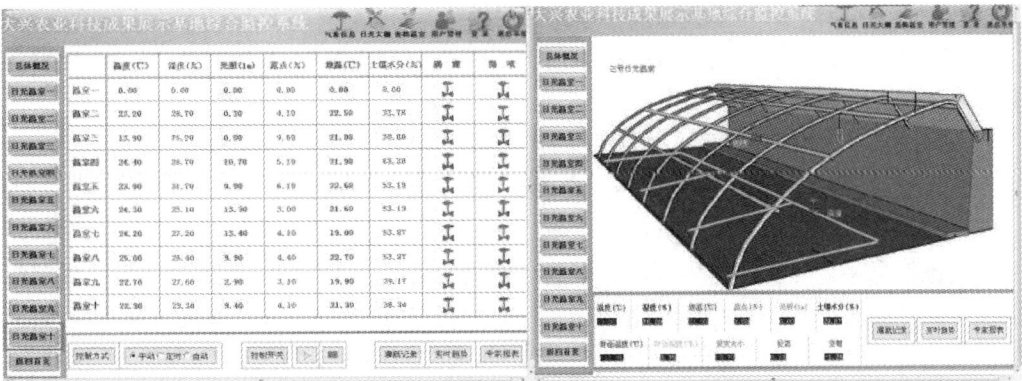

图 8-1-7　系统软件界面

8.2　果园节水灌溉控制系统

8.2.1　基本情况与需求分析

果园节水灌溉控制系统选择"忠县柑橘智能灌溉控制系统"为例进行介绍。忠县位于重庆市中部、三峡库区腹心地带,是重庆市重点柑橘生产基地。忠县柑橘生产主要涉及石宝、甘井、黄金、拔山、双桂、新立和涂井等乡镇。忠县正在打造国家级农业旅游示范区"中国柑橘城",并提出了"中国柑橘看重庆,重庆柑橘看忠县"的口号。忠县建成了全国最大的工厂化柑橘脱毒容器育苗基地、国家柑橘工程技术中心、15 万亩高标准橙加工基地果园和亚洲第一条非浓缩橙汁加工线;重庆三峡建设集团和重庆博富文柑橘公司两大龙头企业进驻忠县建设橙汁加工厂,建立了完整的现代柑橘栽培技术标准,以柑橘产、加、销、研、学、旅为核心的产业集群雏形,产业竞争优势明显。忠县先后被评为"全国农业(柑橘)标准化示范县"、"全国工农业旅游示范点",忠县锦橙获得重庆市"消费者最喜爱柑橘"称号(叶文漪,2007)。

为进一步提高忠县柑橘产业的现代化水平,忠县果业局提出以"果树信息、智能决策、精准管理、优质高效技术"多种技术相结合为基础,以研发核心技术与装备、建设核心示范基地为主要载体,以整合资源、由浅入深、循序渐进、以点带面为策略,通过现代农业技术应用解决忠县柑橘产业链条中的主要技术问题,使忠县率先在我国果树行业实现生产过程现代化,以科技进步提升忠县柑橘产业的素质、核心竞争力和国内外的影响力,引领我国柑橘产业现代高新技术发展方向。2009 年 6 月,忠县果业局委托国家农业信息化工程技术研究中心进行柑橘精细管理技术的技术集成应用与示范,示范基地位于忠县拔山镇杨柳村,基地覆盖面积约 300 亩柑橘园,灌溉方式为滴灌。

8.2.2　系统设计

忠县柑橘智能灌溉控制系统围绕"信息监测—决策控制—系统集成"三个关键环节,综合运用传感器技术、计算机技术、自动控制技术及现代通信技术,实现了柑橘种植过程的精准监测、高效灌溉和科学管理。根据重庆忠县拔山镇柑橘种植特征,对示范点"山顶"、"山腰"、"山脚"、不同海拔高度柑橘生理生态信息及本地气象进行实时监测,同时配套灌溉施肥系统,为柑橘生长提供了最优的水肥保障。

系统采用分层分布式结构,主要由 1 个气象信息采集点、3 个作物生理信息采集点、1个井房控制点、现场控制中心及远程服务器组成。另外,系统设计中充分考虑用户需求,对系统的供电和通信进行了完善的冗余设计,保障了监测数据的连续性和安全性。

气象信息采集点与作物生理信息采集点采集各类传感器数据,通过 RS485 总线将数据上传到控制中心;控制中心接收到数据后,对数据进行处理分析,形成决策指令,通过无线数传电台发送到井房控制点;井房控制点接收到控制指令后,首先启动首部供水系统,待检测到供水压力正常后,开启指定阀门供水。同时,系统可实时将现场数据与远程服务器同步,所有数据均在远程服务器中备份,用户只需录入服务器指定网址,通过密码登录,即可实时获取所有数据,并掌握整个系统的运行情况。图 8-2-1 为忠县柑橘智能灌溉控制系统整体结构框图。

8.2.3　系统实现与效果分析

1. 气象信息采集点

气象信息采集点由采集模块、太阳能充放电设备、各种气象传感器及安装支架组成,利用 RS485 总线与控制中心连接。气象传感器监测空气温度、湿度、风速、风向、辐射、降雨量 6 种信息。气象信息采集点及作物生理信息采集点均设计冗余供电方式,通常情况下采用市电供电,当市电掉电时,自动切换到太阳能供电,保证传感器数据信息采集正常。

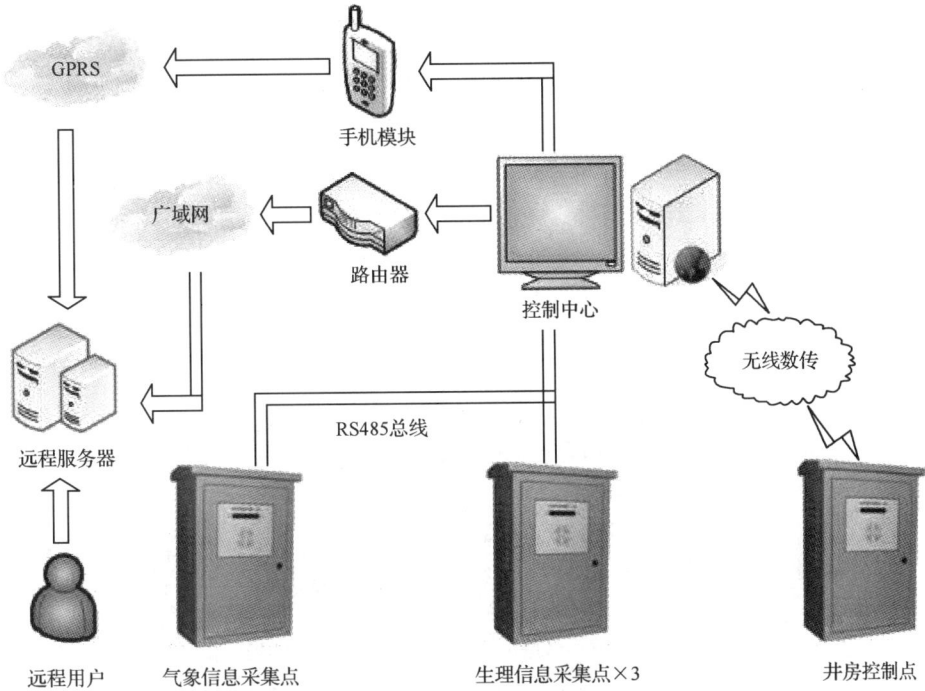

图 8-2-1　系统整体结构框图

在项目建设中,为真实反映柑橘园中的气象信息,在现场柑橘园中采用高支架将气象信息采集点进行安装,以避免地形和果树对气象信息的影响。图 8-2-2 为气象信息采集点实物图。

图 8-2-2　气象信息采集点实物图

2. 作物生理信息采集点

作物生理信息采集点由采集模块、太阳能充放电设备、各种作物生理信息传感器及安装支架组成,利用 RS485 总线与控制中心连接。作物生理信息传感器监测叶面温度、叶面湿度、植物径流及土壤水分 4 种信息。供电冗余方式同气象信息采集点。图 8-2-3 为作物生理信息采集点实物图。

图 8-2-3　作物生理信息采集点实物图

3. 井房控制点

井房控制点由 ASE 灌溉控制器、无线数传电台、柴油机采集控制柜、远传压力表、液位传感器、柴油机供水设备、自动反冲洗过滤器及电磁阀组成。因井房控制点与控制中心间隔距离较远,且间隔两个山包,所以采用无线数传电台进行数据交互。其中柴油机采集控制柜负责控制柴油机供水设备的启停,同时通过液位传感器采集剩余油量信息,提醒用户及时补充油量。图 8-2-4 为井房控制点实物图。

4. 现场控制中心

现场控制中心由采集控制一体机、无线数传电台、手机模块、液晶电视、UPS 及配套网络设备组成。现场控制中心供电、通信采用冗余方案,市电供电时,由采集控制一体机获取采集点传感器数据,并实时与远程服务器进行数据同步;市电掉电时,自动切换成 UPS 供电模式,由远程服务器通过 GPRS 网络直接获取采集点传感器数据,待市电正常时,由远程服务器将掉电期间的数据返回到现场控制中心。图 8-2-5 为控制中心实物图。

图 8-2-4　井房控制点实物图

图 8-2-5　控制中心实物图

　　中央控制软件是柑橘智能灌溉控制系统的核心,采用力控组态软件开发,具有安全管理、传感器参数集中显示、数据查询和统计分析、自动灌溉控制、数据远程发布等功能。

图 8-2-6 为中央控制软件截图。

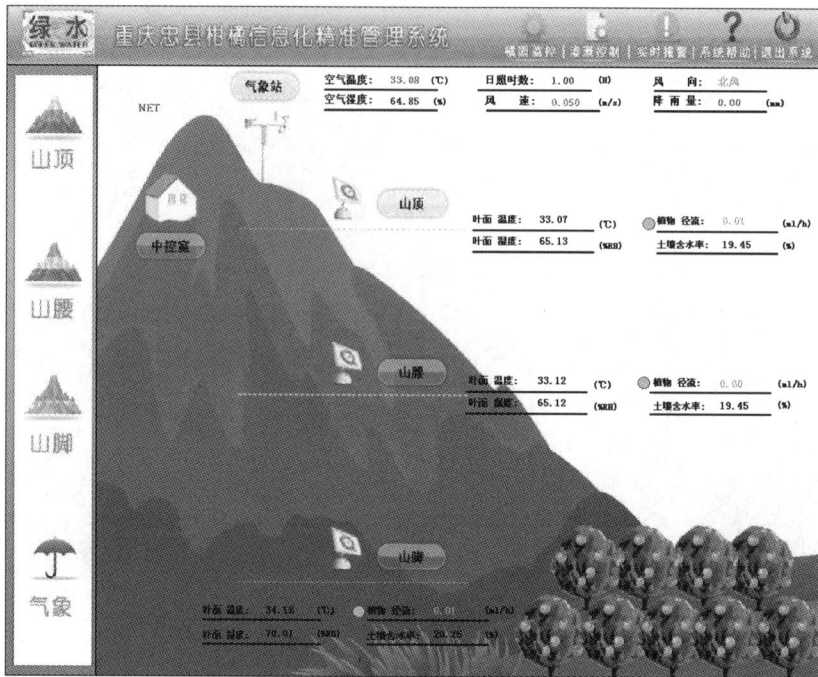

图 8-2-6　中央控制软件截图

　　忠县柑橘智能灌溉控制系统于 2009 年 10 月投入试运行,系统实现了果园信息采集自动化、信息管理远程化、生产经营决策智能化等功能,大幅度提高了柑橘栽培与经营管理的科技含量和效益回报,为实现忠县柑橘产业现代化的总目标提供了基础数据源支撑。

8.3　大田节水灌溉控制系统

8.3.1　基本情况与需求分析

　　大田节水灌溉控制系统选择"新疆农业科学院国家现代农业示范区高标准节水示范项目"为例进行介绍。项目区位于乌鲁木齐市北郊新疆农业科学院综合试验场,土地总面积为 10006 亩。该试验场是新疆农业科学院集科研、生产、推广为一体的综合性试验基地及国家级现代农业科技示范区,多年来农业科技成果通过该基地已推广、辐射到全疆各地,为新疆农业科技事业和农业生产的发展作出了重大贡献。但由于资金有限,农田基本建设投入严重不足,导致水井供水不足、水利设施老化,渠系水利用系数低,渗漏严重,加上土壤肥力逐年降低,灌溉技术落后,水肥利用率低;农业信息化建设工作基础薄弱,信息载体以传统的纸质为主,信息数据库少、信息容量小。这些因素直接导致试验基地对新疆农业科技发展的推动、推广影响逐渐减小,国家级科技示范区的作用逐渐减弱。

　　针对上述现象,综合考虑新疆农业发展的实际需要,新疆农业科学院提出以提高灌溉水利用率和农田水分生产率为核心,以节水、增产、增效为目标,选择节水农业技术领域内的先进成熟技术进行集成示范,将工程节水、农艺节水、生物节水、管理节水等多种节水技术交互融合、有机地联系起来进行综合应用示范,总结出一套适合新疆地区的农业节水体系,全面提升全疆在节水农业技术领域的研究水平和技术含量。

8.3.2 系统设计

"新疆农业科学院国家现代农业示范区高标准节水示范项目"是涵盖工程节水、农艺节水、生物节水、管理节水等多项农业节水技术的综合性项目。本项目建设总规模6000亩,包括4000亩防渗渠软管灌溉示范区及2000亩滴灌、微喷灌及信息技术综合示范区,综合示范区内建设了棉花滴灌1057亩、玉米滴灌563亩、葡萄滴灌190亩、苗木喷灌220亩,根据不同作物生长发育特点,为不同作物配套了适宜的灌溉方式。系统建设总体示意图如图8-3-1所示。

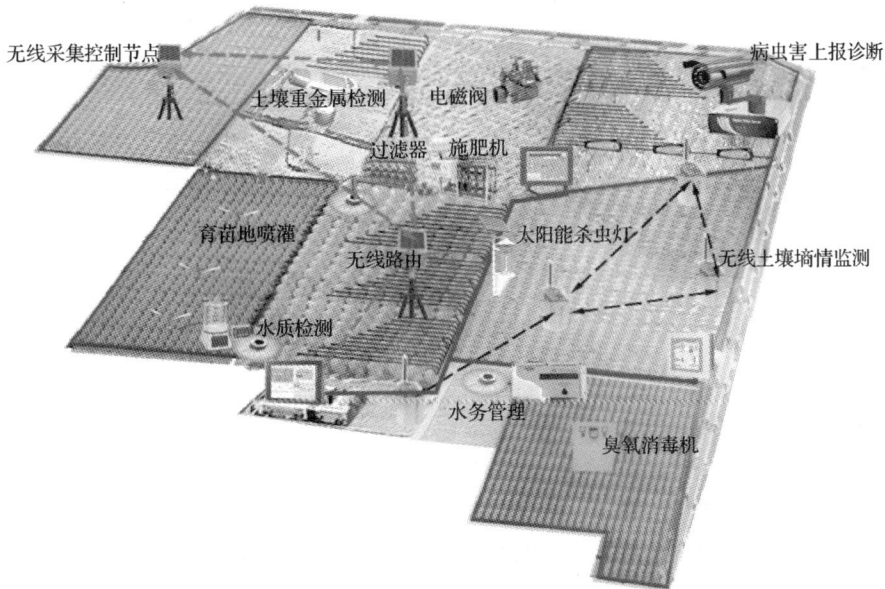

图 8-3-1　项目建设内容示意图

整套智能灌溉控制系统采用分布式管理,主要由4个机井测控分中心、1套气象监测站及综合测控中心组成,各测控分中心均可独立运行,完成手动或自动灌溉功能,亦可通过网络连接与综合测控中心有机组合成一套综合考虑土壤和气象等环境因子影响的智能灌溉决策控制系统。各机井测控分中心均包含1套自动灌溉施肥机及多套测控点,由于面积及作物分布差异,各机井测控分中心下辖测控点数量各不相同。其中1号机井测控分中心下辖21个无线灌溉控制点、5个无线墒情采集点;2号机井测控分中心下辖31个无线灌溉控制点、8个无线墒情采集点;3号机井测控分中心下辖21个无线灌溉控制点、6个无线墒情采集点;4号机井测控分中心下辖21个无线灌溉控制点、6个无线墒情采集点。

　　系统建设时,设置的墒情采集点的数量相对较少,采用以点带面的表达方式,相邻地块采用同样的墒情采集点,系统共建设 99 个无线灌溉控制点、25 个无线墒情采集点以及 4 套精准灌溉施肥系统。图 8-3-2 为系统整体结构框图。

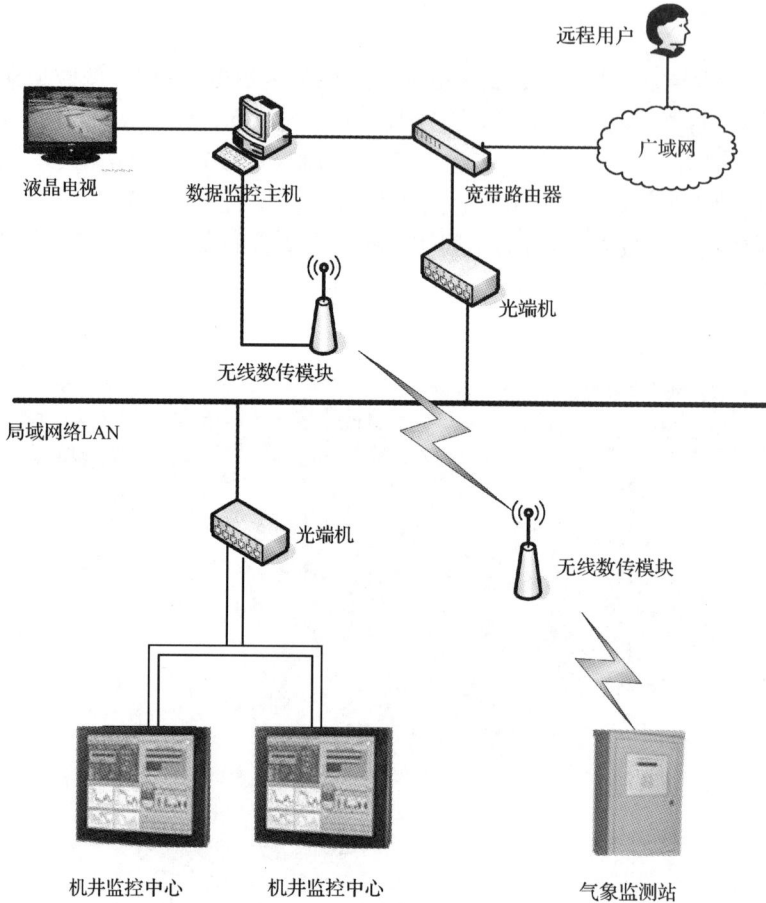

图 8-3-2　系统整体结构框图

　　系统工作分单机运行和系统联动两种工作模式,单机工作模式下,各分测控中心单独运行,首先由无线墒情采集点检测土壤的含水量及温度信息,通过无线 Mesh 网络传送至各分测控中心,各分测控中心可根据预先设定的土壤墒情阈值,发送决策指令到无线灌溉控制点启动该区域电磁阀进行轮灌;系统联动模式下,综合监控中心安装的智能灌溉决策控制软件掌控整个系统的控制权,可通过综合处理、分析各分测控中心获取的土壤墒情信息及气象监测站获取的气象信息,形成决策指令,通过有线网络将数据传送到各分测控中心,再由分测控中心通过无线 ZigBee 网络下传到各无线灌溉控制点启动灌溉。

8.3.3　系统实现与效果分析

1. 机井测控分中心

机井测控分中心主要由平板电脑、无线灌溉控制点、无线墒情采集点、IC 卡用水系统及精准灌溉施肥系统组成,利用光缆经光端机与控制中心连接。图 8-3-3 为机井测控分中心系统框图。平板电脑安装大田无线自动化灌溉监测控制软件,软件采用 HMIBuilder 组态软件开发,用户界面简洁美观,易于操作,实现田间电磁阀开关控制、轮灌组的编制、自动运行时间和间隔的设置、系统运行状态的实时显示、传感器数据显示等功能,用户可以根据实际需求,灵活设置灌溉方式,进行合理的灌溉,从而提高了水的利用率和作物品质。图 8-3-4 为大田灌溉控制软件界面。

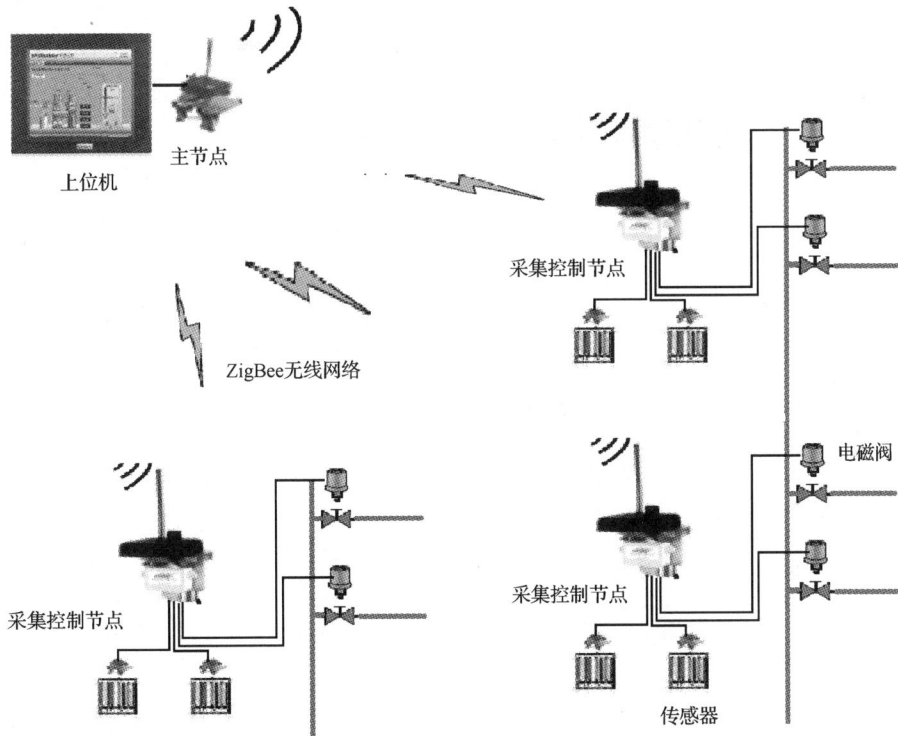

图 8-3-3　机井测控分中心系统框图

1) 无线灌溉控制点

无线灌溉控制点由 ZigBee 无线控制器、太阳能充放电设备、电磁阀及安装支架组成,利用 ZigBee 无线网络与机井测控分中心连接。

实际项目建设中,1 个无线灌溉控制点控制 2 个电磁阀,为保障系统供电,防止作物生长过高时影响太阳能设备采光,安装支架高度为 6m。图 8-3-5 为无线灌溉控制点实物图。图 8-3-6 为其中一块田地的田间节点布局图。

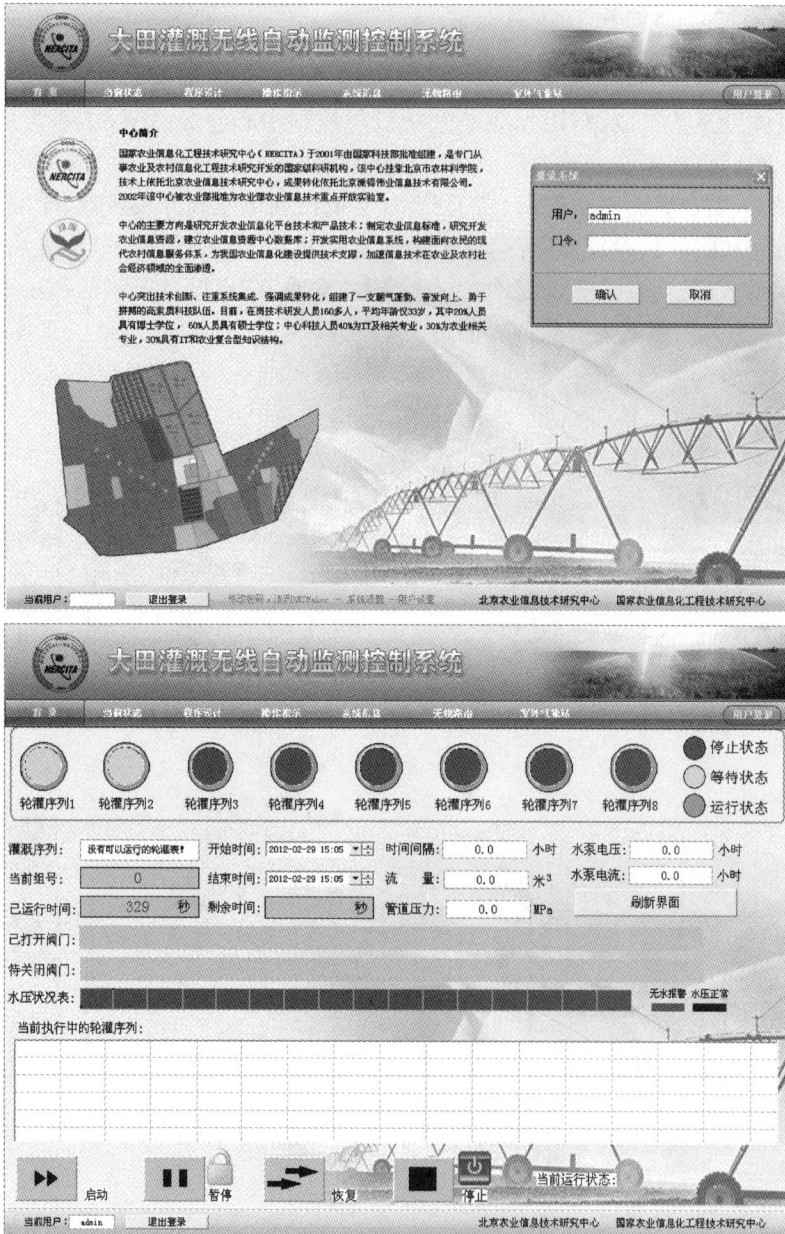

图 8-3-4　大田灌溉控制软件截图

图 8-3-5　无线灌溉控制点实物图

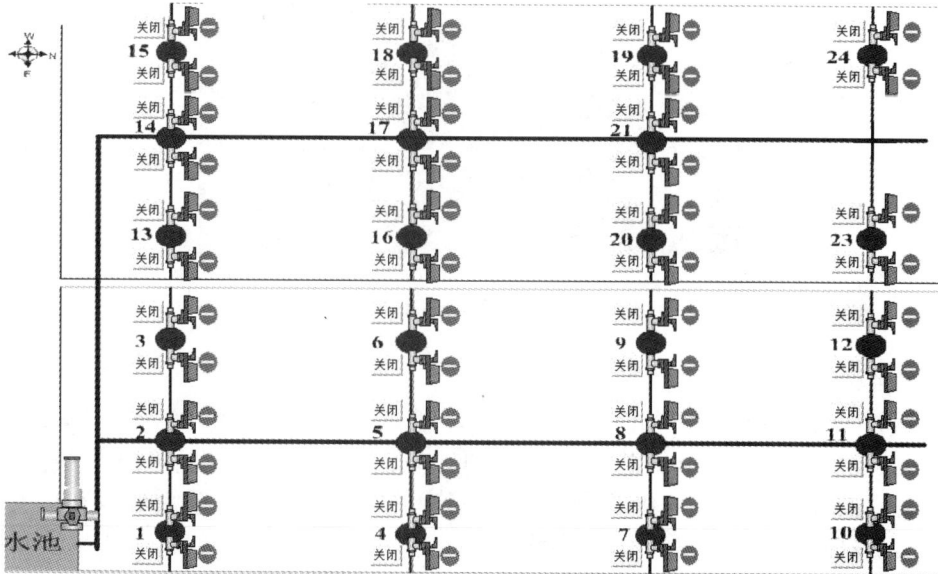

图 8-3-6　14、15 号地大田灌溉田间节点布局图

2）无线墒情采集点

　　无线墒情采集点由无线环境监测设备、土壤水分温度一体传感器及安装支架组成,利用 ZigBee 无线网络与机井测控分中心连接。

无线环境监测设备使用太阳能供电以及 IP65 级的防尘防水封装,非常适应野外安装。此外,无线监测设备采用无线自组织、自愈合的 Mesh 协议栈,网络具有极高的可靠性,且安装调试简单,即使非技术人员也可以在短时间掌握安装、使用方法,并能快速建立起一个无线环境监测网络。图 8-3-7 为无线墒情采集点实物图。

图 8-3-7　无线墒情采集点实物图

3）自动灌溉施肥机

自动灌溉施肥机选择 2 套以色列 TALGIL 追梦系列产品、2 套中心自主研发的肥能达精准灌溉施肥机。图 8-3-8 和图 8-3-9 为项目应用的两种不同自动灌溉施肥机实物图。自动灌溉施肥机的使用既简化了灌溉和施肥过程的操作,提高了劳动效率,又可以实现水肥耦合,促进肥料利用效率的提高。根据用户在核心控制器上设计的施肥程序,文丘里注肥器按比例将肥料溶液注入灌溉系统的主管道中,达到精确、及时、均匀施肥的目的。同时通过自动施肥机上的 EC/pH 等传感器,对施肥过程中 EC/pH、肥/液位、压力进行动态监测,提高水肥利用效率。

图 8-3-8　以色列 TALGIL 自动灌溉施肥机实物图

图 8-3-9　肥能达自动灌溉施肥机实物图

2. 环境信息监测系统

该系统采用低功耗无线 Mesh 通信协议,在网络层泛洪通信协议基础上,采用梯度控制算法和时间自同步校正算法,设计实现了多跳通信网全网周期休眠-唤醒机制,延长了节点工作时间,解决了大面积农田的远程信息采集的问题,产品具有安装方便、成本低等优点。图 8-3-10 为基于无线传感器网络的环境信息采集系统。

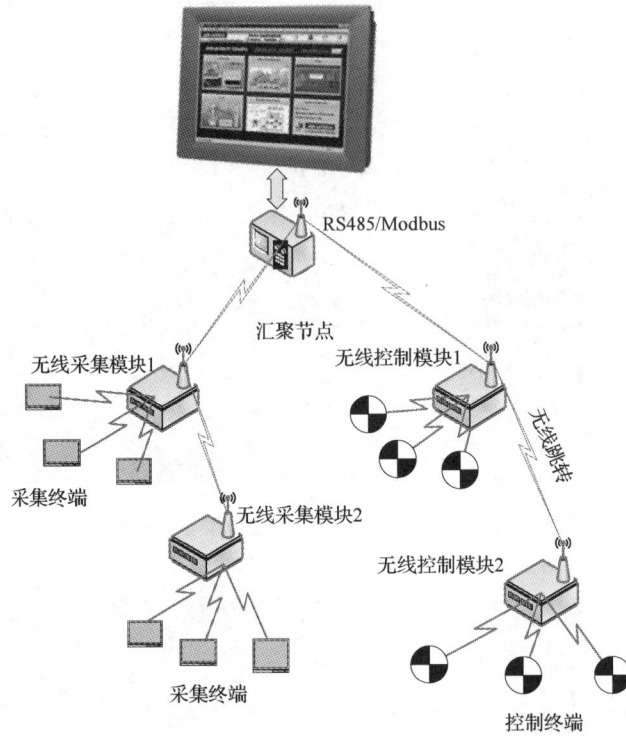

图 8-3-10　基于无线传感器网络的环境信息采集系统

采用 MCGS 组态软件进行上位机系统的设计与开发,通过标准 RS485 接口和Modbus协议,与采集控制模块进行数据通信和设备控制。MCGS 组态软件系统设计主要分为数据采集部分和设备控制部分。通过将实时获取的数据与设备进行关联,建立逻辑控制表,来实现数据的实时动态显示、数据存储分析和设备的自动控制。图 8-3-11 为软件界面图。

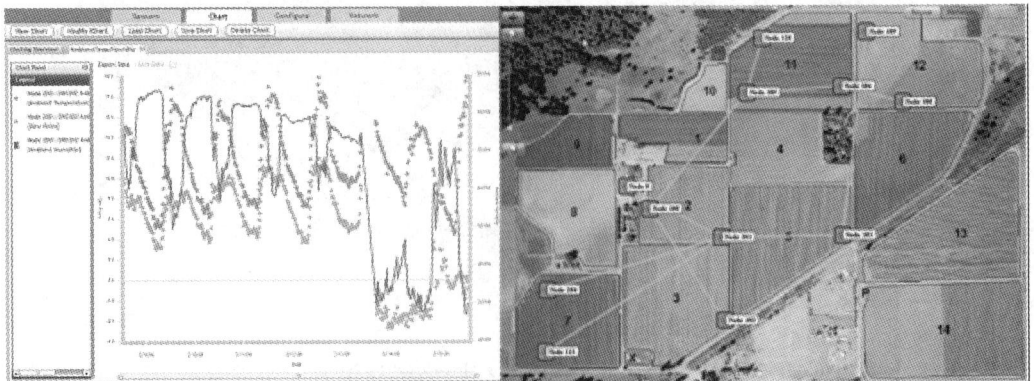

图 8-3-11　软件界面截图

1) 气象环境信息

气象自动监测系统可以实时监测环境参数,是为了监测种植区域各类气象参数而设计的专用系统,系统由风向风速传感器、雨量传感器、光照传感器、温湿度传感器等组成,可采用不同的供电系统进行供电。

2) 土壤环境信息

土壤参数测量系统由土壤温度、水分、盐分监测系统和便携式土壤综合参数测量系统组成。土壤温度、水分、盐分监测系统可实时在线连续监测土壤温度、水分、盐分的变化情况,有利于针对农业生产区特定地域进行土壤参数的长期连续监测,分为固定式和便携式两种。

3. 综合测控中心

综合测控中心由服务器、多业务综合光端机、视频服务器、液晶电视、LED 大屏幕、UPS 及配套网络设备组成。系统实际建设时,除建设智能灌溉决策控制系统外,另外配套了病虫害预报防治、地理信息管理、专家系统、园区展示及人员培训等系统,是农业信息技术在农业应用的一个全面的应用实例。图 8-3-12 为综合控制中心实物图。

图 8-3-12　综合测控中心实物图

项目通过应用农业节水高新技术及农业信息化技术,提高了水资源利用率、作物产量和农业信息化程度,降低了作物生产成本,同时对提高作物的品质和产量具有积极促进作用,有着良好的示范效果,具有明显的社会效益。经过本项目建设,新疆农业科学院综合试验场已成为新疆及干旱区最具代表性的节水农业高新技术及农业信息化技术示范推广基地,项目区年均节水 30% 以上,灌溉水利用率达到 80%,平均亩灌溉定额 400m^3。

1) 技术推广作用大,示范效果明显

项目建成后,实现了项目区内水、肥、土等资源的科学管理和高效利用。通过实施本项目改变了传统的灌溉、施肥、作物栽培、田间管理、病虫鸟害防治、数据积累和信息传输方式,有效缓解了水对农业生产的限制作用,提高了作物产量和生产效益。对项目区及其周边高效节水技术和农业信息技术推广应用具有积极的示范带动作用,促进了周边地区大面积节水和实现农业信息化。

2) 降低了农业生产成本,增加农民收益

本项目建设避免了常规灌溉"跑、漏、积"水的现象,可大幅度减少亩灌溉定额,提高水的利用率。采用滴灌系统施肥,化肥随水流直接施到作物根部,不用机械或人工追肥,可实现精准平衡施肥的要求,减少化肥用量。利用农业生产管理的信息化技术,加强了与环境和作物的"对话",能够根据气候特点和作物实际需要进行科学高效的农业生产管理,降低生产成本,提高经济效益,增加农民收入。

3) 提高农民素质,提升管理水平

本项目通过高标准节水技术设施和农业信息化技术设施应用示范,展示了现代农业的水肥管理技术成果和管理模式,利用三维视景仿真技术及农业数字科普培训软件,通过组织农民对项目区进行学习和实践应用,亲身体会现代化水肥管理技术和农业信息化技术带来的方便和效率,对改变项目区及其周边地区农民传统的管理观念、提高农民自身素质有着积极的促进作用。

4) 带动相关产业的发展

本项目建成后,又有新增 2089 亩节水灌溉和农业信息化示范基地,促进了新疆农田水利灌溉业和信息产业的发展。同时在典型示范带动作用下,高标准节水技术和农业信息技术迅速得到广泛应用,拉动了节水设备和农业信息化设备的大量需求,农田水利灌溉业和农业信息化产业将进一步提升。

8.4　公园绿地节水灌溉控制系统

8.4.1　基本情况与需求分析

公园绿地节水灌溉控制系统选择"北小河公园灌溉控制管理系统"为例进行介绍。北小河公园位于北京市朝阳区望京地区,全园总面积 24.8 公顷,其中绿化面积 21.4 公顷,水面面积 0.7 公顷。园内共栽植植物 40 余种,其中树木 0.84 万株,宿根花卉 3.8 万株,草坪 4.2 万 m²。绿化主要运用钻天杨、馒头柳、绒毛白蜡、银杏、油松、地被花卉等植物进行配植,绿化覆盖率达 92% 以上(首都城市信息服务网,2010)。

针对公园内水资源浪费严重、利用率低、灌溉管理水平落后的普遍现状,项目组与北京市水利科学研究所提出以建设"清水零消耗"生态节水公园为目标,广泛应用节水植被筛选配置技术、绿地高效灌水技术、绿地蓄水保墒技术、绿地精准灌溉自控技术、绿地非常规水利用技术和绿地灌溉四水联调技术等技术手段,探索出一套适合北京地区的园林节水技术体系。其中绿地灌溉四水联调技术是指优先采用再生水进行灌溉,当再生水匮乏时,采用雨水灌溉,雨水再次匮乏时,采用地表湖水灌溉,地表湖水仍然匮乏时,采用地下水进行灌溉的模式。

8.4.2　系统设计

北小河公园共有灌溉机井 3 眼,采用变频控制水泵供水。按区域分布将整个公园分为 3 个区域,每个区分为若干个小区域,由电磁阀分别控制对应区域的水源供应。其中三号井房为整个灌溉园区的控制中心,每个井房安置一个 ASE 灌溉控制器实现灌溉控制,三区滴灌部分采用小型 Modbus 模块实现滴灌控制。控制中心配有一套灌溉控制软件系统,与各个井房的控制器通过无线通信方式实现连接,实现各类数据的采集和传输,通信协议采用 Modbus 协议。系统可完成远程灌溉实时监控、远程传感器信息采集、用水信息统计等功能;ASE 灌溉控制器具备远程遥控功能,具有多路采集信号和控制信号,系统的扩展和兼容能力较强。无线低功耗采集控制器功耗低,适合公园采用太阳能供电模式,而且可灵活增加灌溉控制点及传感器信号采集点。

各测控点及气象监测站采集各类传感器数据,通过无线数传设备将数据传输到监控中心;监控中心接收到数据后,对数据进行处理分析,形成决策指令,并将指令发送到各测控点;接收到指令后,测控点打开指定水源的总电磁阀,按缺水状况启动电磁阀进行灌溉。系统同时具备远程控制功能,管理员园区巡视时,可利用手机遥控开关某个区域的灌溉。图 8-4-1 为系统整体结构框图。

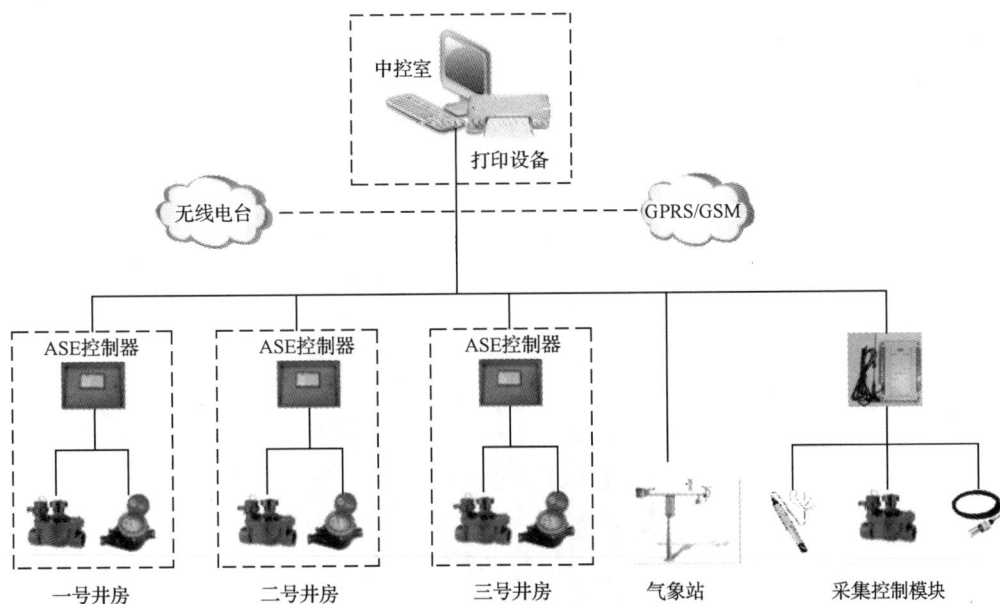

图 8-4-1　系统整体结构框图

系统具有全自动控制、策略控制、手持遥控器控制、手动控制等多种灌溉控制模式,结合土壤墒情监测,形成科学、高效的节水灌溉系统。全自动控制:根据用户预先设定的灌溉时间和土壤墒情状态智能决策,实现全自动轮灌。策略控制:根据用户需要任意设定灌溉区域、顺序和时间,形成不同的灌溉策略。手持遥控器控制:根据用户指定的区域及时进行灌溉。手动控制:在供电系统故障情况下可以手动控制阀门进行灌溉。

8.4.3　系统实现与效果分析

1. 灌溉控制

全园根据地块形状的不同和所种植花木的需水特性的差异,分别采用滴灌、喷灌等方式对园区植被进行灌溉。对于小面积地块中的花坛或独立花坛,采用滴灌方式,其他区域采用喷灌方式。

针对公园种植乔、灌、草相结合的复层群落,其需水特性也不相同,因此,只有采用不同灌水方式和不同灌水量才能满足不同植物的生长需要,如高大的乔木需配大流量喷头,雾化好流量小的喷头适宜草坪、花卉,绿篱宜选滴灌;在同一灌溉系统中,要控制不同灌水方式和不同灌水量,需要自动控制来实现,以保证灌溉的适时适量。本系统采用的是一款ASE中央灌溉控制器,控制器具有 12 路继电器输出、8 路模拟量输入和 8 路开关量输入,具有 RS485 通信接口,符合标准 ModbusRTU 协议,同时能够支持多种轮灌启动方式和多个轮灌组的性能特点。它既可以作为控制终端直接连接传感器、交流电磁阀和远程终端设备构成灌溉系统,进行环境信息采集和灌溉控制,也可以作为一个下行设备,通过大型工控机组成集中式灌溉控制系统,同时它还支持短信远程操作控制。此款产品已被广泛应用于集中式灌溉控制、无计算机终端灌溉控制、短信远程操作灌溉控制和自动循环入渗灌溉控制等多种形式的灌溉控制工程中。

在滴灌上,由于面积比较小,而且比较分散,采用的是无线控制方式,避免了布线麻烦,而且将来扩充、维护十分简单,系统供电采用太阳能供电,如图 8-4-2 所示。

图 8-4-2　太阳能供电系统实物图

2. 泵房监控

系统实时监测泵房的流量、液位和压力信息,用户根据系统反馈的相关信息,了解整个灌溉区域的首部供水状况,以便及时对灌溉区域的用水作出分析决策,采取相应用水调度和补水措施。系统为用户提供报表查询功能,用户可以查看泵房监测信息相关历史记录,并可以打印或导出报表。如图 8-4-3 所示。

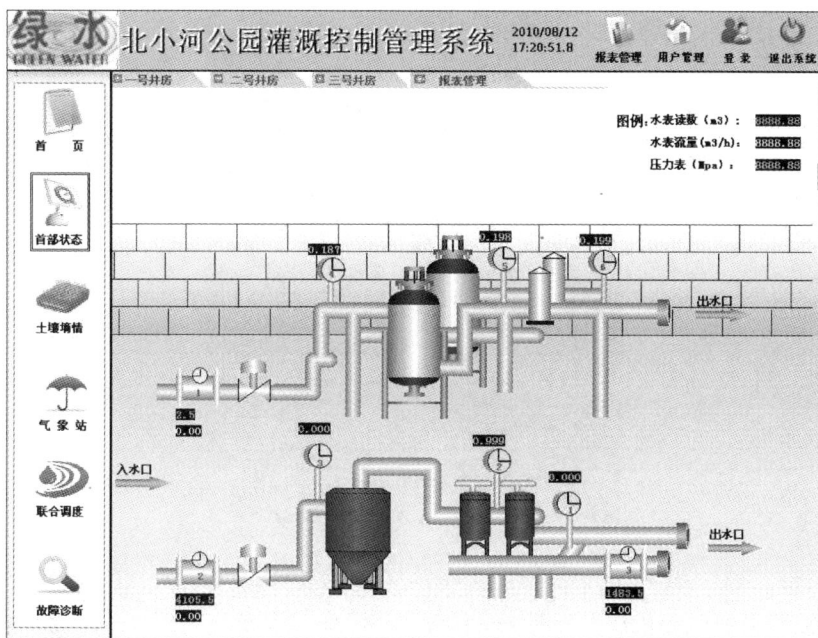

图 8-4-3　泵房监控界面

3. 气象采集

在公园内安装一套自动气象站系统,采用太阳能供电,实时采集空气温度、湿度、风速、风向、辐射、降雨量、气压等气象信息,并自动计算腾发量 ET 值,数据无线远程传输到监控中心,监控中心可以根据腾发量(ET)值调节灌溉运行时间和灌溉量,可以通过专家报表、实时趋势图等多种方式直观显示各气象因子的变化,工作人员可以根据需要查询相关的参数。如图 8-4-4 所示。

4. 监控中心

综合监控中心由采集控制一体机、无线数传电台、手机模块、UPS 及配套网络设备组成,通过无线数传电台与测控点和气象监测站进行数据交互。监控软件是系统的核心,针对园林绿地灌溉的特点,系统主要包括以下功能:用户管理、墒情监测预报、灌溉智能控制、用水调度管理、故障诊断等。其中用水调度管理和故障诊断是系统特有功能。

灌溉控制:灌溉包括实时手动、自动全部、手动全部和自动定时等多种灌溉控制方式。实时手动控制是指进行控制操作时,用户可以在主控界面实时打开或者关闭阀门;自动全部灌溉就是用户通过设置轮灌组的方式,将需要灌溉的区域加入轮灌组中,设置开始灌溉时间、轮灌时长、轮灌间隔、灌溉周期、每天的灌溉次数,点击开始按钮后,轮灌组中的

图 8-4-4　公园内气象站安置图

阀门即可按照设定顺序依次开始轮灌;手动全部灌溉与自动全部灌溉的区别就是不用设置灌溉开始时间,点击开始按钮即启动灌溉程序;自动灌溉就是根据设定的土壤水分上限和下限控制灌溉。图 8-4-5 为喷灌区域参数及灌溉方式设置界面。

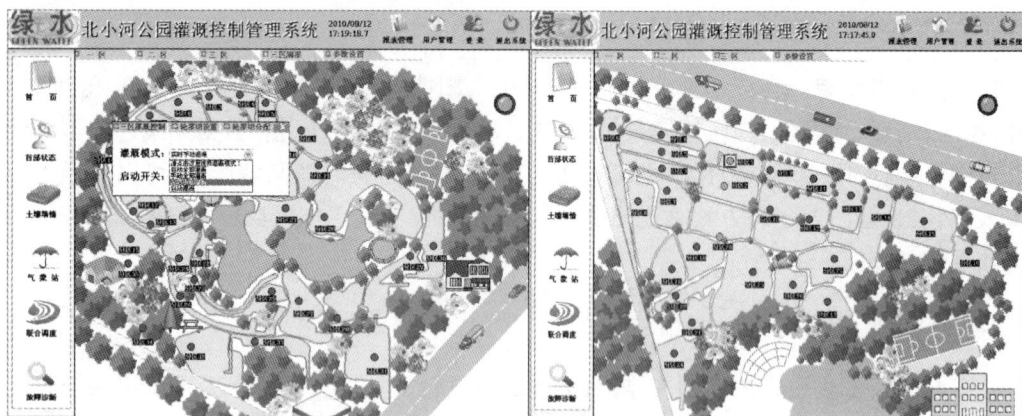

图 8-4-5　喷灌区域参数及灌溉方式设置界面

用水调度管理:主要包括水源的优先调度和水量最优分配(动态规划、人工控制和模糊优化法)。水源控制策略将设定优先使用的水源,当优先使用的水源低于设定的液位值时自动切换到第二水源。软件界面如图 8-4-6 所示。

故障诊断:主要包括无线通信质量及电磁阀启闭是否正常的智能判断,如无线通信出现故障,对应通信指示灯显示为红色并且呈闪烁状态;如电磁阀打开,但对应远传压力

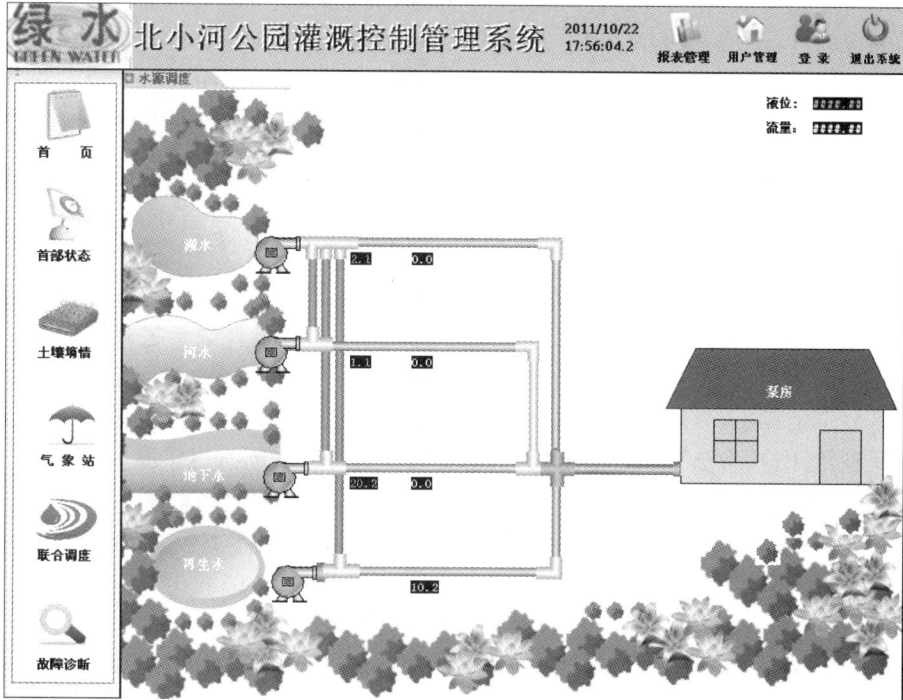

图 8-4-6　多水源联合调度界面

表和远传水表的采集数据异常,则会弹出对话框,或发送短信到管理员手机中,提醒管理员检查系统状态。

系统的投入运行显著提高了公园的灌溉管理水平,灌溉水利用系数提高了 40%,达到 0.85。园区灌溉水源再生水利用率达到 90%,雨水利用率为 8%,基本实现了"清水零消耗"生态节水公园的预期目标。

8.5　墒情监测系统

8.5.1　基本情况与需求分析

墒情监测系统选择"农业墒情监测预报和抗旱减灾信息系统"为例进行介绍。农田土壤墒情与旱情监测是农业生产中不可缺少的基础性工作,可为农业部门引导和组织农民进行农业生产调整提供数据支持,还可为农业技术的科学应用提供科学依据。通过对土壤含水量变化规律的监测,可以评价不同技术模式的生产效益及发展前景,为农业技术的水资源利用成效评价提供依据,为筛选高效节水农业技术提供技术手段,从而为提高水资源生产效率,促进农业可持续发展提供技术支撑。

"十一五"期间,为有效获取全国各地土壤墒情基础数据,全国农业技术推广服务中心陆续在全国建立国家级农田墒情与旱情标准监测站 18 个,省级墒情监测点 193 个,及时了解我国农业主产区农业墒情变化情况,指导农民进行科学灌溉管理。但是,原有的农田墒情与旱情监测设备不具有网络传输功能,不能够及时获取土壤墒情和气象数据,需要定时派人到现场进行数据采集,浪费了大量的人力、物力。另外,由于不同地区获取数据人员的水平不同,数据的处理方式千差万别,处理后的数据存在一定的误差,给农业部门制定决策方案带来了难度。因此,全国农业技术推广服务中心提出对原有的土壤墒情监测系统进行升级改造,建立覆盖全国、设备先进、运行可靠的实时旱情信息自动采集和管理系统。

8.5.2　系统设计

"农业墒情监测预报和抗旱减灾信息系统"是以旱情信息自动采集系统为基础建立的基于网络的信息管理系统,该系统主要用于监测数据的自动采集、存储、传输,以及其他相关业务数据的浏览、查询、分析和管理,结合地理信息系统技术,将监测数据及时、准确、生动地呈现给用户,为全国农业节水、水资源优化配置和合理灌溉提供服务。

系统采用分层分布式结构,主要由分布于全国的多个远程墒情监测站及监测发布中心组成。系统整体工作流程如下:各远程墒情监测站采集当地土壤及气象传感器信息,通过 GPRS/GSM 网络将上述采集数据上传到监控发布中心,传送方式有定时、固定时间、短信、电话等多种发送方式;监控发布中心接收到数据后,对数据进行解析、统计、分析和管理,并通过 Web 发布;管理人员仅需通过 IE 浏览器即可访问,便于管理人员实时了解各地墒情状况,采用合理措施指导实际生产。图 8-5-1 为系统整体结构框图。

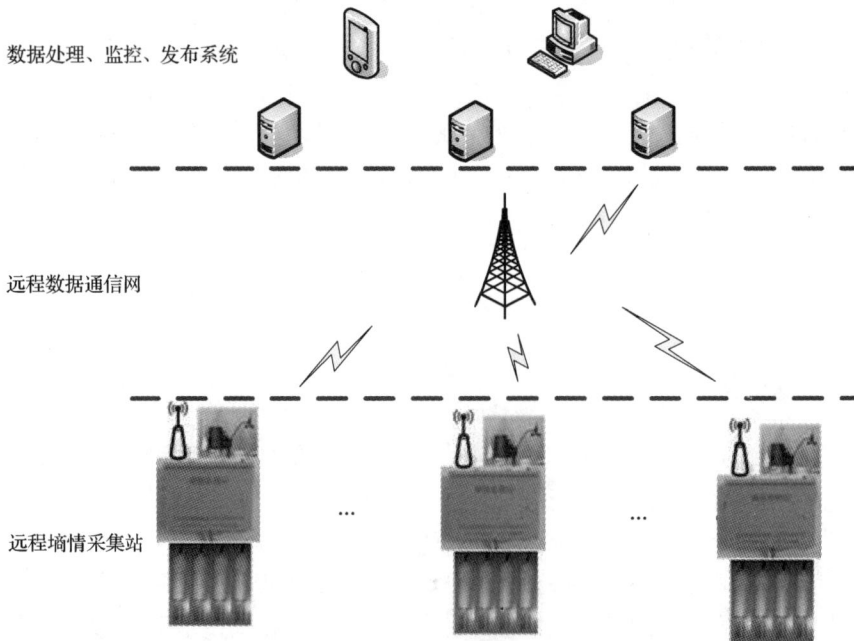

图 8-5-1　系统整体结构框图

8.5.3　系统实现与效果分析

1. 远程墒情监测站

远程墒情监测站主要包括：数据采集器，空气温度、湿度、风速、风向、辐射和降雨量 6 要素气象传感器，4 个土壤温度传感器，4 个土壤水分传感器以及太阳能供电系统。设备采集同一剖面 4 个深度的土壤温度和容积含水量，采集器可按设定的采样周期测量和存储数据，对土壤温湿度进行长期的监测。采集器可存储 4 万条记录，并具有串行通信接口，可通过计算机导出历史数据；具有短信发送功能，可通过短信定时发送测量数据；用户可通过发短信或打电话的方式获取实时数据。气象采集设备实物如图 8-5-2 所示。

图 8-5-2　气象采集设备实物图

远程墒情监测站具有自报和召测两种数据上传方式。自报：通过设置远程墒情采集器设备参数，按照一定时间间隔采集、向监测发布中心定时发送数据，监测发布中心接收到数据后将其解析、存储在数据库中并显示；召测：在特殊情况下，由监测发布中心将采集指令下传给指定远程墒情采集器，墒情采集器接收到指令后立即执行一次信号采集，并将采集结果上传到监测发布中心。

2. 监测发布中心

监测发布中心硬件设备由服务器、手机模块、UPS 及配套网络设备组成。"农业墒情监测预报和抗旱减灾信息系统"软件是系统的核心。软件开发采用 B/S 结构，以综合数据库为基础，采用 COM 组件(包括 WebGIS 组件和统计分析组件)为中间层，通过网络信息服务提供浏览器界面实现系统各部分之间的交互以及人机交互。系统总体设计采用先进的技术架构和开发方式对用户需求进行了功能实现,结合墒情信息自动采集系统,实现了墒情信息的自动采集、存储、传输和分析的建设目标。系统建立了完整的数据库系统用于管理业务数据和空间数据;应用了地图浏览工具,可以方便地对地图数据、监测数据进行浏览、查询和分析;建立了数据管理系统来对业务数据进行详细的统计分析和管理。系统为不同的用户分配了不同的权限,农业部级权限的用户可以浏览、维护全国的监测站点;地方的用户只能看到本区域的数据,并能够提交本区域的农田监测站点数据。图 8-5-3 为农业墒情监测预报和抗旱减灾软件截图。

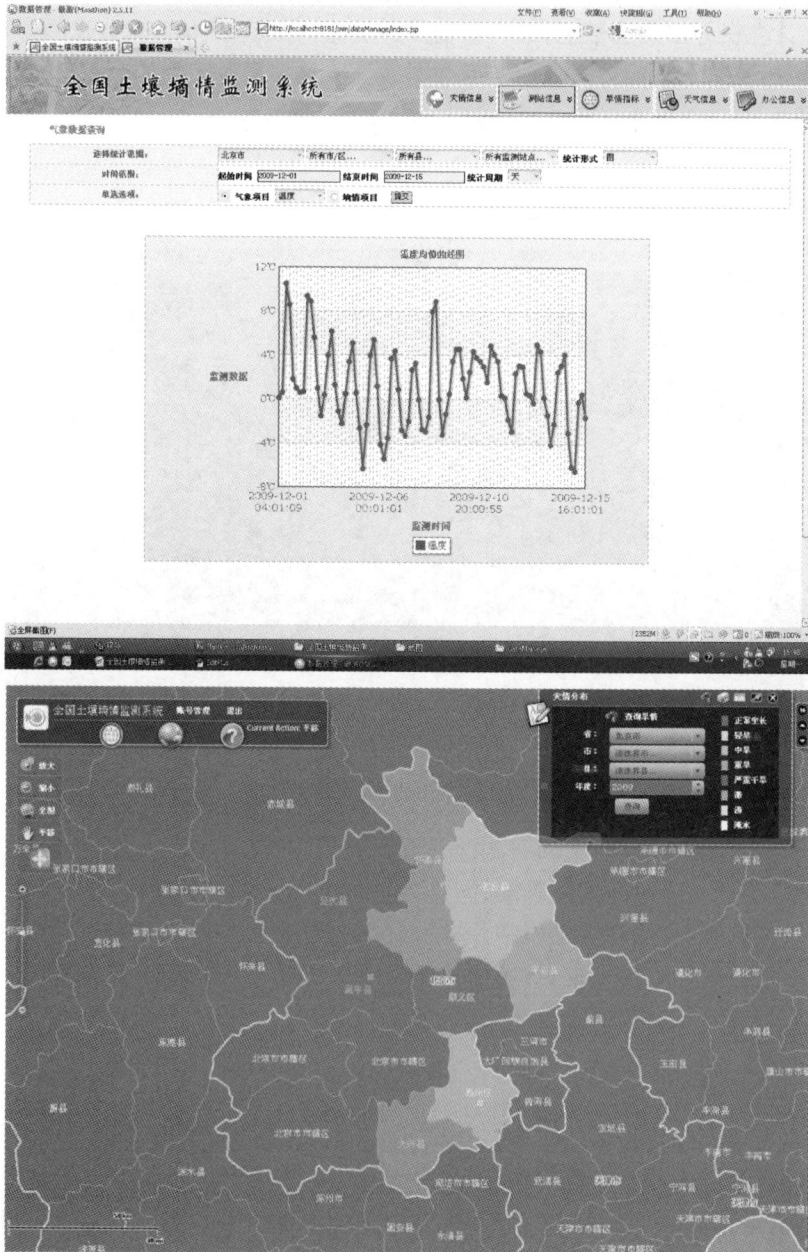

图 8-5-3　农业墒情监测预报和抗旱减灾软件界面

　　截止 2010 年年底,项目已完成 30 多个国家级农田墒情与旱情标准监测站的升级改造,墒情监测站所有设备安装调试工作均已全部完成。系统的建设使用为全国农业推广服务中心进行农业抗旱保丰收、农业结构调整、生产布局的宏观决策及农业节水技术的应用提供了基础数据。

8.6　用水管理系统

8.6.1　基本情况和需求分析

　　加强农业用水的准确计量和科学管理,是农业节水的重要措施。近年来,北京开始大规模给农用机井安装水表,实行"一井一表"的用水计量收费,实现用水总量控制、定额管理。应用 IC 卡预付费方式用水、IC 卡智能计量系统等先进的用水控制计量设备,较好地解决了水表计量麻烦、水费征收困难等问题。但是,由于京郊设施蔬菜主要依靠地下水灌溉,一眼机井控制几十个大棚(温室)灌溉,在用水高峰期,设施蔬菜灌溉的用水调度问题依然存在,无法较好解决多用户同时用水问题。特别是在已经安装节水灌溉设施的温室,普遍存在机井集中供水与农民分户用水的矛盾,这不仅造成灌溉效率低下,还会引起用水纠纷,导致节水灌溉设施利用率低。

　　为解决当前设施农业蔬菜用水调度不足和用水计量困难问题,国家农业信息化工程技术研究中心采用信息技术、计算机技术和无线通信技术,开发了基于无线组网的随机灌溉阀控一体 IC 卡预付费系统。系统通过无线组网技术解决了用水调度问题,通过刷卡和阀门控制解决了用水计量收费问题。系统通过计算机软件实现大棚的用水控制和管理,各大棚的用水信息通过远传控制器自动发送到控制室。系统根据用水信息自动统计用户用水量,根据机井的出水量和农户申请用水时间,设定适宜的阀门打开数量和打开顺序,保证微灌系统正常运行,实现灌溉用水的科学调度。

8.6.2　系统设计

　　系统主要由预付费非接触式 IC 卡水表控制器、读卡器、卡片和中心管理软件组成。系统通过读卡器获取大棚用水时间、用水量以及用户信息并上传,系统根据上传数据自动统计用户用水量,实现费用计算。在用户欠费情况下限制用户打开阀门,从而保证水费的顺利征收。每个大棚安装一套 IC 卡水表控制器,用户首先需要购买水量,通过刷卡取水,如果欠费则控制器会自动停止用户用水,直至用户重新购买。无线组网的多用户随机灌溉管理系统由远程监控中心、无线智能控制终端和井房控制站组成,总体结构如图 8-6-1所示。

　　(1) 远程监控中心:安装有工控机、用水控制软件、读卡器和无线通信设备,是用水管理系统的控制核心。用水计量主要是通过读卡器读取用户或者工作人员的卡,将每个大棚的用水信息上传到软件,软件可以按年、按大棚或者按用户方式进行用水信息的统计。

　　(2) 无线智能控制终端:终端为无线预付费非接触式 IC 卡水表控制器,由远传水表、电动阀门及控制器组成,控制器通过远程水表进行计量并控制阀门。大棚用户通过刷

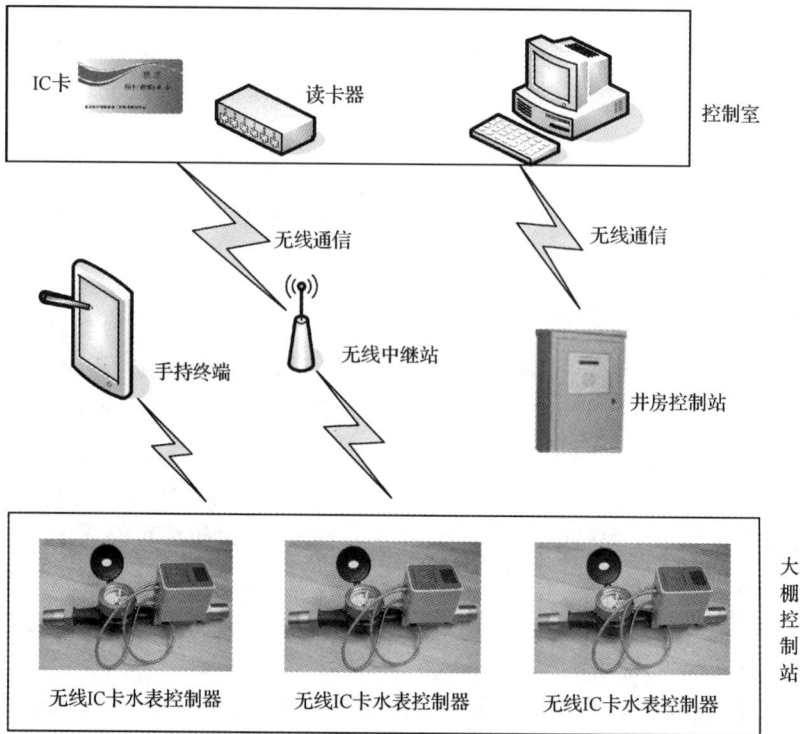

图 8-6-1　系统总体框图

卡进行取水。同时,每个大棚的用水信息通过控制器远程实时上传到控制室。

（3）井房控制站：井房控制站位于井房内,包括预付费 IC 卡水表控制器、远传水表和无线通信设备,保证系统正常运行。通过无线方式读取机井的用水信息,并完成与控制室的通信。

8.6.3　系统实现和效果分析

1. 温室测控单元

如图 8-6-2 所示,温室测控单元主要是阀控一体式 IC 卡水表,它由基表、电动球阀以及电子模块等部分组成,其中电子模块部分和电动球阀采用一体化设计。系统选用射频IC 卡,当射频卡靠近控制盒后,控制器 CPU 启动射频卡读写电路对卡片进行读写,完成数据交换,同时在 LCD 显示屏上显示最新数据,轮显结束后关闭显示,进入休眠状态以节省功耗。温室测控单元还可以通过无线方式接收中控室发送的指令进行控制操作。

2. 井房测控单元

井房测控单元由无线网关、电平转换模块、电源模块及防护外壳组成。井房测控单元是连接整个系统的通信桥梁,起着数据处理、中转、存储及总线隔离作用。其主要功能如下：①定时或随机完成与日光温室测控点的通信,采集、统计、分析、存储各用户用水量信

图 8-6-2　温室测控单元实物图

息,并下发参数设置、关闭电磁阀等各种控制命令;②实时与远程监控中心进行数据及控制指令同步。图 8-6-3 为井房测控单元实物图。

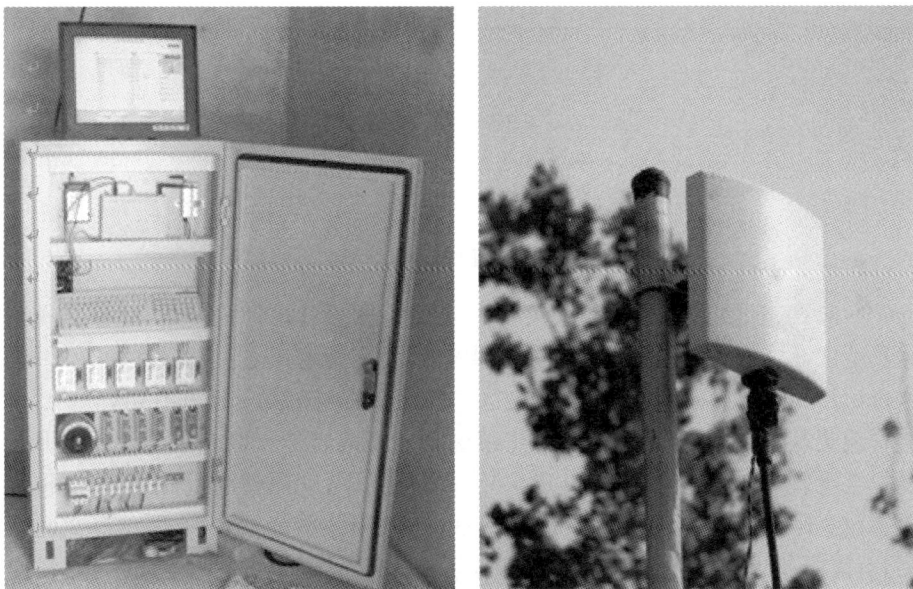

图 8-6-3　井房测控单元实物图

3. 监控中心单元

监控中心单元主要采用 VB6.0 和 SQL Server 数据库实现,软件的主要功能包括业务管理、查询、统计、系统设置、IC 卡管理、操作管理和帮助系统。软件界面如图 8-6-4 所示,业务管理是系统的主要功能,包括用户管理、充值、水费类型管理、水表信息管理、村镇信息管理、补卡、退卡。

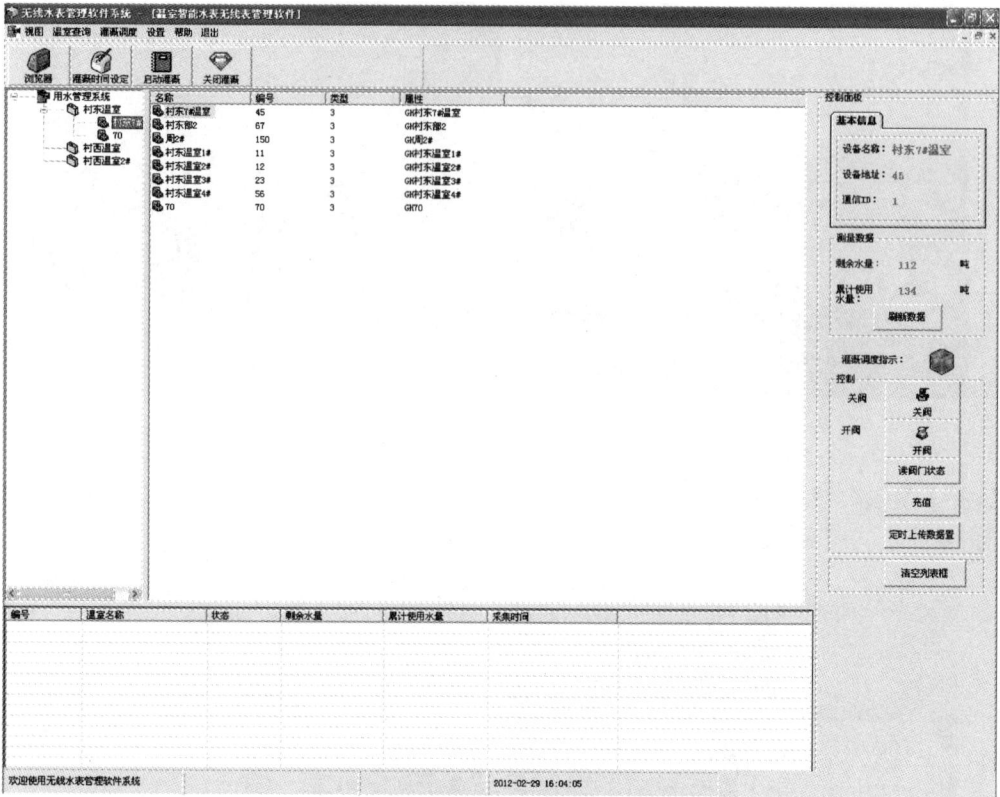

图 8-6-4　监控中心软件界面

2009～2010 年,在北京市设施蔬菜"一户一棚"的分散式种植基地,建立随机灌溉管理技术示范区 5 个,总面积达 2329 亩。其中密云县河南寨镇套里村蔬菜基地 296 亩,昌平区兴寿镇沙陀村草莓基地 380 亩,顺义区木林镇贾山村蔬菜基地 640 亩,顺义区北务镇小珠宝村蔬菜基地 520 亩,平谷区夏各庄镇杨各庄蔬菜基地 493 亩。各个示范基地没有安装随机灌溉管理系统之前,在机井出水量一定情况下,使用微灌设施时,由于温室阀门打开数量没有限制,水量不能保证,频频出现争水现象。系统安装后,系统达到最大用水数量后,有灌溉要求的用户需要根据刷卡或者灌水申请时间先后用水,保证系统正常运行,确保微灌设施的高效利用,从根本上解决了争水的问题,促进了滴灌施肥技术的推广应用。此外,基地安装随机灌溉用水管理系统后,由一个管水员即可管理整个基地的用水,与以往几个管水员逐户抄表相比,工作效率大大提高,省工效果明显。

8.7　水质监测系统

8.7.1　基本情况与需求分析

水质监测系统选择"通州新河再生水灌区水质监测系统"为例进行介绍。通州新河再生水灌区覆盖张家湾镇南部地区 33 个自然村,灌溉面积 7.03 万亩,其主要建设目标是彻底改变原有粮食生产的传统经营模式,实现农业种植区域化和农业经济项目开发区灌溉用水的统一规划、合理布局。建设新河灌区是北京市重点工程,是实现水资源科学配置、水资源联合调度利用的重要途径,发展新河灌区再生水灌溉,是整体节水和充分利用再生水资源的需要。

　　城市污水的再生利用是开源节流、减轻水体污染、改善生态环境、解决城市缺水的有效途径。水资源紧缺形势越来越严峻,而再生水在农业灌溉上的利用,可以代替地表水、地下水等水源,缓解工业与城市生活用水、农业生产与生态环境争水的矛盾。但再生水灌溉对农产品安全是否有影响,灌溉水指标是否达到灌溉要求,这些都需要进行长期的监测,而我国目前尚没有再生水灌溉区监测的相关规范,参照国外实施经验,系统在新河灌区内设置了 23 个监测点,对地下水水质进行监测。水质监测系统通过传感器技术、无线通信技术和网络技术等,实时采集和发布整个水域或整个地区地下水水质状况。水质指标监测对农业生产具有十分重要指导意义(田文君等,2011)。监测点分布如图 8-7-1所示。

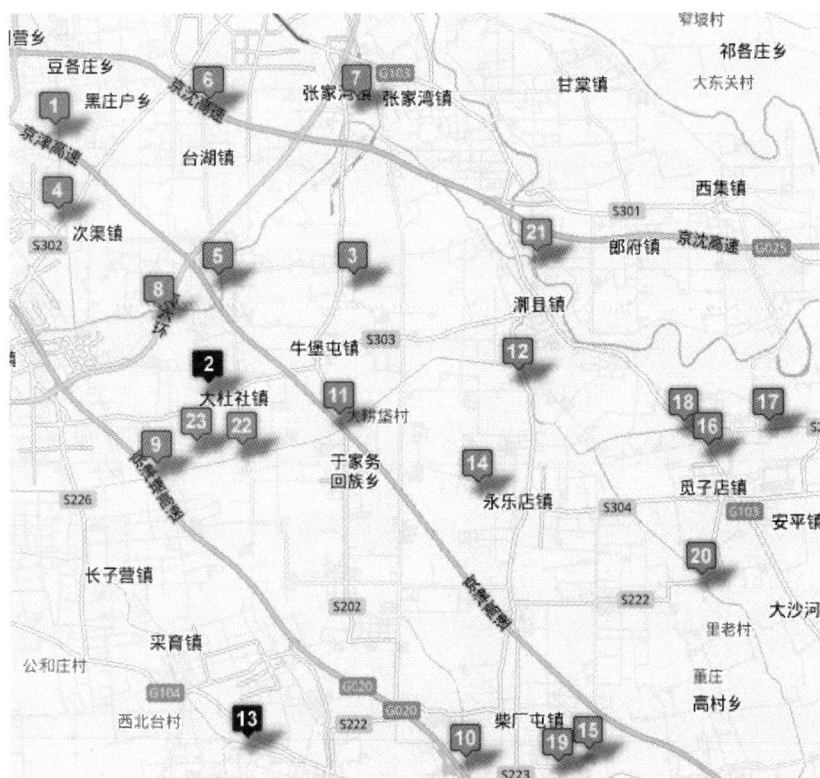

图 8-7-1　新河灌区地下水质监测点分布

8.7.2　系统设计

　　再生水监测指标选择主要以《农田灌溉水质标准》(GB 5084—2005)中所列指标为准,同时借鉴美国、欧洲等发达国家和地区的再生水灌溉标准,增加一些污染风险较大指标进行监测,确保再生水安全灌溉。系统选择了电导率、氯离子、硝氮、氧化还原电位、水位作为主要的检测指标。

根据监测参数的要求,新河地下水质监测系统采用 DS5 多参数水质监测仪采集电导率、氯离子、硝氮、水位及氧化还原电位等水质参数。采集系统选用 GW 系列采集器作为采集设备,GW 系列采集器具有多达 16 路传感器输入通道和多路控制输出通道,集成的GSM/GPRS 远程数据传输模块为采集器提供了远程采集和控制能力。

新河灌区地下水质监测系统整体设计如图 8-7-2 所示。将 DS5 水质监测仪放入井中,GW 采集器通过 RS485 方式与 DS5 进行通信,同时为 DS5 供电。GW 采集器由太阳能电池供电,GW 采集器具有定时的 GSM 短信发送功能,将采集的数据定时发送给监控中心。

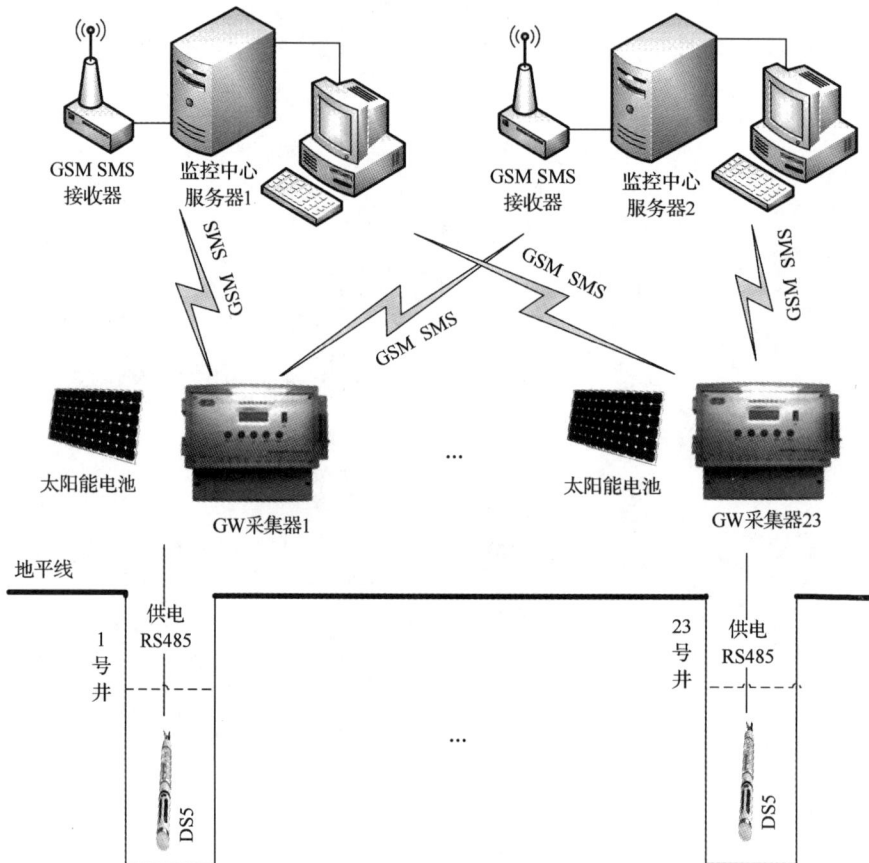

图 8-7-2　新河灌区地下水质监测系统的整体设计

系统监控中心由 GSM 短信接收器、中央服务器和客户端计算机组成,监控中心安装了水质监控软件完成相应的数据接收、存储、处理和发布功能。监控软件的结构如图 8-7-3所示。

系统软件通过 GSM 短信服务器接收 23 个采集点发来的数据,对数据进行解析并存储到数据库中,以地图的形式显示实时监控数据。同时系统软件能够对历史数据进行查

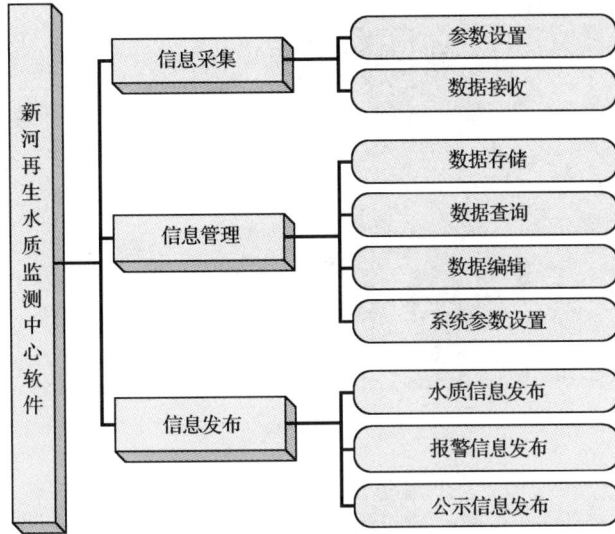

图 8-7-3　监测中心软件结构

询,以表格或折线图的形式显示。在发生水质突变的情况下,软件能够给出报警信息。软件将水质信息以网站的形式实现共享,用户可以通过网页浏览新河地区地下水质情况。

8.7.3　系统实现与效果分析

1. 水质监测点

水质监测点由远程水质采集器、太阳能充放电设备、DS5 多参数水质监测仪及各种水质传感器组成,远程水质采集器通过 RS485 总线获取水质信息,通过 GSM 短信与监测中心进行数据交互。各种水质传感器包括电导率、氯离子、硝氮、氧化还原电位、水位 5 个传感器。水质监测点具有自报和召测两种数据上传方式。自报:通过设置远程水质采集器设备参数,按照一定时间间隔采集、向监测发布中心定时发送数据,监测发布中心接收到数据后将其解析、存储在数据库中并显示;召测:在特殊情况下,由监测发布中心将采集指令下传给指定远程水质采集器,水质采集器接收到指令后立即执行一次信号采集,并将采集结果上传到监测中心。

系统建设过程中,首先在 23 个监测点各打了 1 个监测井,井深 80m,井上建设井房,以保护监测井和监测设备。由于各监测井建设地理位置相对偏僻,无法采用市电进行供电,故采用太阳能为远程水质采集器及 DS5 多参数水质监测仪供电。图 8-7-4 为水质监测点实物图。

2. 监测中心

监测中心由服务器、手机模块、UPS 及配套网络设备组成。系统监控软件采用 VS2005. NET 平台编写,利用 SQL2005 数据库实现数据的存储和管理,利用 Google 地图实现数据在地图上的实时显示,利用 ASP. NET 技术实现数据的网络实时发布。系统

图 8-7-4　水质监测点实物图

监控软件通过手机模块接收 23 个采集点发来的数据,对数据进行解析并存储到数据库中,以地图的形式显示实时监控数据。同时系统软件能够对历史数据进行查询,以表格或折线图的形式显示。在发生水质突变的情况下,软件能够给出报警信息。软件将水质信息以网站的形式实现共享,用户可以通过网页浏览新河地区地下水质情况。图 8-7-5 为监控中心界面图。

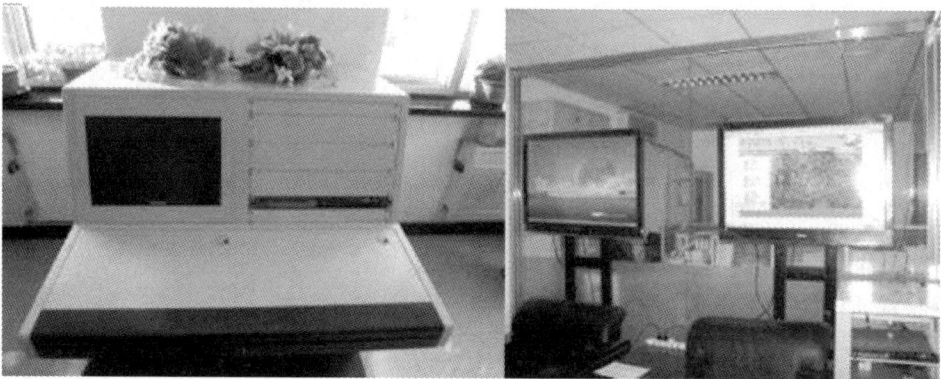

图 8-7-5　监控中心界面图

　　系统在凉水河管理所和通州区水务局建立了两个监测中心,实现了基于地图的数据监测、浏览和分析功能,实时监测界面如图 8-7-6 所示。最新数据的查看有两种方式:①系统首页的左侧具有最新数据滚动显示和地图显示。用户可以对 Google 地图进行放大、缩小、漫游、复位等操作,通过单击监测点标识框,查看最新监测数据和监测点的基本信息。②系统在最新数据页面中以列表的形式显示了 23 个监测点的最新数据。
　　如图 8-7-7 所示,系统可以用曲线和表格的形式显示指定站点、指定时间段、指定指标的历史数据,并可以将这些数据保存为 Excel 表格。
　　如图 8-7-8 所示,系统具有监测点管理功能,授权用户登录后可以进行监测点基础信息修改和添加,包括名称、经纬度、电话、地址、图片等信息。同时,也可以进行用户增加、删除、授权等管理。

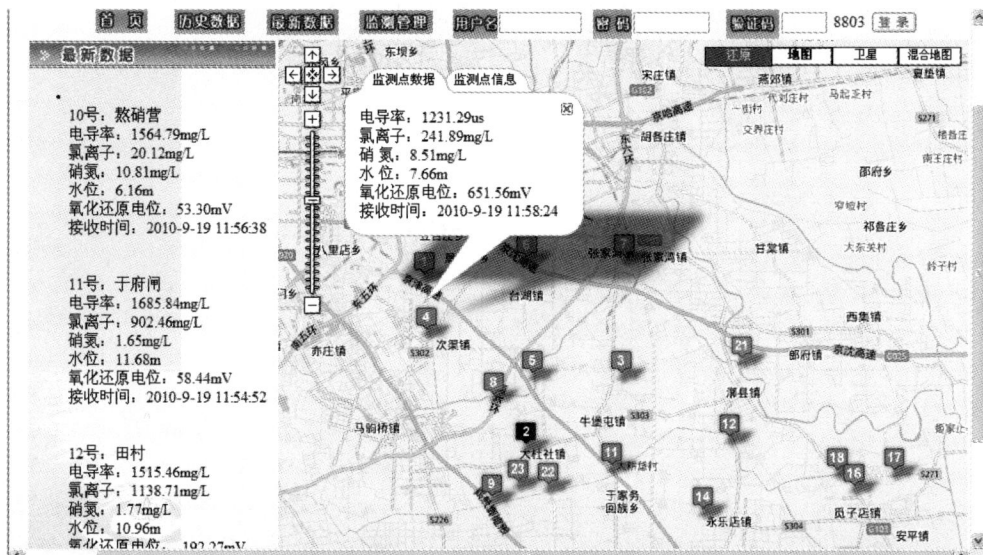

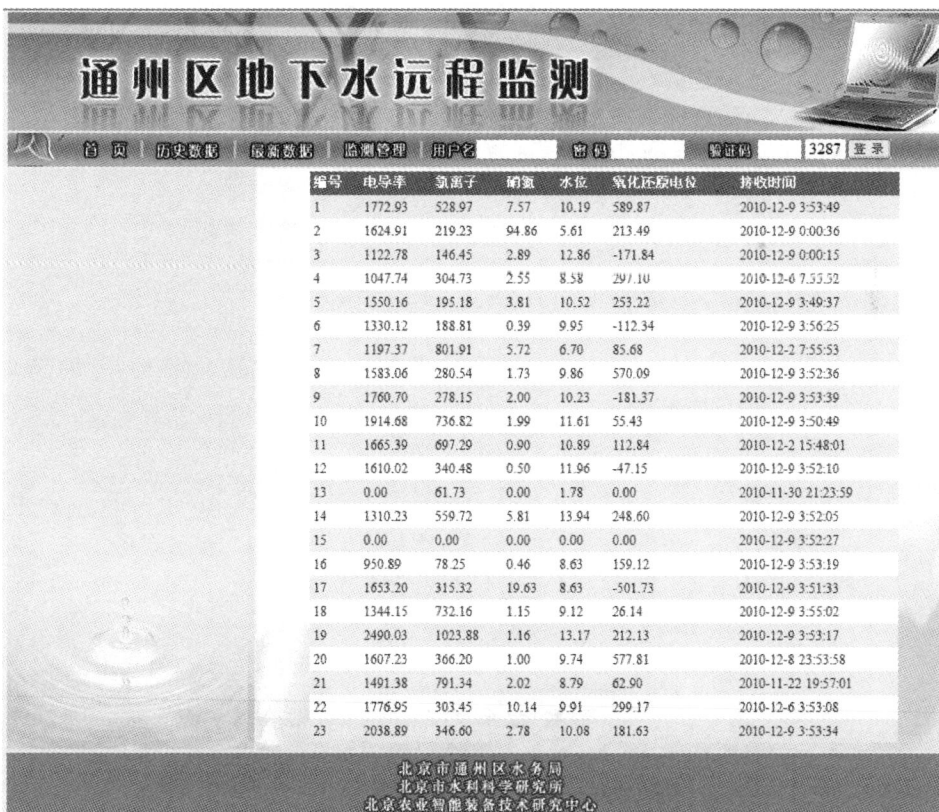

图 8-7-6　数据实时监测界面

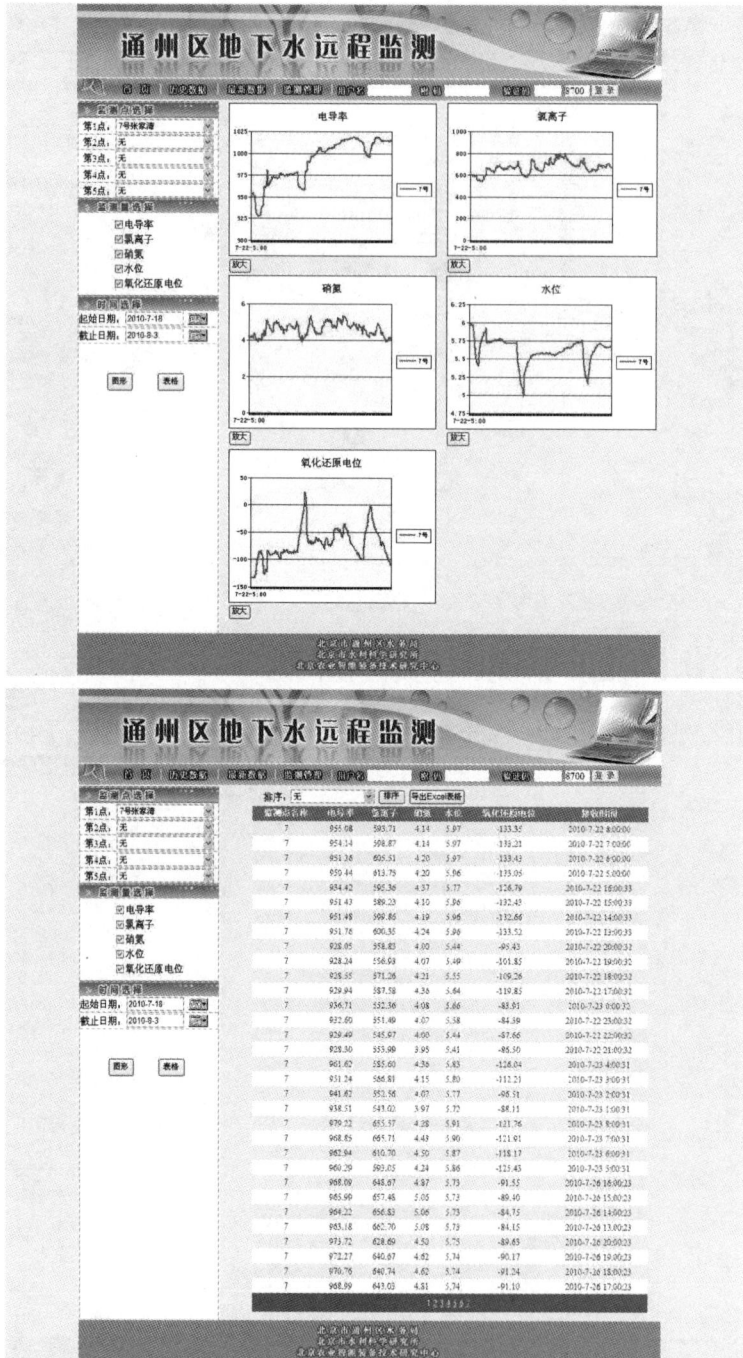

图 8-7-7　历史记录查询与导出界面

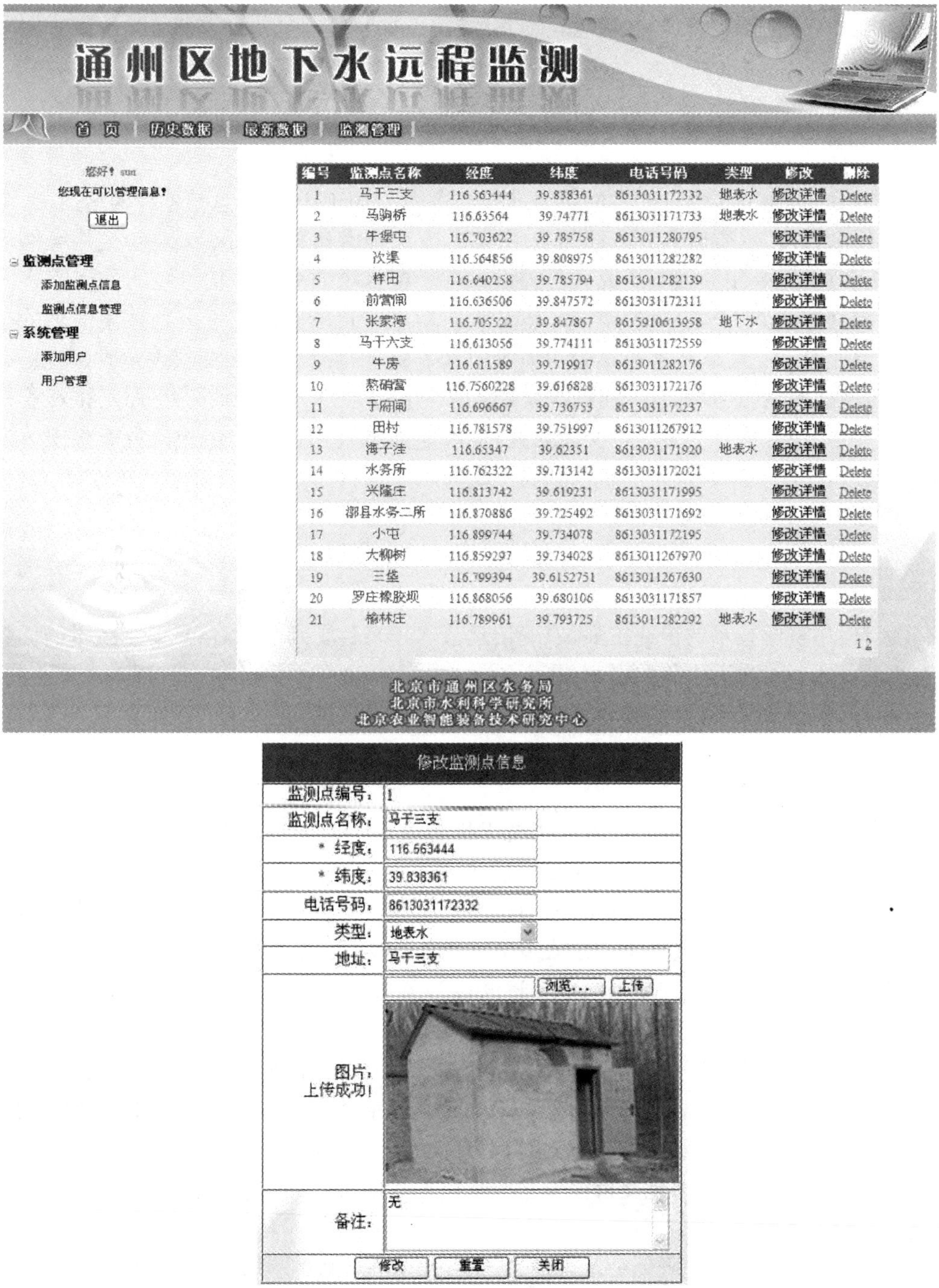

图 8-7-8　监测点管理界面

　　新河灌区地下水质监测系统于 2010 年 8 月建成投入使用，目前系统运行良好。系统的投入使用实现了新河灌区地下水水质的连续实时监测，系统的长期运行将为验证再生水长期、大面积灌溉的安全性和可行性提供可靠的数据源。

第9章　总结与展望

本书围绕农业节水信息技术的研究、开发、应用,详细阐述了信息技术在墒情监测、灌溉控制、用水管理、水质监测等方面的应用原理、方法技术和实际效果,对典型应用案例进行了分析和总结,为相关领域研究人员提供参考。在从事农业节水信息技术的研究实践中,作者深刻体会到,土壤环境、空气环境及水质信息的自动监测技术只是搜集信息的技术手段,农业自动化灌溉技术只是减少灌溉中人工成本的技术手段,要实现适时、适量、有效地按需精准灌溉,还面临诸多挑战,需要加强"作物-土壤-天气"的系统研究和农业科学、水利科学、信息科学等多学科交叉研究,使农业灌溉真正按照农作物自身需水规律进行科学灌溉,才能实现农业生产节水和高产高效的双重目标。

9.1　对信息节水的再认识

随着信息科学技术的快速发展,农业信息节水越来越受到关注,信息节水技术的优势也在逐渐显现。经过近十年的努力,作者研发出用于墒情监测、灌溉智能控制、水质监测、用水管理的系列软硬件设备,构建了农业节水信息技术系统,建设了一批农业节水信息技术应用工程,充分验证了信息技术在提高农业用水效率、降低生产成本、提高经济效益等方面的显著作用。

信息技术为集成应用各类农业节水技术措施提供了有效技术手段。工程节水、农艺节水、生物(生理)节水和管理节水相结合是实现节水、增产的重要途径,信息技术与工程节水、管理节水、农艺节水、生物(生理)节水技术的有机融合,进一步提高了传统农业节水措施的有效性,也进一步放大了传统农业节水措施的作用,改变了传统农业节水的工作模式和运行模式。灌溉自动控制系统已经逐渐成为节水灌溉系统的标准配置,减少了人工成本投入;通过智能化的灌溉决策,既满足了作物高产高效所需要的水,也减少了水资源的浪费,提高了水资源的利用率;将灌溉制度配置到自动控制系统,从而有效保证了管理制度的严格执行;农业用水信息化管理系统为灌溉用水计量、控制和收费提供了有效的技术支持,成为管理节水的重要手段。同时,信息技术也被广泛用来进行作物需水规律和土壤水分变化规律研究,有力地支持了农艺节水技术的发展,从而成为实现农业高效节水的重要基础技术手段。

农业节水信息技术是降低劳动强度、提高工作效率和农业效益的有效技术手段。自动化和半自动化运行的农业节水信息系统,如灌溉自动控制、墒情监测系统等,大大减少了人工控制和监测信息采集的工作量,降低了人工劳动强度和人为主观操作导致的灌溉盲目性。另外,水源水质的实时监测和更为精确的灌溉施肥控制,不仅可为作物提供水质安全的适宜水量,而且实现了肥水一体化管理,保证了作物营养的需求,进而提高农作物的产量、品质和经济效益。

随着现代科学技术和现代农业的发展,未来农业将是一个运用先进科学技术和先进生产手段装备,辅以先进科学思想方法管理的高产、优质、高效的农业生产与生态协调的复合系统,农业的规模化和低消耗是未来农业发展趋势。水资源将是农业发展的最重要的限制因素,将自动化控制、智能化信息处理等现代信息技术应用于农业生产和节水灌溉中,建立农业墒情信息监测、水资源优化配置系统和灌溉控制网络,对农业用水各个环节进行实时监测与有效控制,实现规模化农业的资源高效利用与低消耗,是促进现代化农业更好发展的必由之路。

9.2　存在的问题

信息技术在农业节水领域中的应用为农业节水提供了新的思路和方法。为此,作者在农业生产和科研中围绕信息节水进行了一系列成功有效的尝试和探索,开发了一批传感器、采集器、控制器等设备,集成构建了墒情监测、精准灌溉、水质监测等系统,并在生产实际中得到广泛应用,有力促进了节水农业的发展。但这些工作还处于起步阶段,距离人们所预期的结果还有很大距离。目前,信息技术在农业节水中还未大面积推广应用,农业节水信息技术、设备和系统,在服务农业生产的稳定性、可靠性、适应性、有效性、实用性等方面存在着许多问题需要解决。

1) 节水设备的稳定性、可靠性问题

农业节水信息系统是一个由信息采集、传输、决策、控制组成的复杂系统,其中包括传感器、采集器、控制器等众多设备,要保持系统稳定运行,必须保证这些设备的可靠性。但是,系统设备通常安装在农田和井房等环境恶劣、自然条件差的地方,且供电不稳定,经常有雷电、大雨等极端气象条件,因此对系统设备的可靠性、稳定性提出了较高的要求。目前,农业节水信息系统的设备普遍还存在着易损坏、工作不稳定、可靠性差等问题,导致用户在使用中感觉系统不好用、不实用,从而影响了信息技术在农业节水中的大规模推广应用。要解决设备稳定性问题,其一需要从事信息节水研究的电子、通信等专业技术人员,深入研究农业信息采集和控制设备工作条件特点,加强设备研发投入,进一步提高和改善所研制设备的性能,要重视设备对工作温度、湿度变化特点的适应性,设备的防雷和防水性能。其二需要从事农业信息节水的工作者,积极努力推动相关设备的标准化、产业化,增强整个行业的技术实力,从而提高系统的整体稳定性、可靠性。

2) 信息监测数据的准确性问题

精准灌溉决策是建立在农业生产环境数据的基础上,只有准确的测量信息才能得出准确的控制算法。但目前农业环境实时监测,特别是土壤环境信息的实时监测准确度还无法满足精准决策的要求。土壤水分是墒情监测及灌溉控制系统的重要参数,也是农业生产的关键信息,信息化监测系统需要使用低功耗、实时在线的测量方法,目前广泛使用的 TDR、FDR、SWR 等在线土壤水分测量方法,由于测量方法的局限,对于土壤类型、安装方式都比较敏感,传感器之间的一致性还较差,且测量值与使用烘干法等实验室标准测量方法相比具有一定的差异,这些问题导致系统实际使用中出现决策不准确、控制效果不好等问题。因此,需要研究者进一步提高土壤水分等关键传感器的准确度,积极寻找更加有效的测量方法,改进测量电路,提高测量精度。当然,土壤环境信息的测量需要具有土壤学和电子学多领域的知识,开发高精度的传感器是研究人员今后面临的一个挑战。

3) 系统的实用性问题

农业节水信息系统是一套先进的自动信息采集与控制系统,使用者往往是文化水平不高、对信息技术了解不多的农业从业者,对计算机和自动控制系统的操作及控制思想不熟悉,难于掌握复杂的操作流程和操作方法,容易出现操作问题且不知道如何处理,从而影响了系统运行和用户使用的积极性。因此,如何简化系统操作方式、降低系统使用难度、提高系统的实用性、提高使用者的兴趣是今后农业节水信息系统推广应用要考虑的问题。解决问题的办法是,研究开发人员要充分了解农民的操作习惯,规范系统的操作流程,简化系统和设备的操作方法,提供直观和简便的使用方式,努力实现设备操作的“傻瓜化”。另外,由于农业领域总体上经济水平比较低,努力降低农业节水信息技术产品的成本也是一个突出问题。

9.3　发展趋势与展望

随着水资源供需矛盾的日益突出,农业节水在促进我国农业可持续发展、保证粮食生产安全、维护社会稳定等方面具有的战略地位和重要作用将日益显现,大力发展节水型农业,是我国未来农业可持续发展的必然选择。随着农业节水需求的不断增加和信息技术成本的大幅度下降,信息技术必将更加广泛而深入地应用到农业节水的各个环节。未来农业节水信息技术将向着监控系统无线化、控制决策智能化、设备和软件开发平台化方向发展。

1) 监控系统无线化

农业节水信息系统是一个分布式的信息采集与控制系统,通信系统是连接各个部件的基础系统。如在农田内布置大量线缆,将影响农田的耕地、播种、施肥、打药等农事操作,这使得在实际农业生产中不可能采用有线的方式连接系统,低功耗无线网络可以有效地解决这一问题,且不需要外部供电,具有广泛的应用前景。

无线传感器网络由布置在检测区域内的大量、廉价、微型、节能的传感器节点组成,通过无线通信方式形成网络系统,目的是协同地感知、采集和处理网络覆盖区域中检测对象的信息,接收命令并与控制中心交换有关现实世界的信息。在无线传感器网络协议中,有两种具有较好应用前景的技术标准。其一是符合 IEEE 802.15.4 标准的 ZigBee 技术,目前该技术应用较为广泛,已经具有较多的基础芯片产品和应用系统,其协议标准也经过了多次的更新,但是 ZigBee 在实际应用中存在着传输延迟长、功耗高等问题,从而导致该技术实际应用的效果远低于预期。其二是近年来快速发展的基于 IEEE 802.11b/g 标准的低功耗 Wi-Fi 技术,该技术是在传统的 Wi-Fi 网络的基础上突出低功耗特点,目前已经有多家公司推出了基础芯片,其技术指标是在使用两节 5 号干电池时,每分钟发 44 个包,每个包 100 个字节的状态下可以工作 1 年,这种基于 IP 的联网技术能够非常方便地实现与已经安装在企业和家庭中的网络进行无缝连接,而且还具有更好的安全性,因此,未来无线传感器网络可以有效解决信息化节水系统需要的低功耗、无线化的技术难题。

　　基于无线传感器网络的农业节水信息系统在以下几个方面具有较好的研究前景：一是基于无线传感器网络和无线移动通信技术的墒情监测系统，通过应用无线传感器网络，构建区域多点墒情监测，并通过移动通信技术实现数据的远程传输，借助于第三代高速移动通信网络，即可以实现苗情的图像和视频监测。二是低功耗精准灌溉控制系统，通过研究和开发无线电磁阀和无线土壤水分传感器，可以构建安装极其方便的无线精准灌溉控制系统，由于无线电磁阀和传感器均不需要外部供电和通信线缆，该系统的布置具有很大的灵活性。三是网络化农业用水计量系统。农业用水计量是未来农业节水的一条必经之路，它可以为制定节水灌溉制度、推行定额灌溉、实行用水阶梯收费建立技术基础，准确的用水计量可以使研究人员获得灌溉用水信息，可以使管理者掌握农民的实际灌溉需求，为进一步研究灌溉制度、制定灌溉用水定额政策打下基础。网络化的农业用水计量技术包括远程抄表、用水定额自动控制、阶梯水价收费等功能，考虑到农业用水的特点，技术研究的难点在于如何将分散的水表通过低功耗无线的方式实现互联，并远程传输到监测中心。通过该技术体系构建的系统可以快速地获取灌溉信息，从而发现农民生产中灌溉不合理的问题，可以为推行定额用水、阶梯水价等管理制度提供技术支持。

　　2）控制决策智能化

　　信息节水的关键是依据采集的信息智能控制灌溉，不断完善决策模型，实现基于多元信息的智能决策。融合人工智能技术、构建高智能灌溉控制系统是信息节水的重要技术研究发展方向，这也是提高灌溉精度、降低系统能耗的关键。融合先进控制及测量技术，研究基于神经网络、模糊控制、回归模型、专家系统等多种现代控制理论方法的控制执行算法、模型，开发通用、易扩展的灌溉控制核心模块及设备将成为研究的重点；灌溉控制系统操作的人性化是另一个智能性的体现，以用户为中心的灌溉系统构造理论及技术发展迅速，灌溉控制系统的操作向着简单、实用方向发展，从原来的控制器按键及旋钮操作到计算机鼠标键盘操作，再到无线遥控方式，未来将会出现的语音等控制方式；低功耗无线通信技术在灌溉控制系统中将得到广泛应用，灌溉系统中各主要组成部分将逐渐实现无线化，灌溉节点的增加、删除更加灵活自由，灌溉控制系统通信网络的智能化将进一步促进自动灌溉的推广和应用。

　　3）农业节水信息系统的标准化和平台化

　　农业节水信息技术经过多年的发展，相关技术及设备取得了一定的成果，但在一些关键环节缺乏标准化技术和设备。由于缺乏统一的技术标准，各技术设备间难于进行系统集成，技术设备种类单一、不成系列，又不能有效集成第三方技术产品，从而限制了节水信息技术的应用发展。另外，缺乏成熟、可靠的农业节水信息系统软件开发平台（工具），导致灌溉控制工程通常使用工业的组态软件或针对灌溉工程单独开发，开发效率低，稳定性差，不利于大范围推广和应用。灌溉智能控制系统大范围运行需要区域气象、蒸腾量等信息支持，由于缺乏农业节水信息系统公共服务平台和信息采集发布技术设备，故单个灌溉智能控制工程成本较高，重复建设严重。因此，研发节水信息系统的软硬件开发平台，将是未来农业节水信息技术研究的重要方向。

参 考 文 献

陈凤. 2010. 载波通信技术在农业节水灌溉中的应用研究. 北京:首都师范大学硕士学位论文.

陈攀,张东来. 2010. 基于实时互相关原理的风速风向传感器研制. 测控技术,29(2):8~11.

范磐亚,徐汀荣,万军. 2006. 基于 GSM/SMS 的校园短信通研究. 计算机与现代化,(3):100~102.

方桃. 2009. 基于 GIS 和 GSM 技术的农村集中供水远程控制系统的研究. 北京:首都师范大学硕士学位
    论文.

冯永玉,王宝山,路天伟. 2004. VC++环境下基于 MapX 控件的 GIS 应用软件基本功能的开发. 焦作工
    学院学报(自然科学版),23(6):451~455.

高迎娟. 2005. 通化市玉米田间土壤墒情分析及预测系统介绍. 吉林气象,(1):42~43.

郭建,郑文刚,赵春江,等. 2005. 基于 SMS 的高速公路绿化带灌溉监控系统的设计. 节水灌溉,(3):21~23.

何新林,郭生练,盛东,等. 2007. 土壤墒情自动测报系统在绿洲农业区的应用. 农业工程学报,8:
    170~175.

李景禄,曹志煌,林冶,等. 2009. 现代防雷技术. 北京:中国水利水电出版社.

李丽艳. 2008. 一种节能型饮用水紫外线消毒器结构的研究. 西南给排水,4(30):36~38.

李平均,申健,范威. 2006. 基于 GPRS 网络的单片机的 Internet 接入. 微电子学与计算机,23(3):34~37.

刘春花,张爽. 2005. 紫外线消毒技术在水处理中的应用. 黑龙江水专学报,2(32):84~86.

刘丁. 2006. 自动控制理论. 北京:机械工业出版社.

刘光. 2003. 地理信息系统二次开发教程——组件篇. 北京:清华大学出版社.

刘宏令. 2007. 二氧化氯发生器控制系统的研制. 济南:山东大学硕士学位论文.

刘晓茹,李贵宝. 2004. 水质监测的自动化、网络化发展. 第八届海峡两岸水利科技交流研讨会,广州.

刘远全,蒋厚学. 2009. 变频器使用中产生的干扰机器抑制措施. 科技创新导报,(18):84.

陆会明,周钊,廖常斌. 2009. 基于实时数据库系统的历史数据处理. 电力自动化设备,(3):127~131.

马晓颖. 2008. 射频 IC MFRC522 在智能仪表中的应用. 国外电子元器件,(5):58~61.

钱国明,吴崇友. 2008. 水质在线监测及其在农业中的应用. 中国农机化,1(3):51~54.

钱正英,张光斗. 2001. 中国可持续发展水资源战略研究综合报告及各专题报告. 北京:中国水利水电出
    版社.

单飞飞. 2010. 组态化的高效用水控制及管理系统的应用研究. 哈尔滨:东北农业大学硕士学位论文.

上海步特电气有限公司. 2000. GPRS 节水灌溉自动控制系统解决方案(草案).

邵丽红. 2005. 智能化粮情监控系统的研究与开发. 郑州:郑州大学硕士学位论文.

申茂向. 2000. 以色列能给中国农业带来什么. 北京:中国农业大学出版社.

沈梦梦. 2007. 胜利埕岛油田采油平台数据采集与监控系统可靠性技术研究. 青岛:中国石油大学硕士学
    位论文.

史忠植,王文杰. 2007. 人工智能. 北京:国防工业出版社.

首都城市信息服务网. 2010. http://www.beijing.cn/rcpage/jingdian/page/102244.shtml.

隋东,张涛,崔劲松,等. 2005. 沈阳地区土壤墒情监测与预测系统的研究. 辽宁气象,(3):23~24.

孙亮,杨鹏. 1999. 自动控制原理. 北京:北京工业大学出版社.

孙晓冬,井云鹏. 2006. 传感器在环境监测中的应用. 计量与测试技术,33(10):38~39.

陶永华. 2002. 新型 PID 控制及其应用. 北京:机械工业出版社.

田文君,申长军,郑文刚,等.2011.基于 Google Maps API 的远程水质监测系统设计与实现.中国农村水利水电,(4):75～77.

王光辉,韩伟,杨有华,等.2010.基于 SOA 架构的铜陵首创水务地理信息系统建设.计算机技术,36(10):120～123.

王海龙.2008.化学法高纯气体二氧化氯发生器研制.太原:中北大学硕士学位论文.

王玮.2009.感悟设计:电子设计的经验与哲理.北京:北京航空航天大学出版社.

王晓春.2009.高校计算机防雷电系统设计与实施.合肥:合肥工业大学硕士学位论文.

王云室.2006.农业灌溉水质指标参考综述.黑龙江水利科技,1(34):56～57.

吴文彪.2008.基于 B/S 模式的农业用水定额管理应用系统研究.北京:中国农业大学硕士学位论文.

伍伟杰,叶邦彦.2006.基于 CAN 总线的节水灌溉自控系统设计与研究.节水灌溉,(1):13～16.

奚旦立,孙裕生,刘季英.1996.环境监测.北京:高等教育出版社.

小林伸次,波多野晶纪,林幸司.2003.下水道用紫外线消毒装置.家电科技,9:50～53.

许一飞.2002.实用节水灌溉机械设备讲座——第二讲 现代地面灌溉机械设备(一).节水灌溉,5:44～45.

杨茂水,李树贵.2002.自动气象站湿度和雨量传感器工作原理.山东气象,22(89):46～47.

杨明欣,谢明元,杨玲.2002.二线制温度变送器的设计.传感器世界,(11):19～25.

杨绍辉,王一鸣,孙凯,等.2007.土壤墒情(旱情)监测与预测预报系统的设计与开发.中国农业大学学报,12(4):75～79.

杨顺,章毅,陶康.2010.基于 ZigBee 和以太网的无线网关设计.计算机系统应用,19(1):194～197.

杨铁保.2007.气体二氧化氯生成方法及机理研究.太原:中北大学硕士学位论文.

叶文漪.2007.种植金黄,收获黄金——让柑橘成为新移民致富的法宝.http://www.cnhubei.com/200703/ca1324903.htm.

尹旭日,张武军.2009.Visual C++环境下 MapX 的开发技术.北京:冶金工业出版社.

云洁,郑文刚,赵春江,等,2005.WebGIS 在农用井用水计量管理系统中的应用.节水灌溉,(4):49～51.

张立宝.2007.在线多参数水质监测系统的研究.青岛:青岛大学硕士学位论文.

张丽丽,陈家宙,吕国安,等.2007.利用土壤表层含水量序列预测深层含水量的研究.水土保持学报,21(3):163～169.

张露,姚於康,吴曼,等.2010.江苏省设施农业智能化战略及实施方案.江苏农业学报,(2):207～211.

张生滨.2001.RS-485 通信总线防雷保护设计.信息技术,(3):28～30.

张石锐.2010.基于 ARM 与 GPRS 的无线手持灌溉采集控制系统研究.上海:上海交通大学硕士学位论文.

郑建星,王伟宏.2002.春季麦播期土壤墒情预报方法.黑龙江气象,(2):5～6.

中华人民共和国国务院.2006.国家中长期科学和技术发展规划纲要.

中华人民共和国水利部.2010.2008 年中国水资源公报.

周垂田.2004.建立现代水资源管理系统初探.中国水利,(7):9～11.

周春雨.2009.气态二氧化氯发生器试验研究.西安:长安大学工程硕士学位论文.

周娜,祝艳涛.2009.传感器在水质监测中的应用探讨.环境科学导刊,28(增刊):119～123.

周平.2010.智能灌溉系统软件关键技术研究.北京:中国农业科学院,北京市农林科学院博士后研究工作报告.

周学蕾.2010.设施农业用水计量与调度管理系统的应用研究.太原:太原理工大学硕士学位论文.

朱庆保.2004.一种智能全自动紫外线消毒控制器.南京师范大学学报(工程技术版),1(4):32～35.

邹春辉,陈怀亮,薛龙琴,等.2005.基于遥感与 GIS 集成的土壤墒情监测服务系统.气象科技,33(增刊):61～64.

Chapman D.2004.学用 Visual C++6.0.北京:清华大学出版社.

作者团队研发的主要产品介绍

ASE 中央灌溉控制器 GW-CM-ASE

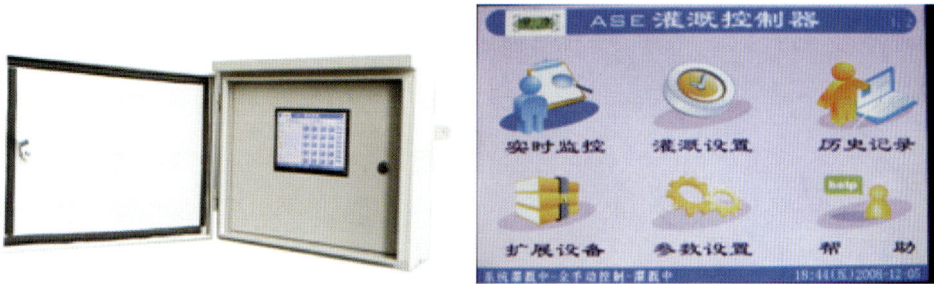

ASE 中央灌溉控制器是可编程中央灌溉控制器,取代传统计算机＋计算机软件的控制方法,性能稳定可靠。具有真彩触摸屏人机界面,操作简单、配置灵活,采集和控制模块可以相互替换,内核外围光电隔离,保证主板运行稳定。

功能特点:

· 56 路交流电磁阀控制通道;16 路电流/电压输入通道;16 路双脉冲水表输入通道;具有扩展 RS485 总线接口和可扩展 Modbus 协议的 RTU,可组成以控制器为中心的多级灌溉控制网络。

· 56 个轮灌组,每个轮灌组最大可支持 56 站;每个轮灌组可选择按时间和传感器限值启动。按时间启动具有每天、单号、双号、星期、自由 5 种启动方式;每个轮灌组每天可设置 7 个启动时间,并可选择定时和周期两种启动方式。按传感器启动可设置启停的上下限。轮灌组灌溉时长可使用定时和定量两种控制方式。定时可精确到秒,定量灌溉使用水表输入通道采集值进行控制。每个轮灌组均支持循环渗透方式灌溉。

· 支持远程控制功能,包括短信、GPRS 网络和无线电台。

· 数据转发功能,可作为二级网络的现场控制设备与中央计算机通信。

应用范围:

· 集中式灌溉控制工程。

· 无计算机的灌溉控制。

· 需要短信远程操作的灌溉控制。

· 自动循环入渗等灌溉过程控制。

时序直流灌溉控制器 GW-CM-DC

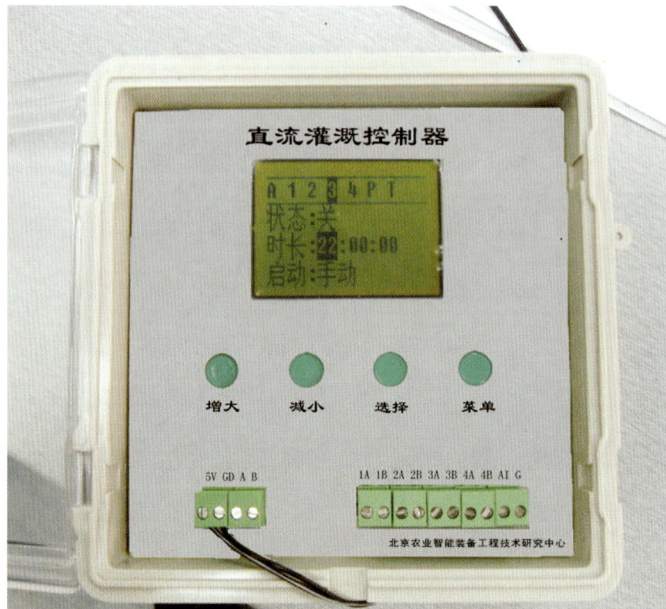

　　GW-CM-DC 时序直流灌溉控制器为一款超低功耗的小型时序灌溉控制器，可以采用 2 节电池供电。可进行简单的灌溉参数设定，内置简单的控制算法，可根据土壤水分信息指导灌溉。可以满足大多数温室、绿地和果园等的灌溉需求。

功能特点：
- 2 节 7 号电池。
- 4 路直流电磁阀。
- 1 路土壤水分传感器。
- 轮灌/独立灌溉。
- 外接电源后可使用 RS485 远程通信。
- 具有每天、单号、双号、星期、水分 5 种灌溉启动方式。
- 支持循环渗透灌溉功能。
- 具有电池电压监测功能、低电压自动关闭功能。

应用范围：
- 温室灌溉。
- 小型绿地或果园灌溉。

小型无线灌溉控制器 GW-MD

GW-MD 小型无线灌溉控制器为现场控制执行设备,不能独立运行控制,需要与计算机配合使用,在计算机程序控制下,执行计算机发送的控制命令。可使用太阳能供电构成无线灌溉控制网络。

功能特点:

· 12V 供电。

· 通信接口:RS485/无线。

· 4 路电压/电流量。

· 2 路直流电磁阀。

· 4 路继电器输出。

· 可外接温湿度传感器。

· 可灵活选用有线/无线两种控制方式。

应用范围:

· 温室、果园、绿地等分布式自动灌溉工程。

· 墒情监测、用水管理。

· 其他现场数据采集和控制应用。

墒情遥测站 WS1000

　　墒情遥测站 WS1000 是一种野外工作、无人值守、自动定时采集墒情数据的自动化遥测站(分为移动站和固定站两种),主要实现土壤含水率数据的自动采集和存储,并通过通信网络(GSM、GPRS、无线数传模块)向系统监控中心报送数据和接收指令。墒情遥测站配备太阳能供电系统,可在野外环境下自动工作,实时采集墒情数据,按照设定要求定时发送,该站还可配置雨量、温度、蒸发、风速、气压等传感器构成无人气象站。

功能特点:

- 可设置站号、采样间隔时间、定时自报时间、信道机参数等。
- 具有随机自报、定时自报功能和应答功能。
- 具有固态存储功能,断电时能保存数据和设备信息不丢失。
- 低功耗设计、配备太阳能系统,有效解决野外无市电的问题。
- 数据采集、处理、传输完全自动化,避免了传输过程中的人为干扰。
- 系统兼容性强,可采集多种传感器信息。

应用范围:

- 土壤墒情监测。
- 气象信息监测。
- 地下水位监测。
- 雨量信息监测。

剖面式土壤水分传感器 GW-Sensor

GW-Sensor 剖面式土壤水分传感器由一个探体和多个感应探头组成,感应探头每隔 10cm 均匀分布在探体上,可以测量地下深度 160cm 内的土壤水分含量。探体的长度有四种规格:40cm、80cm、120cm、160cm,用户可以根据自己的需要选择探体的规格和定制感应探头的距离。剖面式土壤水分传感器安装方便:在待测位置预埋规格为 DN63 的 PVC 管,然后把探体放入 PVC 管中即可。

功能特点:

- 工作电压:8～16V(DC)。
- 工作电流:70mA,休眠电流 500μA。
- 测量时间:采用轮询工作方式,每一次轮询测量时间为 1.4s。
- 输出方式:RS485 方式,支持 Modbus RTU 协议和自定义协议。
- 存储容量:1 万条记录。
- 测量范围:0～60%(体积含水量),测量误差 1.5%。
- 测量深度:HFC-04:40cm 探体;
    HFC-08:80cm 探体;
    HFC-12:120cm 探体;
    HFC-16:160cm 探体。

应用范围:

- 牧场、大田土壤墒情的连续监测。
- 公园、高尔夫球场土壤墒情的连续监测。
- 为合理安排灌溉、研究地下水运动规律和节约用水提供数据基础。

智能 IC 卡预付费水表 GW-M1

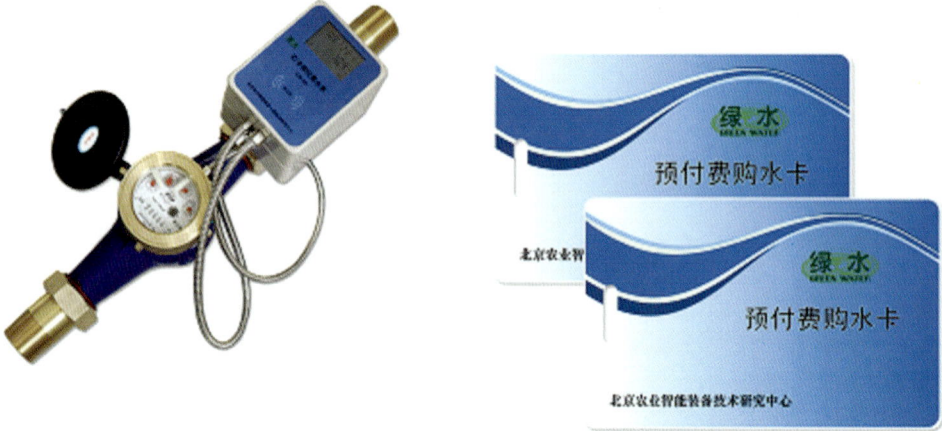

　　GW-M1 智能 IC 卡预付费水表，采用非接触式射频 IC 卡作为信息媒介，实现预付费功能，即用户需要先充值后用水。水表采用一体式设计，防水防潮，便于安装更换。电路系统采用低功耗设计，采用 2 节 3.6V 锂氩电池供电，可连续工作 6 年以上。用户可一卡一表，也可一卡多表，使用方便快捷，水表口径在 DN32 以上，属于工业级大口径水表，填补了市场上一体式设计的空白。并且水表可以外扩压力检测以及无线通信功能。

　　功能特点：

- 电池：2 节 3.6V 锂氩电池，可连续使用 6 年以上。
- 工作电流：静态功耗 $10\mu A$，最大瞬间工作电流 50mA。
- 预付费充值，开、关阀门，电池欠压提示，磁干扰报警，电池、阀门自动保护、自检功能。
- 防盗水功能，在水表线被剪断时自动关阀停水。
- 可以扩展无线通信以及压力检测功能。

　　应用范围：

- 大棚温室用水计量收费。
- 大田灌溉计量收费。
- 其他用水管理。

温室娃娃

　　"温室娃娃"是结合当前我国温室和大棚生产的实际情况,根据用户的不同要求研制的温室中能说话的监测仪器,其体积小巧、节能低耗、价格低廉。该仪器利用温度、湿度、露点、光照、地温等传感器,实时获取温室内的环境信息,不仅能在中文液晶屏上显示数据,还可以通过声音通知您,并且能够像专家一样指导您进行温室生产管理。同时利用配备的上位机软件,通过串口通信或 USB 通信方式将数据传送到个人计算机。

功能特点：

- 工作环境：−20~70℃,0~100％RH。
- 可存储 40000 组数据。
- 标配为 USB 通信,可定制 RS485/232 或者 TCP/IP 通信。
- 电源：锂电池供电、外接电源供电。
- 工作时长：电池充满电后,语音功能开启 3~5 天,关闭 7~10 天。
- 可配套软件,用于温室环境信息统计分析。

应用范围：

- 温室环境监测。